제 3 판

고분자화학

The Chemistry of POLYMERS 3RD EDITION

John W. Nicholson
김형수 · 원종옥 · 이원목 · 장우동 공역

자유아카데미

The Chemistry of Polymers
Third Edition

Graham Patrick
School of Science, University of Greenwich, Chatham, Kent, UK

머리말

이 책은 독자들에게 고분자화학에 대해 소개한다. 학위 과정 동안 고분자화학을 배우지 않은 학생들이 주된 대상이지만, 그렇지 않은 학생들에게도 도움이 되었으면 하는 바람이다. 고분자화학을 공부하는 마지막 학기의 학생과 고분자에 대한 간결한 정보를 찾고 있는 숙련된 기업체의 화학자들에게도 이 책이 도움이 되기를 기대한다.

이 책을 준비하면서 저자는 두 가지 다른 목적을 추구하였다. (i) 고분자화학에 대한 간단하고, 읽기 쉬운 소개를 제공하는 것, (ii) 보고된 과학적 지식들의 활용적 측면을 강조하는 것이다. 어떠한 기초 교재라도, 반드시 그 책이 제공된 학생들이 실제로 읽고 이해할 수 있도록 쓰여져야 한다고 저자는 강조한다. 또한 저자 자신이 응용 과학자로서, 고분자화학의 응용성을 강조하고자 하는데, 이러한 응용성이 본 교재와 같은 형식의 책에서 다루어져야 한다고 믿기 때문이다.

아무리 간략하게 쓰여진 책도 혼자만의 작품일 수 없다. 이 책의 저자인 본인의 경우에도, 여러 참고 자료의 도움이 있었음을 잘 인지하고 있다. 이 책을 준비하면서 활용한 고분자화학 참고 자료 및 저자 리스트는 책 말미의 참고 문헌에 나와 있다.

특별히, 이 책의 모든 부분을 읽고 수많은 조언을 해 준 저자의 동료 Eleanor Wasson에게 감사를 전하고자 한다.

마지막으로 이 책의 집필 과정동안 인내하고, 지원을 아끼지 않은 아내 Suzette에게 감사한다. 가정에 대한 저자의 소홀함을 그녀가 타고난 인내심으로 견뎌준 덕분에 이 책이 완성될 수 있었다.

–John Nicholson

2판에 대한 머리말

이 책의 1판은 고맙게도 한두 가지 예외를 제외하고는 리뷰어들에게 찬사를 받았다. 이 책의 성공적인 판매는 나로 하여금, 정말로 고분자 과학의 응용성이 더욱 강조된 방향으로의 기초 교재의 필요성을 각인시켜 주었다. 이 책이 폴란드어로 번역된 사실은 이와 같은 필요성이 국제적임을 의미한다. 비록 이 책이 학부용 교재 용도로 쓰여지는 않았지만, 1판이 몇몇 대학에서 학부 과정 교재로 사용되었음을 알게 되었고, 이것이 2판을 준비하는 이유가 되었다.

2판에서는 1판의 수준 및 접근방법을 대체로 유지하였으며, 반드시 필요한 사항들에만 변화를 주었다. 이로 인해 책의 영역이 다소 늘어났으며, 다른 측면에서 볼 때, 책의 내용이 최신 자료로 업데이트되었다. 이와 같은 수정을 하는 데 있어서, 저자는 1판 출판 후 본인에게 편지를 통해 기타 자료에 대한 조언을 해 준 많은 분들의 도움을 받았다. 이 분들에게 심심한 사의를 표한다.

이러한 도움 및 1판의 성공에도 불구하고, 저자는 현재까지도 이 책이 완벽하지 않다고 확신한다. 그러므로 이 책이 개선되기 위한 많은 조언을 기대한다. 동시에, 아직도 남아있는 모든 오류 및 부적절한 표현에 대한 책임을 통감한다.

John Nicholson, March 1997

3판에 대한 머리말

이 책의 계속적인 성공으로 인해 최신 자료로의 추가 보충 작업이 필요하게 되었다. 주 내용들은 수정되지 않았지만, 새로운 자료들이 10장, 11장에 보강되었으며, 또한 최근 급속도로 발전된 주제인 dendrimer를 다루기 위해 9장이 새로 추가되었다. 이와 같은 언급이 필요한 것은, 이러한 재료들의 존재가 최근 상당한 관심을 끌고 있으며, 기존의 선형 고분자들과는 확연히 구분된다는 점에서이다.

이 기회를 빌어 기존 인쇄본에 대한 오류 및 모호성을 편지를 통해 저자에게 일깨워준 독자들에게 감사드린다. 이번 3판에 독자들을 초대하여 다시 한 번 같은 부탁을 드려도 될지 모르겠다. 어떠한 책도 완벽하지는 않지만, 독자들의 도움으로 인해, 최소한 본 3판에서는 저자가 할 수 있는 가장 큰 완벽을 기할 수 있었다.

마지막으로, 이 책의 교정에 몰두하는 동안 저자를 지지해 준 아내 Suzette에게 다시금 사의를 표한다. 항상 그랬듯이 그녀의 도움으로 인해 이와 같이 저서가 보강될 수 있었으며, 그녀에게 진심으로 감사한다.

John Nicholson
University of Greenwich at Medway
August 2005

역자 머리말

"플라스틱"이라는 용어로 대표되는 고분자는 화학 및 화학공학 분야를 전공하는 이공계 대학생 및 대학원생에게 더 이상 생소한 분야가 아니다. 현대가 철기 시대를 지나 플라스틱 시대라 일컬어질 만큼 고분자 재료는 금속 재료 이상으로 폭넓게 활용되고 있으며, 최근 관심이 집중되는 나노 재료들의 많은 부분 역시 고분자 재료가 기본 물질로 구성되어 있다.

고분자 관련 제품의 상업적 중요성만큼, 고분자 산업 분야로 진출하기 위해 고분자화학을 공부하고자 하는 학생들의 요구가 점차 늘어나고 있으며, 고분자의 합성, 물성, 가공 등 전문적 내용이 망라된 교재 및 참고 서적들을 대형 서점에서 쉽게 접할 수 있다. 화학의 관점에서 볼 때, 고분자는 유기화학을 기반으로 한 고분자 합성의 측면과 물리화학, 특히 열역학의 기초 위에 새롭게 해석된 고분자 물성의 측면을 모두 지니고 있으며, 이로 인해 많은 고분자 관련 전공 서적들은 학부생뿐만 아니라 대학원생이 소화하기에도 어려운 내용들로 구성되어 있다. John W. Nicholson이 집필하여 세 번에 걸쳐 보완된 "The Chemistry of Polymers"는 고분자화학에서 필수적으로 다루어야 할 내용들이 충실하게 소개되어 있으면서도, 너무 수학적인 관점으로 치중되지 않아 고분자 비전공 학생들이 스스로 읽고 공부하는 데 적합하며, 이들을 대상으로 하는 강의에서 교재로 활용하기에 내용의 폭과 깊이가 적절한 수준으로 판단되어 이번 기회에 번역이 이루어졌다. 특히 3판에서는 'dendrimer' 및 '고분자화학의 특별 주제(special topics in polymer chemistry)'의 내용이 보강되어 21세기에 새로이 대두된 첨단 고분자 재료의 응용을 상세히 다루었으며, 이에 더해 저자는 환경 오염의 관점에서 고분자 재료를 바라보는 배려도 잊지 않았다.

본 번역본을 선택한 교수 및 학생들이 이 책을 통하여 고분자화학에 대한 이해를 넓히고 고분자 연구 및 개별 분야로 진출하는 데 작은 도움이 되기를 바라며, 이 기회를 빌어 역자들을 믿고 완역을 기다려 준 자유아카데미 편집부에 심심한 감사를 전하고자 한다.

역자 일동

차 례

고분자화학이란

Chapter 01

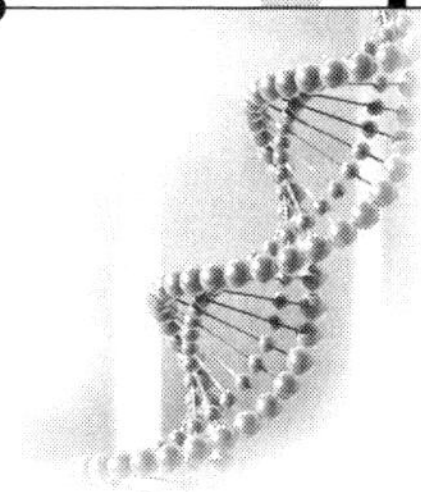

1.1 기본 개념

고분자(polymer)란 수많은 작은 분자들로부터 만들어진 큰 분자를 의미한다. 이러한 큰 분자들은 선형일 수도 있으며, 약간 가지를 쳤을 수도 있고, 또는 심하게 얽혀 있을 지도 모른다. 마지막의 예는 커다란 3차원 네트워크 구조를 만들기도 한다.

이러한 큰 분자를 형성하는 기본 구조로 사용되는 작은 분자들을 **단량체**(*monomer*)라 한다. 예를 들어, 산업적으로 중요한 재료인 poly(vinyl chloride)은 vinyl chloride 단량체로부터 만들어진다. 고분자의 반복 단위는 통상적으로 고분자를 형성하는 단량체와 동일하다. 하지만 예외도 존재한다. poly(vinyl alcohol)은 반복 단위인 vinyl alcohol로부터 만들어졌을 것이라고 대부분 예상하나, 사실 그러한 단량체는 존재하지 않는다. 다만 이와 같은 분자 단위는 에탄알(CH_3CHO)과 토토머 형태(tautomeric form)로 존재한다. 이 고분자를 만들기 위해서는 우선 poly(vinyl ethanoate)를 합성하고, 이후에 생성물을 가수 분해하여 알코올을 형성해야 한다.

고분자의 크기는 질량(6장 참조), 또는 분자 내 반복 단위의 수에 의해 정의될 수 있다. 후자에 해당하는 크기 단위를 **중합도**(*degree of* *polymerization, DP*)라 부른다. 고분자의 상대적인 분자량은 이로 인해, 반복 단위의 상대 분자량과 DP의 곱으로 구할 수 있다.

고분자화학을 그 외의 다른 화학 분야들로부터 구분하는 명확한 경계는 없으나, 대략적인 지표로 상대 분자량이 1000 이상이거나, 혹은 DP가 100 이상인 분자들에 대해 고분자화학의 범주로서 취급하게 된다.

상업적 용도의 대다수 고분자들은 유기 물질이다. 즉, 탄소의 공유 결합 화합물에 기반을 두었다. 실리콘(silicone)도 마찬가지 범주로 간주되는데, 그 이유는 이 고분자가 실리콘-산소 결합을 기초 골격으로 하지만, 상당 부분 탄화수소기를 함유하고 있기 때문이다. 고분자화학에 활용되는 또 다른 원소들로는 수소, 산소, 염소, 플루오린, 인, 황 등이 있는데, 이러한 원소들은 극성을 띠면서 탄소와 공유 결합할 수 있는 것들이다.

공유 결합 화합물의 특징인 강한 결합력에 더하여, 고분자들은 다양한 분자간-약한 상호작용력을 나타낸다. 서로 반대의 전하를 가지는 극성 결합의 말단끼리의 쌍극자 힘(dipole force), 고분자 내 각 원자 주위의 전자 구름들이 교란됨으로써 발생한 분산력(dispersion force) 등이 있다. 수소 결합(hydrogen bonding)은 질소, 산소 등 전기음성 원소에 결합된 수소로부터 형성되는 강한 쌍극자 힘으로, 단백질과 같은 몇몇 고분자에서 매우 중요하다. 수소 결합은 분자를 특이 방향으로 고정시키는 효과가 있다. 이와 같이 수소 결합으로 고정된 구조는 단백질이 생명체의 생화학적 과정에서 나타내는 특이한 작용에 필수적인 요소이다.

1.2 거대분자의 개념에 관한 역사

현대의 고분자화학 교재들은 고분자(polymer)가 "많다"는 뜻의 그리스어인 "폴리(poly)"와 "부분"을 뜻하는 "메로스(meros)"로부터 유래되었다고 설명한다. 또한 이 말은 많은 수의 서로 연결된 단량체 단위들로 이루어진 거대한 분자라고 자주 언급된다. 사실 이는 잘못 이해된 것으로, 역사적으로 고분자라는 단어는 다른 이유에 의해 우연히 만들어졌다. 고분자라는 단어는 원래 분자들의 실험식이 똑같은데 화학적·물리적 성질은 매우 다른 경우에 적용되었다. 예를 들어, 벤젠(C_6H_6 화학식 CH)은 아세틸렌(C_2H_2 ; 화학식은 역시 CH)의 고분자로 예측되었다.

즉, '고분자'라는 단어는 1920년대에 출판된 유기화학 교재에서 등장하지만, 그 의미는 현대의 그것과는 달랐다.

이는 경우에 따라 혼동을 일으켰다. 예를 들어, 스타이렌(styrene)은 19세기 중엽부터 특징적인 냄새를 지닌 무색의 액체 유기 화합물로 알려져 있었는데, 임의의 조건하에 거의 냄새가 없는 무색의 수지(resin)형 고체로 전환된다는 사실 또한 잘 알려져 있었으며, 이러한 수지는 메타스타이렌(metastyrene)이라 불렸다. 스타이렌으로부터 메타스타이렌의 형성은 중합(polymerization)이라고 표현되었고, 메타스타이렌은 스타이렌의 고분자로 이해되었다. 그러나 이러한 단어들은 화학적·물리적 성질의 매우 큰 변화에도 불구하고 실험식의 변화가 없다는 사실만 아는 상황에서 적용되었다. 당시의 화학자들은 스타이렌에 도대체 어떤 일이 일어났는지 알지 못했으며, 중합에 관한 현대적 관점과는 거리가 멀었다.

이제는 고분자라고 불리는 이와 같은 물질들의 근본적 이해는 1920년대에 와서야 시작되었는데, 이 시기에 Herman Staudinger는 '거대분자(macromolecule)'라는 단어를 만들고 개념을 정립하였다. 새롭게 탄생한 이 단어는 혼동 없이 분명한 의미로 '커다란 분자'라는 그리스 단어에서 유래되었으며, 근래에는 고분자라는 단어와 거의 상호교환적으로 사용되고 있다. 하지만 엄밀하게 말하자면, 두 단어는 동의어가 아니다. 기본적으로 거대분자가 구조적 **반복**(*repeating*) 단위로 이루어져야 할 이유는 없다. 그러나 실제로는 대부분 반복 구조로 이루어진다. Staudinger의 거대분자 개념은 처음엔 잘 받아들여지지 않았다. 그의 아내는 그가 '모든 강연에서 반론에 부딪혔다'고 회고하였다. 반론들 가운데 재미있는 예로서, 한 유명한 유기 화학자는 이 개념이 마치 동물학자가 '아프리카 어딘가에서 길이가 1500피트(~500미터), 높이가 300피트(~100미터)인 코끼리가 발견되었다'고 보고받은 것과 같다고 표현하였다.

이와 같은 반대론에는 세 가지 이유가 있었다. 첫 번째 이유는 많은 거대분자 화합물들이 용액 내에서 콜로이드(colloid)의 거동을 보인다는 것이다. 즉, 거대분자들은 당시 알려진 무기 콜로이드와 동일하다고 가정되었다. 이는 다시 말해서 이들이 거대분자가 아니라 밝혀지지 않은 2차 상호작용에 의해 서로 결합된 작은 분자들로 구성되었다는 의미이다. 이러한 생각에 의해 20세기 초반 독일 화학자인 C. D. Harries는 '고무 분자'의 연구를 추구하기에 이르렀다. 그는 천연 고무에 약한 분해 방법들을 다양하게 적용하였는데, 이러한 방법을 통해 재료의 콜로이드 성질을 파괴시켜 본래의 구성 성분(매우 작다고 가정)으로 쪼갤 수 있다고 생각하였다. 그의 연구는 당연히 실패로 그쳤다.

Staudinger 가설에 대한 반대론의 두 번째 이유는 이 가설에 의하면 단일 화학종에 대한 단일 화학식 개념이 깨어진다는 것이었다. 거대분자는 $(CH_2CHX)_n$의 형식(이때 n은 매우 큰 수)으로 표기되어야 했다. 더욱이, n=100인 분자와 n=101인 분자를 분리할 방법이 전혀 없었다(사실 현재의 기술로도 불가능함). 이러한 분리를 시도하면 항상 일정한 분포의 n이 존재하게 되며, 설사 분리된 부분의 평균값이 n=100일지라도 n=99, n=101 등등의 분자들이 상당히 많이 함께 존재하게 된다. 최근에 이르러 물리적(공간적), 화학적 해석이 가능한 단일 화학종, 단일 화학식에 대한 개념이 많은 비용과 시간을 들인 힘든 과정을 통해 느리게 밝혀지고 있다. 유기화학의 많은 부분을 미지 상태로 남겨둔 채 불완전하게 이해되었다는 관점에서, 유기 화학자들은 쉽사리 이러한 개념을 버리지 못한다.

반대론의 세 번째 이유는 그 당시 알려진 많은 고분자 물질들의 성질에 있다. 고분자 물질들은 단순히 특성 분석이 부족했던 것뿐 아니라, 많은 경우 결정성이 없이 검(gum)이나 수지의 형태로 존재하였다. 유기 화학자들은 화학적·물리적 성질들이 잘 밝혀진 결정성 화합물들을 추출하는 데 있어서 고분자 물질에 적당하지 않은 몇몇 용매들을 사용하였는데, 그러한 수지들이 본래 결정성이 없고 그래서 기존의 방법으로 정제할 수 없다는 점은 자존심 강한 직업 유기 화학자들이 받아들이기에 쉽지 않은 것이었다.

몇몇 유기 물질들에 대해 당시 정설화되어 있던 콜로이드적 관점을 정면으로 반박하는 Staudinger의 첫 논문은 1920년에 출판되었으며, 수많은 부정적 증거들을 포함하고 있었다. 첫 번째, 그는 유기 화합물들이 그것들을 녹이는 모든 용매 내에서 콜로이드 성질을 유지한다는 것을 보였다. 반면, 무기 콜로이드들은 용매가 바뀔 때 그들의 콜로이드 성질을 잃게 된다. 두 번째, 예상되었던 바와 달리, 본래의 물질이 화학적으로 변형되더라도 콜로이드 성질이 유지되었다.

1930년경 Staudinger와 다른 과학자들은 거대분자 가설을 입증할 많은 증거들을 확보하였다. 그의 개념을 확실히 증명한 마지막 부분의 연구는 미국 Du Pont사의 Wallace Carothers에 의해 수행되었다. 그는 1929년 연구를 시작하였으며, 착수 당시 잘 알려진 유기 화학 반응을 통해 구조가 확실히 규명되는 고분자를 합성하는 것이 연구의 목표라고 명시하였다. 비록 그의 개인적 생애는 비극적이었지만, Carothers는 목표를 대단한 성공으로 이끈 천재적 화학자였다. 연구 후반에 이르러 그의 연구는 단순히 수많은 고분자들의 구조와 성질의 관계를 규명하는 데 그치지 않고, 네오프렌(neoprene) 고무, nylon 등 상업적으로 너무나도 중요한 물질들을 여럿 발명하였다.

1.3 고분자의 구분

고분자를 구별하는 방법은 매우 다양하다. 하나의 예로, 열처리에 대한 고분자의 응답(response)에 기초하여 이들을 열가소성 고분자(thermoplastic)와 열경화성 고분자(thermoset)로 나누는 접근 방법을 채택하는 것이 있다. 열가소성 고분자는 가열되면 녹고 식으면 다시 굳는 것들이며, 반면 열경화성 고분자는 가열해도 녹지 않고, 다만 매우 높은 온도에서 비가역적으로 분해되는 종류이다. 이러한 성질에 의해 두 그룹은 화학적으로 구분되는 유용성을 가진다. 열가소성 고분자는 근본적으로 선형(linear)이거나 약간의 곁가지(branch)를 가진 고분자로 이루어지는 데 비해, 열경화성 고분자는 상당 부분 가교(crosslink)된 물질로서, 공유 화학 결합으로 복잡한 3차원적 그물구조(network)를 형성한다.

또 다른 분류 시스템은 Carothers에 의해 1929년 처음 제안되었는데, 이는 중합에 적용되는 화학 반응의 성격에 근거한 분류 방법이다. 여기서 두 가지 주된 그룹은 **축합**(*condensation*)과 **부가**(*addtion*) 고분자이다. 축합 고분자는 물 등의 작은 분자가 손실되면서 반응하는 단량체들로부터 만들어지며, 예를 들어, 반응 1.1에서 보인 축합 반응으로 만들어지는 polyester가 있다.

$$n\,\mathrm{HO{-}R{-}OH} + n\,\mathrm{HOOC{-}R^1{-}COOH} \longrightarrow \mathrm{HO[{-}R{-}COO{-}R^1{-}COO{-}]_nH} + (n-1)\mathrm{H_2O} \quad (1.1)$$

반대로, 부가 중합 고분자들은 vinyl choloride의 중합에서와 같이 불포화(unsaturated) 단량체들의 부가 반응에 의해 합성된다(반응 1.2).

$$n\,\mathrm{CH_2{=}CHCl} \longrightarrow \mathrm{[{-}CH_2{-}CHCl{-}]_n} \quad (1.2)$$

이 시스템은 P. J. Flory에 의해 약간 수정되었는데, 그는 중합 반응의 메커니즘(mechanism)을 강조하였다. 그는 중합 반응을 Carothers 방법에 따른 축합과 부가 반응에 어느 정도(완벽하지는 않지만) 대응되는 **단계**(*step*) 반응과 **연쇄**(*chain*) 반응으로 재분류하였다. 주목할 만한 예외는 polyurethane의 합성에서 발생하는데, 이는 isocyanate와 수산화(hydroxy) 화합물의 반응으로 만들어지며 '단계' 반응 동력학(kinetics)을 따르지만, 각각의 단위에서 작은 분자의 손실이 없이 반응이 일어난다(반응 1.3).

$$n\,\mathrm{OCN{-}R{-}NCO} + n\,\mathrm{HO{-}R^1{-}OH} \longrightarrow \mathrm{OCN{-}[R{-}NHCO_2{-}R^1{-}]_n\,OH} \quad (1.3)$$

단계 중합은 반응 동력학적으로 반응이 진행되면서 상대적으로 큰 분자량의 물질들이 점차 형성되는데, 가장 큰 분자량의 고분자는 반응의 최종 순간에 만들어진다. 그에 반해 연쇄 반응에서는 반응 매질 내에서 비교적 적은 개수의 활성 자리(activated site)에서만 반응이 진행되며, 분자량이 매우 큰 몇 개의 고분자들이 재빨리 형성되고 대부분의 단량체는 미반응 상태로 남아 있다. 일단 생성된 거대 분자들은 그대로 남아 있고, 나머지 단량체들이 고분자로 전환된다. 이는 곧, 덩치 큰 고분자들이 중합 반응 초기에 이미 형성되며, 분자량이 높은 분자와 단량체가 대부분의 반응 시간 동안 함께 존재함을 의미한다.

단계 반응은 단순한 선형 고분자로부터 심하게 가교된 그물구조까지 다양한 모폴로지(morphology)의 고분자를 형성한다. 마지막 구조는 단량체에 존재하는 반응기의 개수에 의존한다. 반응기가 2 이상인 단량체가 많이 포함될수록 더욱 많은 곁가지가 형성되며, 충분히 많은 곁가지가 형성되면, 심하게 가교된 그물구조가 형성된다. 즉, 열가소성/열경화성 분류의 관점에 의거하여 연쇄 반응은 열가소성 고분자를, 단계 반응은 열가소성과 열경화성 고분자를 생성한다.

1.4 고분자의 구조 및 물성

고분자화학의 구분에 관한 기본 원리를 이해하였으므로, 이제 우리는 개별 고분자들에 대해, 또한 그들의 화학적·물리적 성질에 대해 관심을 돌려 보기로 하자. 비록 산업적 생산 과정에서의 완전한 화학 반응보다는 이들의 물성에 더 초점을 맞추었지만, 앞으로 소개될 대부분의 예들은 상업적으로 중요성이 큰 고분자들이다.

1.4.1 Poly(ethylene)

Poly(ethylene)은 가장 간단한 분자 구조($[CH_2CH_2-]_n$)를 가지며, 현재 가장 많이 생산되는 플라스틱 물질로서, 1939년 전기 절연물의 용도로 처음 상업적 생산이 이루어졌다. 이 고분자는 명명법(nomenclature)이 쉽지 않다. IUPAC(International Union of Pure and Applied Chemistry)은 단량체를 기존의 에틸렌(ethylene)에서 에텐(ethene)으로 명명하도록 권장하였으며, 이로 인해 IUPAC 명명법은 poly(ethene)이다. 그러나 이 재료를 다루는 화학자들 사이에서 IUPAC이 권장하는 이 이름은 거의 통용되지 않는다. 그러므로 이 책에서도 더욱 잘 알려진 이름인 poly(ethylene)으로 명명하기로 한다.

Poly(ethylene)의 합성에는 네 가지 다른 산업적 합성 방식이 있으며, 각 공정마다 조금씩 다른 성질의 생성물이 합성된다. 네 가지 방식은 다음과 같다.

(i) 고압 공정
(ii) Ziegler 공정
(iii) Philips 공정
(iv) Standard Oil(Indiana) 공정

첫 번째 방식은 1000~3000 기압과 80~300℃ 온도 조건하에 합성된다. 자유-라디칼 개시제로서 benzoyl peroxide나 산소가 사용되며(2장 참조), 런어웨이(runaway) 반응에 의해 수소, 메테인, 흑연(graphite)의 생성을 방지하기 위해 반응 조건이 조심스럽게 조절되어야 한다. 일반적으로 고압 공정을 통해서는 비교적 분자량이 작은 저밀도 poly(ethylene)(흔히 0.915~0.945 g cm^{-3})이 합성된다.

Ziegler 공정은 알킬 금속 등으로 촉매화된 배위 반응에 기초한다. 이 반응은 1950년 초반 독일의 Karl Ziegler에 의해 개발되었으며, 밀란의 G. Natta에 의해 발전되었다.

일반적인 Ziegler-Natta 촉매는 titanium tetrachloride와 triethylaluminum으로부터 형성된 착물이다. 이 촉매가 먼저 반응기에 넣어진 후 에틸렌이 주입된다. 반응은 70℃ 이하의 저압, 저온 상태에서 촉매를 깨뜨릴 수 있는 공기와 수분을 엄밀하게 제거하면서 수행된다. 이러한 공정으로 합성된 poly(ethylene)의 밀도는 중간 정도로 약 0.945 g cm^{-3} 정도이다. 촉매의 배합 비율을 바꾸거나 소량의 수소를 반응기에 첨가함으로써 다양한 범위의 분자량이 얻어진다.

최근 Phillips와 Indiana의 Standard Oil사에서 개발한 저압·저온 공정들에 의해 고밀도 poly(ethylene)이 합성되었는데, 표 1.1에 자세한 반응 공정이 소개되었다.

Poly(ethylene)은 현재 세계적으로 매우 친숙한 고분자 재료이다. 가격이 비교적 저렴하고 가공이 쉬운 부드러운 고체이며, 내화학성이 우수하다. 상대 분자량이 작은 등급의 고분자는 소위 '환경 스트레스 크래킹(environmental stress cracking)'이라는 단점을 지니는데, 햇빛과 수분에 노출될 경우 특별한 이유 없이 갑자기 분해되는 현상이다. 이러한 단점에도 불구하고, 다양한 등급의 poly(ethylene)이 넓은 용도로 사용된다. 활용되는 제품의 예로는 파이프, 포장재, 화학 공장의 부품, 용기, 전기 절연체 등이 있다.

표 1.1 Poly(ethylene)의 합성 공정

공정	촉매	압력 /atm	온도 /℃	생성물 밀도 /g cm^{-3}
Phillips	곱게 간 실리카/알루미나에 포함된 5% CrO_3	15~35	130~160	9.6
Standard Oil (Indiana)	소듐, 칼슘 금속이나 하이드라이드 촉진제에 포함된 MoO_3	40~80	230~270	9.6

1.4.2 Poly(propylene)

Poly(propylene)은 $[-CH_2CH(CH_3)-]_n$의 구조를 가지며, 알켄(alkene) 계열의 분자량이 높은 고분자의 합성을 위해 Natta가 연구한 촉매를 사용하여 상업적으로 합성되었다. Natta는 에틸렌의 중합 연구에 이어, 1954년 poly(ethylene)과 유사한 고분자를 프로필렌(propylene)으로부터 합성할 수 있음을 보였다. 이후 상업적 적용이 재빨리 이어졌으며, 1957년 poly(propylene)이 처음 시판되었다.

Poly(ethylene)과 마찬가지로, 이 경우에도 IUPAC 이름이 poly(propene)인 이유로 공식적인 명명법에 문제가 있었다. 그러나 poly(propene)은 고분자화학자들이 역시 거의 사용하지 않는 이름이기 때문에, 비체계적인 이름인 poly(propylene)의 명명에 있어서 실질적으로는 특별히 혼동될 것이 없이 일반적으로 통용되는 이름이므로 앞으로 본 교재에서도 그대로 사용하기로 한다.

Poly(propylene)이 처음 만들어졌을 때, 이것은 두 가지 형태가 가능함이 관찰되었다. 하나는 poly(ethylene)과 유사하지만, 경직도(rigidity)와 경도(hardness)가 큰 형태였다. 또 다른 형태는 무정형(amorphous)이며 강도가 거의 없는 것이었다. 첫 번째는 현대에 와서 아이소택틱(isotactic)임이 밝혀졌는데, 탄소 원자가 교대로 동일한 입체화학(stereochemistry)을 가진다. 또 다른 것은 아택틱(atactic)인데, 이는 메틸기를 가진 탄소 원자들이 서로 다른 입체화학적 배열로서 무질서하게 존재하는 경우이다. 고분자 입체화학의 주제에 대해서는 3장에서 자세히 다루어질 것이다.

상업적으로 생산되는 poly(propylene)은 주로 90~95% 아이소택틱인 형태이며 다음 열거된 예외를 제외하면 poly(ethylene)과 매우 유사하다.

(i) 밀도가 더 낮다(0.90 g cm^{-3}).

(ii) 더 높은 연화점을 가지므로 더 높은 온도에서 사용될 수 있다. 예를 들어, poly(propylene)은 물주전자를 만드는 데 응용될 수 있으며 끓는 물에 닿아도 모양을 유지할 수 있다.

(iii) 환경 스트레스 크래킹 특성이 없다.

(iv) 더 쉽게 산화된다. 그 이유는 비교적 쉽게 분해되는 3차 C-H

결합이 분자 내에 존재하기 때문이다. 아이소택틱 poly(propylene)의 또 다른 흥미로운 물성은 재료 성질의 약화 없이 반복적으로 구부릴 수 있다는 점이다. 그러므로 카드식 색인(card index)을 담는 상자 등의 일체형 구조물로 사용되며, 몇 년간 사용해도 손상이 없다.

1.4.3 Poly(methyl methacrylate)

Poly(methyl methacrylate)는 흔히 PMMA라는 줄임말로 불리우며, **아크릴**(*acrylic*) 계열 고분자들 가운데 상업적으로 가장 중요하다. 아크릴 고분자들은 poly(acrylic acid), $[-CH_2CH(CO_2H)-]_n$으로부터 유도된다. PMMA의 경우, poly(acrylic acid)의 3차 수소(tertiary hydrogen)를 메틸기로 치환하고, carboxylic acid기를 메탄올과 에스터화 반응하여 유도되는 것으로 간주할 수 있다. 이러한 과정을 통해 (1.1)의 구조를 얻게 된다.

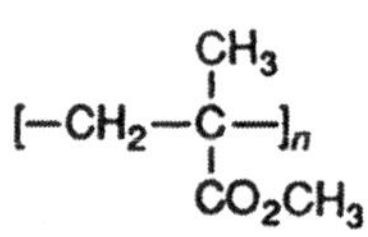

(1.1)

다른 범용 고분자들처럼, IUPAC에서 권장하는 PMMA의 원래 이름은 거의 전혀 사용되지 않는데, 그 이유 가운데 하나는 이름이 poly[1-(methoxycarbonyl)-1-methylenthene]으로, 매우 복잡하고 부르기 힘들기 때문이다.

PMMA는 시간이 흐름에 따라 상업적으로 중요성이 감소하는 추세이다. 예를 들어, 1960년대 중반 PMMA의 판매 액수는 poly(styrene)의 40%에 달했다. 1980년대에는 12%로 하락했다. 그럼에도 불구하고 PMMA는 치과용 재료와 같은 확실한 용도를 분명히 가지고 있다.

PMMA는 투명하고, 유리상이며, X-선 분석을 통해 분자 수준으로 무정형인 재료로 알려져 있다. Poly(ethylene)에 비교하여 절연성이 낮으며, ethyl propanoate와 trichloroethane 등의 극성 용매에 대한 용해성이 좋다는 사실로부터 알 수 있듯이 극성이 강하다.

주된 활용 범위는 투명성과 기후 변화에 대한 우수한 내성으로부터 결정된다. 이러한 특성은 강인성(toughness) 및 경직도(rigidity)와 결부되어 유리 용도의 제품으로 매우 유용하다. 예를 들어, PMMA는 간판, 가로등 부품, 공장 및 사무실의 운조(ceiling light) 등으로 활용된다. 또한 자동차의 후방 램프 재질로도 사용된다.

1.4.4 Poly(styrene)

Poly(styrene)은 낮은 생산비용의 장점과 우수한 물성에 의해 전 세계적으로 폭넓은 응용성을 가진다. 특성으로는 우수한 색 범위, 투명성, 강도, 낮은 흡수성 등이 있다.

단량체인 스타이렌은 벤젠의 유도체로서, vinyl benzene(1.2)이다. 이것은 무색의 액체이며 쉽게 중합된다. 처음 보고된 스타이렌 중합은 1839년으로 거슬러 올라가는데, E. Simon은 이러한 중합체를 '스타이롤(styrol)'이라 표현하였다. 그는 재료가 산화되었다고 믿었으며, 생성물을 산화 스타이롤이라고 불렀다. 후에, 생성물이 산소를 포함하지 않는 것으로 밝혀졌으며, 이로 인해 메타스타이렌(metastyrene)이라고 불리게 되었다.

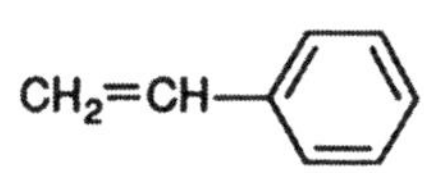

(1.2)

Poly(styrene)은 단량체가 간단히 head-to-tail 형태로 배열된 형태이며, 벤젠 고리의 위치가 다양하게 존재하므로 결정화가 일어나지 않아 무정형이다. 일반적으로 우수한 물성에도 불구하고, 깨지기 쉬운 특성을 가진다. 이 때문에 poly(styrene)의 기계적 성질을 개선하려는 많은 노력이 진행되었다. 이 가운데 가장 성공적인 시도로서 (i)공중합, (ii)고무 필러의 첨가를 들 수 있다.

수많은 스타이렌 계열 공중합체가 생산되었으며 판매되고 있다. 가장 성공적인 예로는 뷰타다이엔(butadiene)을 포함하는 고분자이다. 이와 같은 공중합체는 적당한 단량체 배합을 통해 합성 엘라스토머(elastomer)의 성질을 가지는데, 스타이렌-뷰타다이엔 고무, 즉 SBR로 알려졌다. 또 다른 예로는 아크릴로나이트릴(acrylonitrile), 뷰타다이엔, 스타이렌의 삼중 공중합체(terpolymer)인 ABS를 들 수 있다. 다양한 ABS 재료들이 세 단량체의 비율 및 공정 조건의 조절을 통해 만들어질 수 있다. ABS 재료는 일반적으로 충격 강도가 강하고 우수한 표면 마감 특성을 가진 다양한 제품으로 쉽게 성형될 수 있다.

강화 스타이렌 고분자를 생산하는 대안으로, 고무 필러를 사용하는 방법이 있다. 이러한 재료는 내충격성 poly(styrene)[high-impact poly(styrene) ; HIPS]으로 불리는데, 이름에서 알 수 있듯이 개선된 기계적 특성을 나타낸다. 일반적인 제조 방법은 고무를 스타이렌 단량체에 녹인 후, 기존의 방법대로 스타이렌을 중합하는 방식이다. 이 공정을 거치면 단순히 고무와 poly(styrene)의 혼합물만 얻어지는 것이 아니라, 짧은 poly(styrene) 곁가지가 고무 분자에 결합된 그래프트 공중합체가 소량 형성된다. 이 공정에 의해 합성된 재료는 순수한 poly(styrene)에 비해 훨씬 충격 강도가 높은 특성을 보인다.

마지막으로 스타이렌의 중합은 불포화 polyester의 가교에 활용된다. 보통 polyester는 이중 결합을 포함하면서 합성된다. 이러한 수지를 프리폴리머(pre-polymer)라 하며, 스타이렌과 혼합되어 점도가 높은 용액을 형성한다. 이 용액이 유리 섬유 매트(mat)에 가해진 후 스타이렌이 최종으로 단일 중합되는데, 동시에 프리폴리머 분자의 이중 결합이 일부 반응에 참여하여 유리 섬유 강화제에 얽혀진 거대한 3차원 그물구조를 형성하게 된다. 이와 같은 복합 소재는 우수한 물성을 가지므로 보트 외장재, 샤워 꼭지, 욕조 등에 활용된다.

1.4.5 Poly(vinyl chloride), PVC

Poly(vinyl chloride)은 poly(1-chloroethene)의 다른 명명법으로 전 세계적으로 흔히 통용되는 이름이며, 현재 전 세계적 생산량의 관점에서 볼 때, poly(ethylene), poly(styrene)과 더불어 가장 중요한 3대 고분자 가운데 하나이다. PVC는 전선 피복, 포장재, 장난감 등의 수많은 용도로 활용된다.

PVC는 head-to-tail 구조로 알려졌다. 쉽게 행할 수 있는 실험적 증거로서, 다이옥세인(dioxane)에 PVC를 녹인 후 아연 가루로 처리하면 Wurtz 형식의 반응을 통해 소량의 염소와 측정 불가능한 양의 불포화 생성물을 형성한다. 만일 head-to-head 배열 구조가 존재한다면, 인접한 염소 원자들이 제거되고 C=C 이중 결합을 생성할 것이다(반응 1.4).

$$-CH_2-\underset{Cl}{\underset{|}{C}H}-\underset{Cl}{\underset{|}{C}H}-CH_2- \xrightarrow{Zn} -CH_2CH{=}CH-CH_2- \quad (1.4)$$

배합 전의 PVC는 무색의 딱딱하고 열과 빛에 약한 고분자이다. 실제로, PVC는 상업적으로 대량 생산이 이루어지는 고분자 가운데 가장 불안정하다. 빛이나 연화점 이하 온도의 열에 노출될 경우 여러 가지 바람직하지 않은 변화가 일어난다. 일단 색의 변화가 뚜렷한데, 노란색, 짙은 갈색을 거쳐 점차 검은색으로 변한다. 동시에 재료가 깨지기 쉽게 변형된다.

이러한 변화는 고분자의 사슬을 따라 탈염화수소(dehydrochlorination), 즉 HCl의 손실이 일어나기 때문에 발생한다. 이 반응은 스스로 촉매 반응을 일으켜 고분자 내에 염소가 거의 없어질 때까지 진행하게 된다. 이는 분자적인 유연성을 감소시키는 효과를 초래하고 가시광선 영역의 빛의 흡수를 촉진하게 된다. 이러한 분자 성질의 변형은 고분자 벌크 성질의 뚜렷한 변화를 야기시킨다.

PVC로부터 제품을 만들기 위해, 또한 햇빛에 노출되는 장소에서 사용할 수 있도록 하기 위해, 배합 과정에서 안정제를 반드시 첨가하게 된다. PVC의 안정화를 위해 다양한 화학 물질이 사용되었는데, 비누, 바륨, cadmium laurate, tin di-iso-octylthioglycollate 등의 유기주석(organotin) 화합물이 이러한 예들이다. 마지막 예인 유기황화주석(organosulfurtin)은 상대적으로 비싸지만 투명성이 중요하게 요구되는 PVC 소재의 생산에 이용된다.

분해 메커니즘과 다양한 PVC 안정제들의 작용은 다각도로 연구되었다. 그들의 작용과 관련된 반응은 대개 염화 수소 발생 반응이다. 안정제의 첨가는 탈염화 수소화 반응이 더 진행되도록 촉매작용을 하는 염화 수소의 발생을 막음으로써, 고분자의 분해 과정을 효과적으로 지연시키게 된다. 또한, 많은 안정제들이 이중 결합의 생성을 막는 방향으로 자체 반응이 진행되므로, 색깔 변화 및 깨짐 현상을 일으키는 과정을 막을 수 있다.

1.4.6 Nylon

Nylon이란 미국의 Du Pont사에 의해 이반응성(difunctional) 산과 이반응성 아민(amine)의 반응으로 합성된 세계 최초의 축합 고분자에 주어진 이름이다. 이것은 광범위한 범위의 중합 반응을 연구하였던 W. H. Carothers의 기초 프로그램의 일환으로 이루어졌다. Nylon이란 이름은 점차 다른 관련된 고분자들에도 영향을 미쳤다. 이 재료는 제한적 의미로 polyamide를 명명하는 데 사용되며, 자칫하면 같은 범주로 취급할 수 있는 다른 종류의 거대분자인 단백질이 포함된다. 이와 같이 다양한 범주의 고분자들로부터 합성 polyamide를 구별하는 데 유용하므로 nylon이라는 이름이 애용되고 있다.

앞서 언급되었듯이, nylon은 축합 또는 단계 중합 고분자이며, 이로 인해, 이들은 지금까지 설명된 모든 주요 산업적 고분자들과는 근본적으로 다르다. nylon의 명명은 출발 물질 내의 탄소 원자 개수에 맞추어 이루어진다. 즉, 1935년 처음 생산되었으며 아직까지도 상업적으로 중요한 nylon 6,6는 hexamethylenediamine(6개의 탄소 원자 함유)과 adipic acid(6개의 탄소 원자 함유)의 반응에 의해 합성된다(반응 1.5).

$$n\,H_2N(CH_2)_6NH_2 \; + \; n\,HOOC(CH_2)_4COOH \longrightarrow HN_2[(CH_2)_6NHCO(CH_2)_4CO]_n \; + \; (n-1)H_2O \qquad (1.5)$$

이와 유사하게 nylon 6,10은 hexamethylenediamine과 sebacic acid(10개의 탄소 원자 함유)로부터 합성된다. 어떤 nylon에는 두 개의 숫자가 아닌 한 개의 숫자가 주어진다. 이들은 한 가지 출발 물질로서 합성되는 nylon이다. 이러한 출발 물질은 긴 사슬의 amino acid일 경우를 들 수 있는데, ω-aminodecanoic acid(11개 탄소 원자)가 한 예로서, 자체-축합 반응을 통해 nylon 11이 합성된다. 또한 닫힌 고리형 아마이드-형태의 화합물, 즉 락탐 형태의 출발 물질이 개환 반응을 통해 고분자를 형성할 수도 있다. 이러한 방법을 통해 caprolactam (6개 탄소 원자 포함)으로부터 nylon 6가 합성되며, dodecyl-lactam (12개 탄소 원자)으로부터 nylon 12가 합성된다. 나중의 반응 예는 반응 1.6에서 주어진 바와 같다.

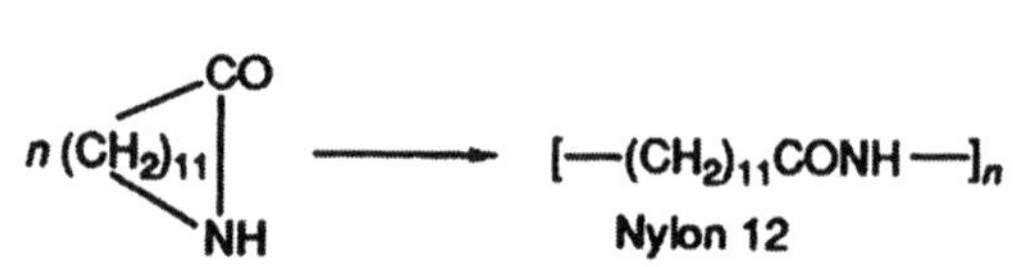

(1.6)

다양한 nylon들은 유사한 물리적 특성을 나타내는 경향이 있다. 높은 충격 강도, 강인성, 유연성, 마찰 저항(abrasion resistance) 등이 그 예이다. 또한 선형 구조에 의해 이들은 섬유를 매우 잘 형성한다. 이것이 nylon 6,6의 상업적 성공의 열쇠였다. Nylon 6,6 섬유의 상업적 생산은 1938년에 시작되었으며, 2년 후 nylon 스타킹은 미국 전역에서 팔리게 되었다. 잘 알려진 바와 같이, 이들은 엄청난 성공을 가져왔으며, 2차 세계 대전 기간 동안 패션업계를 선도하였다.

Nylon은 유기 용매에 우수한 저항력을 가지는데, 연료, 기름에 대한 내성도 뛰어나다. 그러나 상온의 고농도 무기산이나 고온의 알칼리 용액에는 쉽게 공격받는 단점이 있다.

Nylon 6,6 및 nylon 6는 직물 섬유들에 대해 널리 활용된다. 우수한 유연성과 방수성 때문에 솔, 운동 기구, 수술용 실 등의 단일 섬유 제품 생산에는 nylon 6,10 및 nylon 11이 주로 활용된다. 모든 nylon 제품은 사출 성형(injection moulding) 방식으로 제조되며, 만들어진 소재들은 베어링이나 톱니바퀴 등의 공업용 제품에 널리 응용된다.

1.4.7 Epoxy 수지

Epoxy 수지는 epoxy 또는 옥시레인(oxirane) 고리 등과 같은 삼각형(3-membered) 이종원자고리(heterocyclic) 화합물 시스템으로부터 생성된다(1.3).

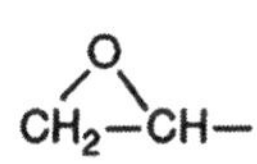

(1.3)

상업적 응용을 위해, 비스페놀 A(bisphenol A)로부터 유도된 다이에폭사이드(diepoxide) 등이 활용되며, 이들은 개환(ring opening) 가교 반응을 통해 에폭시기가 쉽게 개입될 수 있는 형태로 경화된다. 비스페놀 A는 2몰의 페놀과 1몰의 아세톤(acetone)이 반응하여 만들어지므로 명명된 이름이다(반응 1.7).

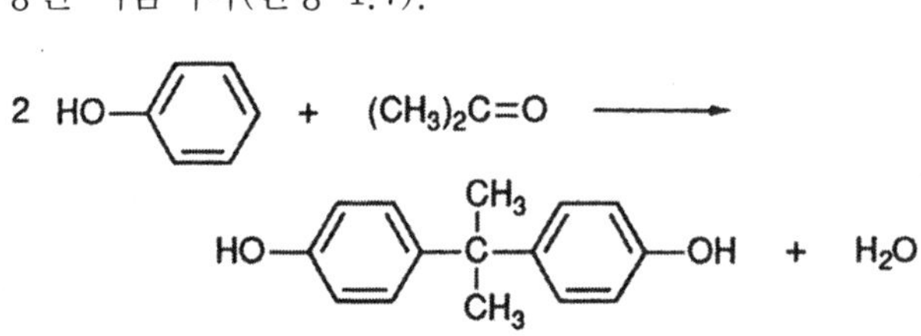

(1.7)

다양한 반응물들이 이와 같은 개환 반응을 일으킬 수 있는데, 아민과 산무수물(anhydride)이 당량으로 사용되거나, $SnCl_4$와 같은 Lewis 산과 3차 아민과 같은 Lewis 염기가 미량 사용된다.

가교 반응은 반응 1.8에 도식화된 바와 같으며, 원리적으로 오직 미량의 경화제만이 epoxy 수지의 경화를 일으키는 데 필요하다. 경화제의 선택은 다음과 같은 다양한 사항들을 고려하여 이루어진다. 즉, 비용, 공정의 용이성, 가사 시간, 경화 속도 및 최종 수지에서 요구되는 기계적, 전기적, 또는 열적 성질 등이 고려 대상이다.

Epoxy 수지는 상대적으로 고가임에도 불구하고, 다양한 용도로 중요하게 활용된다. 접착제, 보호막, 박막, 건물 및 공사 현장 등에 다양한 응용 분야가 있다.

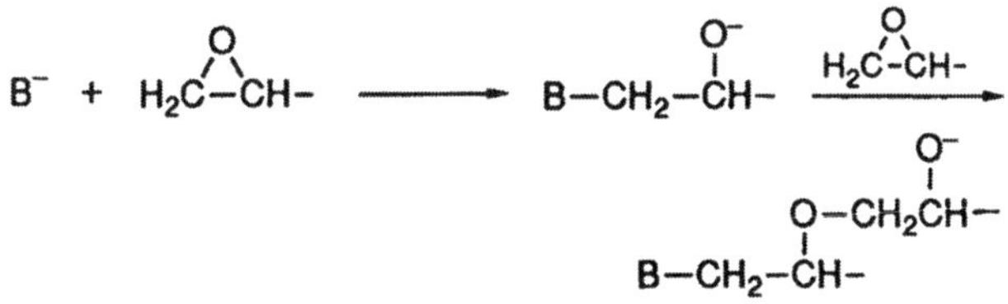

(1.8)

1.4.8 Phenol-Formaldehyde 고분자

이들은 페놀(phenol), 혹은 이따금 크레졸(cresol), 자일렌(xylene), 레조르시놀(resorcinol) 등 페놀 형태의 화합물과 폼알데하이드(formaldehyde)로부터 만들어진다. 이러한 종류의 고분자는 오래전부터 알려졌으며, G. T. Morgan(나중에는 Gilbert 경으로 추대됨)에 의해 1890년대에 인공 염료를 만들기 위해 페놀과 폼알데하이드를 반응시키다가 우연히 발견되었다. 그러나 이러한 지식은 1907년이 되어서야 비로소 빛을 보게 되었는데, 이때 미국의 Leo Bakeland는 이 두 가지 화합물로 합성된 재료로 첫 특허를 취득하였다. 1910년 그는 General Bakelite Company를 설립하고, 이 방법을 활용하여 상업적 성공을 거둔 첫 번째 합성 고분자인 phenol-formaldehyde 생산 공정에 적용하였다.

Bakeland는 초기 개념과 최종 생성물의 격차를 좁히기 전에 중요한 발견을 하게 된다. 특히, 그는 염기로 촉매화된 페놀, 폼알데하이드의 축합이 두 단계로 진행됨을 발견하였다. 고정이 조심스럽게 조절될 경우, 중간 생성물이 분리될 수 있었는데, 반응 진척도(extent of reaction)

에 따라 액체 또는 고체 형태였다. 이 단계에서 재료는 기본적으로 선형 분자이며, 용융성과 적당한 용매에 대한 용해성을 동시에 가졌다. 압력을 가한 상태에서 150℃로 가열되면 중간 생성물은 딱딱하고 녹지 않는 고체인 'bakelite'로 변화하였다. 두 번째 단계에서 재료는 3차원 그물 구조로 가교된다.

Phenol-formaldehyde는 합성 고분자의 관점에서 볼 때 더 이상 중심 무대에 있지 않지만, 아직까지 어느 정도는 상업적 중요성을 지니고 있다. 이들은 전기 절연체로 생산되며, 가전제품의 손잡이, 가정용 방수 부품, 접착제나 특수 표면 코팅재로 활용된다.

경화된 phenol-formaldehyde는 대부분의 화학 약품에 대한 내화학성을 보인다. 유기 용매나 물은 전혀 녹일 수 없으며, 다만 펄펄 끓는 페놀에서 부푸는 정도이다. 간단한 수지는 수산화 소듐에 쉽게 공격 받지만, 크레졸 등의 페놀 유도체로 만들어진 수지는 이러한 용액에 쉽게 영향을 받지 않으며, 다만 폼산이나 질산에 약간 부식된다. 그러나 크레졸에 기반한 고분자는 이러한 용액에도 내성을 지닌다.

1.4.9 Amino 수지

Amino 수지는 요소(urea) 또는 멜라민(melamine)이 폼알데하이드와 반응하여 생성된 고분자이다. 두 경우 모두 생성물은 가교 그물구조를 잘 형성하는 반응을 통해 생성되므로 열가소성 고분자이다. 두 가지 아미노 화합물의 구조는 그림 1.1에 나타나 있다.

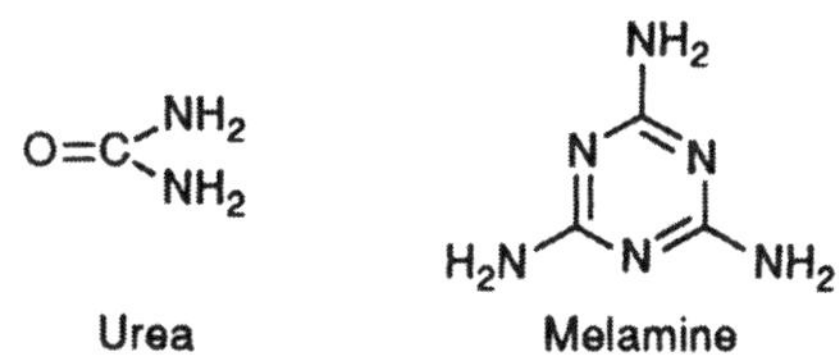

그림 1.1 요소와 멜라민의 분자 구조

중합 과정의 첫 번째 단계는 아민기와 폼알데하이드의 반응에 의해 메틸올(methylol) 단위를 형성하는 것으로, 반응 1.9에 표현된 바와 같다. 고분자를 추가로 가열하면 다양한 반응을 거친다. 예를 들어 메틸올기는 자체-축합(self-condensation) 반응을 거치게 된다(반응 1.10).

$$-NH_2 + HCHO \longrightarrow -NHCH_2OH \quad (1.9)$$

$$2\ -NHCH_2OH \longrightarrow -NHCH_2OCH_2NH- + H_2O \quad (1.10)$$

메틸올기는 또한 아미노기와 계속 반응하여 다시 물 분자를 생성하며 또 다른 축합 반응을 일으킨다(반응 1.11).

$$-NHCH_2OH + H_2N- \longrightarrow -NHCH_2NH- + H_2O \quad (1.11)$$

Phenol-formaldehyde 고분자와는 달리, amino 수지는 짙은 색을 띠지 않고, 옅은 색을 나타낸다. 그들은 쉽게 염색되어 다양한 색채를 가질 수 있으므로, 화려한 식탁, 가구용 코팅, 백색 전기 플러그 및 소켓 등 고부가가치의 멋진 외장재로 활용된다.

가교될 경우, amino 수지는 대부분의 유기 용매에 내성을 지니나, 산이나 알칼리에 부식되는 경향이 있다. urea-formaldehyde 고분자들은 멜라민과 폼알데하이드로 형성된 수지들에 비해 이러한 공격에 취약하다.

1.4.10 Poly(tetrafluoroethylene), PTFE

PTFE는 완전히 불소로 치환된 poly(ethylene) 유도체이다. 즉 $[CF_2CF_2]_n$의 구조를 가진다. 상업적으로 생산되는 고분자의 양은 다른 합성 고분자의 그것에 비해 적은 양이나, 특수 용도로 다양한 활용성을 가지므로 간략히 언급될 가치가 있다.

PTFE는 왁스(wax) 형태의 느낌을 가지는 백색 고체이다. 매우 질기고 유연하며, 좋은 전기 절연성을 나타낸다. 표면 에너지 및 마찰 계수가 매우 낮으며, 특히 마찰 계수는 어떠한 고체보다도 낮다. 낮은 표면 에너지와 마찰계수에 의해 PTFE는 들러붙지 않는 성질이 탁월하므로 일상에서 수많은 용도를 가진다.

독특한 기계적 성질에 더해, PTFE는 다양한 화합물에 대해 내화학성이 우수하다. 예외는 알칼리 금속 및 불소이다. PTFE에 대해 알려진 용매는 없다.

PTFE는 부가 중합으로 합성되는 선형 고분자이며, 불포화 단량체인 tetrafluoroethylene, $CF_2=CF_2$로부터 합성된다. PTFE는 선형 구조에 의해 열가소성이 될 수밖에 없지만, 통상적인 용융 거동을 보이지 않는다. 즉, 가열에 의해 액화되거나 유동성 있는 유체로 변하지 않는다. 대신 매우 점도가 높은 반투명 물질을 형성하며, 적당한 힘이 가해졌을 때 흐르기보다는 깨어진다.

PTFE는 용해되거나 용융되지 않으므로, 고분자로부터 제품을 형성하는데 곤란함이 존재한다. 이러한 문제점은 파우더 금속공학에서의 기술과 유사한 방법으로 극복될 수 있으며, 고운 가루 입자를 고온·고압하에 소결하여 성형하게 된다.

PTFE의 주된 활용은 프라잉팬과 같이 들러붙지 않는 식기류의 제품화이다. 산업적으로는 PTFE를 활용하여 개스킷, 펌프 부속, 실험용 부품들을 생산한다.

1.4.11 Polyurethane

'우레탄(urethane)'은 isocyanate 반응기와 수산화 반응기 사이의 반응으로 형성되는 관능기에 붙여진 이름이다(반응 1.12).

$$—N{=}C{=}O \ + \ HO— \longrightarrow —NHCOO— \quad (1.12)$$

Polyurethane은 di-isocyanate와 여러 개의 수산기(hydroxy-group)를 가진 다기능기 화합물로부터 생성되는 열경화성 고분자이다. 흔히 출발 물질 자체가 고분자인, 비교적 적은 수의 단량체 단위가 분자 내에 존재한다. 이와 같은 저분자량 화합물을 **올리고머**(*oligomer*)라 부른다. Polyurethane 합성에 사용되는 전형적인 올리고머는 polyester 및 polyether이다. 이들은 주로 트라이메틸올(trimethylol)과 같이 세 개의 수산기를 가지는 단량체를 소량 포함하도록 준비되며, 가교점으

표 1.2 상업적으로 중요한 di-isocyanate들

이름	약어	구조
Toylend di-isocyanate	TDI	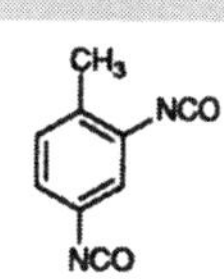
Hexamethylene di-isocyanate	HMDI	$OCN(CH_2)_6NCO$
Diphenylmethane 4,4′-di-isocyanate	MDI	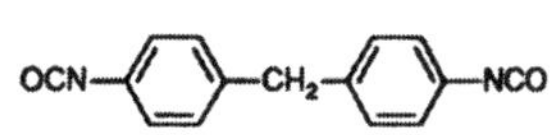

로 작용하는 수산화 곁사슬(pendant hydroxy)이 주사슬(backbone)에 연결되어 있다. 다양한 di-isocyanate들이 상업적으로 사용되며, 몇 가지 중요한 예들이 표 1.2에 나타나 있다.

Polyurethane의 주된 용도는 단단하거나 유연한 폼(foam)이다. 딱딱한 polyurethane은 집안 벽의 구멍을 메우는 절연재 등의 용도로 쓰인다. 유연한 polyurethane은 부드러운 가구에 광범위하게 활용된다. 이들은 쉽게 연소되어 심한 연기를 발생하는 독성 화염을 형성하는 단점이 있는데, 사고로 발생하는 주택 화재에서 큰 문제점으로 작용한다. 이와 같은 용도로써의 활용은 최근 감소하는 추세이다.

1.4.12 Poly(ether ether ketone)

PEEK로 잘 알려진 poly(ether ether ketone)은 고온 열가소성 고분자로 결정성을 가진다. 이것은 4,4-difluorobenzophenone이 hydroquinone 음이온과 반응하는 단계(축합) 과정을 통해 생산된다. 이 반응은 N-cyclohexyl-2-pyrrolidone 등의 끓는점이 높은 극성 용매 내에서 수행된다(1.13).

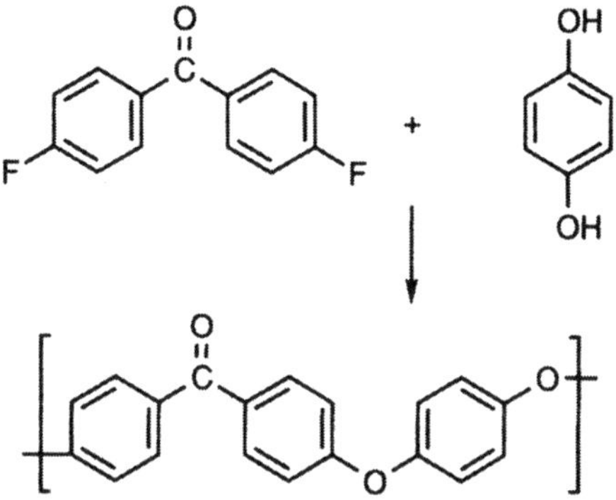

(1.13)

PEEK의 열적 안정성은 이 고분자가 250℃의 고온에서도 물리적 성질의 손실이 없이 사용될 수 있다는 사실로써 알 수 있다. PEEK의 녹는점은 334℃이다. 결정화도는 diphenyl 단위를 포함하는 단량체들과의 공중합을 통해 감소될 수 있는데, 이로 인해 연결된 페닐기의 선형적 배열의 균일성이 감소한다.

PEEK는 탁월한 열적 성질의 장점을 활용하여 산업적으로 응용되는데, 고성능 자동차 및 비행기 부품이나 PCB 기판 등이 그 예이다.

1.4.13 Silicone

Silicone은 실리콘(silicon)과 산소 원자가 주사슬에 교대로 결합된 형태의 고분자이며, 실리콘 원자는 또 다른 유기 그룹과 연결되어 있다.

일반적인 구조는 (1.4),(1.5)에 나타난 바과 같다.

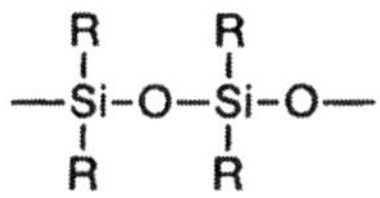

(1.4)

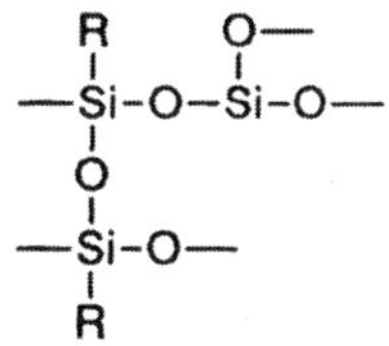

(1.5)

선형, 저분자량 물질로부터 3차원 그물구조에 이르기까지 모든 종류의 구조형태가 가능한 점은 silicone이 유체부터 불용성 고체에 이르는 다양한 물리적 상태를 가질 수 있음을 의미한다.

Silicone이라는 이름은 이것의 실험식인 R_2SiO가 케톤(ketone)의 R_2CO와 닮았다는 점에서 유래되었다. 그러나 실리콘과 탄소 원자의 성질이 근본적으로 다르고, 특히 안정한 이중 결합을 형성하기에 실리콘 원자가 너무 크기 때문에 이러한 유사성이 물성으로 이어지지는 않는다.

Silicone은 비교적 고가이지만, 열적 안정성과 방수성이 탁월하므로 이러한 물성이 특별히 요구되는 용도에 자주 사용되고 있다.

1.4.14 천연 고분자

Cellulose 및 유도체, 녹말(starch), 천연 고무 등 실생활에서 활용성이 높은 수많은 천연 고분자를 우리 주위에서 쉽게 찾을 수 있다. 게다가, 단백질과 같은 수많은 중요 생물질 또한 거대분자로 구성되어 있다. 이러한 천연 고분자에 대해서 간단히 살펴보기로 한다.

1.4.15 Cellulose

Cellulose는 모든 식물의 세포벽을 구성하는 주성분이므로, 매우 쉽게 접하게 되는 천연 고분자이다. 분자식은 $(C_6H_{10}O_5)_n$으로 n이 수천에 달한다. Cellulose의 '단량체'는 D-글루코스(glucose; 포도당)이며, cellulose 고분자는 이 단량체들이 반응하여 물 분자를 잃어버리면서 효과적으로 축합되어 형성된다.

D-글루코스는 물에 잘 용해되지만, cellulose는 그렇지 않다. 근본적인 이유는 동력학적 현상에서 찾을 수 있다. Cellulose에 존재하는 수산기는 본래 물분자와 함께 수소 결합을 잘 형성하는데, 이로 인해 cellulose 거대분자는 수용액 속으로 해리되려는 경향성을 가진다. 그러나 수산기가 이웃한 cellulose 분자들과 상호작용함으로 인해 개개의 분자 사이로 물 분자가 투과하여 용매화(solvation)하는 것을 방해한다. 그러나 cellulose는 ammoniacal cupric hydroxide, ($Cu(NH_3)_4(OH)_2$) 수용액과 같은 특이한 매질에는 용해성을 가진다.

Cellulose는 선형 고분자이다. 그럼에도 불구하고 열가소성을 나타내지 않는데, 그 이유는 분자간 수소 결합력이 너무 강해서 분자들이 움직여 녹는 것이 불가능하기 때문이다.

Cellulose를 수산화 소듐과 이황화 탄소(carbon disulfide)로 처리하면 용해성이 높아진다. 이 용액은 산성화(acidification)를 통해 재생될 수 있다. 이러한 공정은 직물 섬유의 일종인 재생 cellulose 섬유, 이른바 'viscose rayon'의 생산 원리이다. 이 기술은 또한 cellulose로부터 유도된 필름인 '셀로판(cellophane; cellulose + diaphane에서 유래됨)'의 연속 생산 공정에 활용된다.

Cellulose는 아세틸화(acetylation)를 통해 상업적으로 변형되어 X-선 촬영 및 영화용 필름에 적당한 소재로 생산된다. cellulose ether 또한 상업적 생산이 이루어지는데, 메틸셀룰로스(methylcellulose)가 그 예이다. 이 소재는 물에 녹으며 낮은 농도에서 매우 점도가 큰 용액을 형성한다. 이로 인해 페인트 및 접착제, 화장품, 알약 코팅제의 점도향상제(thickener)로 널리 쓰인다.

1.4.16 녹말

녹말(starch)은 널리 보급된 재료이며 식물의 뿌리, 씨앗, 열매에서 생산된다. 상업적 용도로는 옥수수가 주된 공급원인데, 밀과 감자도 포함된다. 녹말은 물과 함께 갈고 거르고 원심 분리한 후, 말려서 가루의 형태로 생산한다.

녹말은 아밀로스(amylose)와 아밀로펙틴(amylopectin)의 두 성분으로 구성된다. 두 성분의 비율은 녹말의 공급원에 따라 다른데, 아밀로펙틴이 주된 성분으로 전체 녹말의 70~85% 무게비를 차지한다.

아밀로펙틴은 녹말의 고분자 성분으로 대개 글루코스 단위의 1,4-위치로 연결되어 있다. 평균 분자량은 매우 높아 7백만~7천만 사이에 달한다. 녹말은 에타노에이트(ethanoate, 아세테이트), 인산염(phosphate), hydroxyalkyl ether 형태 등 다양한 형태로 변형되어 생산된다. 변형된 녹말 및 천연 녹말은 비슷한 양으로 생산되어 주로 종이류, 종이 코팅, 종이 접착제, 직물 접착제, 식품 점도향상제 등으로 활용된다.

1.4.17 천연 고무

고무는 열대 수종의 수액으로부터 얻어지는데, *Hevea brasiliensis*라는 수종이 주된 공급원이다. 수액은 고분자상이 35% 질량 농도로 함유된 라텍스 분산액으로, 소량의 단백질, 스테롤(sterol), 지방, 염이 함께 혼합되어 있다. 수액을 ethanoic acid나 methanoic acid로 산처리하면 라텍스 성분이 응집되는데, 이를 공기 중에서 증발시키거나 가열하여 분리해낸다. 이렇게 얻어진 물질은 치즈 형태인데, 이 상태를 생고무 또는 caoutchouc이라 부른다. 고무의 특성인 고무 탄성을 가지게 하려면 생고무를 약간 가교시키는 후처리를 거쳐야 한다. 다음에 소개될 공정인 가황(vulcanization) 등의 공정을 통해 이와 같은 물성 향상이 가능하다.

천연 고무(natural rubber)의 고분자 성분은 거의 완벽한 *cis*-poly(isoprene)이다(1.6). 분자 구조는 선형이며, 평균 분자량은 흔히 30만~50만 사이이다. 고무의 거대분자적 특성은 1922년 Staudinger에 의해 거의 정립되었는데, 그는 시료를 수소화(hydrogenation)시킨 후에도 저분자량 조각으로 분해되는 것이 아니라 콜로이드 성질이 유지됨을 밝혔다.

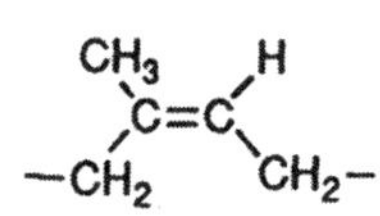

(1.6)

가황은 고무 분자를 약하게 가교시켜 유동성을 줄이고 탄성을 높이는 공정의 이름이다. 원래는 이러한 목적을 위해 황을 사용하는 경우에만 가황이라고 불렀으나 지금은 가교에 관련된 어떠한 공정에도 이 이름을 사용한다. 그러나 현재까지도 이와 같은 목적에는 황이 가장 보편적으로 사용되는 원소이다.

황은 고무와 매우 천천히 반응하므로 가속제와 활성제의 존재하에서 고무와 혼합된다. 흔히 사용되는 가속제는 싸이아졸(thiazole)이며, 활성제는 산화 아연과 지방산 혼합물이 주로 사용된다. 가황 반응은 복잡한 화학 반응이지만, 고무 분자들이 짧은 황 원자들의 사슬에 의해 연결되며, 평균적으로 고무의 각 사슬당 5개의 원자들이 연결된다.

더욱 강하게 가교된 고무는 혼합물 내의 황 함유량을 높임으로써 얻어지며, 생성물 중량의 1/3을 황이 차지하게 된다. 생고무와 황 혼합물을 150℃로 가열하여 반응이 완결될 때까지 유지하면 탄성이 전혀 없는 딱딱한 열경화성 물질이 얻어지는데, 이러한 물질은 에보나이트(ebonite)라 불리며 자동차 배터리 케이스로 활용된다.

1.4.18 단백질

단백질(protein)은 생화학적 중요성이 매우 높은 거대분자 화합물 그룹이다. 이름 자체가 그 의미를 입증한다(1938년 Mulder는 '가장 중요한'이라는 그리스 단어인 'proteios'로부터 이들 그룹을 명명하였다). 이들은 모든 동식물의 세포에서 발견되며, 모든 세포 작용에 관여한다.

단백질은 α-amino acid으로부터 생성된 선형 polyamide이다. α-아미노산은 carboxylic acid기($-CO_2H$)와 아미노기($-NH_2$)가 동일한 탄소 원자에 결합된 형태이다(1.7).

자연계에는 단백질 사슬에 포함되는 형태로 20가지의 amino acid이 발견된다. 이들은 분자 내에서 특유하고 독자적인 서열을 가지며 배열된다. 이러한 서열을 일반적으로 '1차(primary) 구조'라 일컫는다. 또한 1차 구조의 일부는 거대분자의 평균 분자량이다.

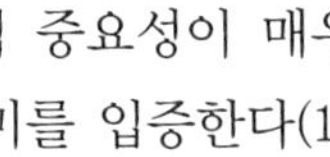

(1.7)

특유의 amino acid 서열의 결과로, 단백질 분자는 대칭형 나선 구조나 정렬된 병풍 구조 등의 특징적인 배치를 가지게 된다. 이를 '2차(secondary) 구조'라 한다. 이와 같은 개별 나선, 혹은 접힌 구조는 '3차(tertiary) 구조'라 불리는 넓고 안정한 배치를 형성한다. 마지막으로, 몇 개의 단백질 분자들이 서로 연결되어 착물을 형성하기도 하는

데, 이러한 최종 그룹들을 '4차(quaternary) 구조'라고 한다.

단백질은 그 자체가 수백 개의 amino acid들이 1차 구조로 연결된 덩치 큰 분자이다. polypeptide라 불리는 보다 작은 단위들은 생리학적 과정을 거쳐 생성된다. 단백질과 polypeptide의 명확한 구분은 없지만, 통상적으로 1차 구조 내에 약 200개 이상의 amino acid 단위가 존재할 때 단백질로 간주한다.

단백질은 수많은 1차, 2차, 3차, 4차 구조가 가능하므로 그들을 화학적 성질에 근거하여 일반화시킨다는 것은 거의 불가능하다. 콜라겐(collagen; 뼈의 구성 성분)이나 케라틴(keratin; 털, 부리 등에서 관찰됨) 등의 몇몇 단백질들은 구조적 역할을 잘 수행하며, 어떠한 용매에도 녹지 않는다. 그 밖의 단백질들, 예를 들어 혈장 내의 알부민(albumin), 글로불린(globulin) 등은 물에 매우 잘 녹는다. 세포막의 일부분을 형성하는 또 다른 단백질들 일부는 친수성(hydrophilic; '물을 좋아하는', 즉 '물에 녹는')이며, 일부는 소수성(hydrophobic; '물을 싫어하는', 즉 '물에 녹지 않는')이다.

단백질이 동일한 반복 단위들로 구성되지 않고 서로 다른 amino acid으로 이루어져 있다는 점은 이들이 이 장의 초반에서 언급한 바와 같이 고분자의 정의에 부합되지 않음을 의미한다. 그럼에도 불구하고 이들은 분명히 거대분자이며, 이들을 해석하는 데 있어서 실제 고분자들을 탐구하기 위해 개발된 기술들을 성공적으로 적용할 수 있다. 하지만 이러한 내용들은 이 책이 추구하는 범위를 대부분 벗어나며, 따라서 이어지는 내용에서도 거의 다루어지지 않을 것이다.

1.4.19 Poly(3-hydroxybutyrate)

Poly(3-hydroxybutyrate)(1.8)는 박테리아가 만들어내는 polyester로서 가용한 열가소성 수지에 해당하며, 더욱이 재생 가능한 농업 원자재로부터 대량 생산이 가능하고 생분해성을 가진다. 이것은 흔히 순수한 상태로 생산되기보다는 소량의 poly(3-hydroxyvalerate)와 함께 얻어진다. 주어진 시료 내에 포함된 두 고분자들의 혼합비는 이들을 생산하는 박테리아가 대사 작용을 행하는 매질 내의 글루코스와 propionic acid의 비율로써 분석할 수 있다.

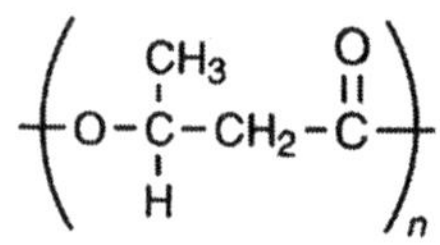

(1.8)

메틸기를 포함하는 탄소 원자는 카이랄성(chirality)을 가지는데, 생합성은 입체선택적(stereoselective)으로 일어나므로 천연 고분자는 *R*-원자 배열(configuration)을 나타낸다. 이 고분자는 80℃ 정도에서 녹으며 부분적으로 결정성을 가지는 열가소성 수지이다.

Poly(3-hydroxybutyrate)는 포장재, 농업, 제약 등에서 활용성이 높은 환경친화적 생분해성 열가소성 수지로서 많은 관심을 끌고 있다. 이 고분자는 효소에 의해 매우 쉽게 분해되어 결정성이 낮아지며 분자량이 빠르게 감소한다. 분해 속도는 습도, 자양분의 공급, 온도, pH 등 많은 인자들에 의존한다. 보다 자세한 내용은 8장에서 다루어질 것이다.

중합 반응

Chapter 02

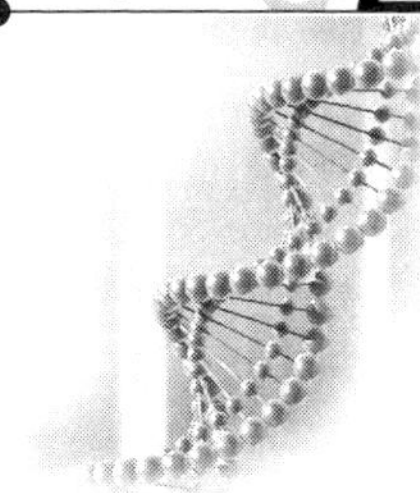

***

중합 반응(polymerization reaction)은 1장에서 언급하였듯이 1929년 Carothers에 의해 제안된 분류법에 근거하여 축합 중합 또는 부가 중합으로 구분될 수 있다. 그러나 더욱 유용한 분류는 반응 동력학에 의거하여 중합 반응을 단계 중합 및 연쇄 중합으로 나누는 것이다. 이와 같은 분류법은 Carothers의 축합 중합 및 부가 중합 구별법과 유사하지만 완전히 같지는 않다.

반응 메커니즘 연구는 민감한 영역일 수 있으나, 사실상 단계 및 연쇄 중합 분류의 메커니즘적 근거는 두 가지 공정의 큰 차이점에 있다. 뒤에 요약된 바와 같이, 두 메커니즘의 상이한 특징을 고려할 때, 거의 모든 예들에 대해 반응의 본질에 대해서는 의심할 여지가 없다.

연쇄 중합 : 단량체 농도는 시간에 따라 점진적으로 감소한다. 분자량이 높은 고분자가 반응 즉시 생성되며, 초기의 분자량은 반응이 진행하면서 거의 변하지 않는다. 오래 반응하면서 수율은 높아지나 분자량에는 영향을 미치지 않는다. 반응 혼합물은 단량체, 분자량이 높은 고분자, 그리고 자라고 있는 소량의 사슬로만 이루어진다.

단계 중합 : 단량체 농도는 반응 초반에 급격히 줄어든다. 고분자의 분자량은 반응 진행 중에 계속 증가한다. 오랜 반응 시간은 분자량을 증가시키며, 고분자량을 얻기 위해서 필수적인 요소이다. 모든 반응 단계에 대해, 이합체(dimer)에서 고중합도 고분자에 이르기까지 모든 가능한 분자량의 고분자가 통계적 분포로서 존재한다.

2.1 연쇄 중합

연쇄 중합(chain polymerization)을 따르는 중합 반응에는 흔히 불포화 단량체가 사용된다. 반응은 일반적으로 소량의 단량체에 반응 중심(reactive center)을 형성하면서 시작된다. 반응 중심은 주로 자유 라디칼(free radical)이지만 음이온 또는 양이온이 되기도 하며, 다른 단량체들과도 반응한다. 이와 같은 방식으로, 주어진 활성점들은 자라나는 고분자들에 더해지는 수많은 단량체 분자들과의 반응을 담당하게 되고, 이로 인해 분자량이 증가한다. 참여하는 화학종의 반응성은 매우 높아서 전형적인 중합 반응의 반응 속도 상수도 따라서 매우 커지며, 이로 인해 반응 시작과 동시에 분자량이 높은 고분자들이 재빨리 생성된다. 중요한 점은, 이러한 반응계에서는 단량체와 고분자 이외의 중간체들이 거의 없다는 것이다.

연쇄 반응은 무한히 계속되지는 않으나, 자유 라디칼 혹은 이온성 활성점들 반응성의 본질에는 그들이 반응성이 파괴될 만큼 쉽게 반응하려 한다는 점을 들 수 있다. 예를 들어 라디칼 중합에서 두 개의 자라나는 분자들이 서로 결합될 때는 양쪽의 라디칼 중심을 소멸시키며 결합을 형성한다. 반대로 불균등화(disproportionation) 반응하여 불포화 말단기를 포함하는 분자와 그렇지 않은 분자를 생성하기도 한다. 마지막으로 활성 중심이 용매나 불순물 분자와 반응함으로써 반응성이 소멸되고 고분자 분자들의 생장을 멈추기도 한다.

연쇄 중합은 이와 같이 소위 개시(initiation), 생장(propagation), 종결(termination)의 세 가지 단계로 이루어진다. 자유 라디칼 방법은 다양성과 연간 상용 고분자 생산량의 두 가지 측면에서 가장 중요하므로 가장 먼저, 그리고 가장 자세히 다루어질 메커니즘이다.

2.1.1 개시

연쇄 중합에 사용되는 단량체들은 불포화 탄화수소이며, 때때로 바이닐(viynl) 단량체로 불린다. 이러한 중합을 일으키기 위해서는 소량의 개시제가 요구된다. 개시제는 가열되거나, 파란색 근처 혹은 자외선 파장의 빛에 조사되었을 때 쉽게 자유 라디칼로 쪼개진다. 가장 흔히 사용되는 두 가지 자유 라디칼 개시제는 BPO(benzoyl peroxide)와 AIBN(azobis-butyronitrile)이다. 그들은 반응 2.1과 2.2에 보인 바와 같이 반응한다.

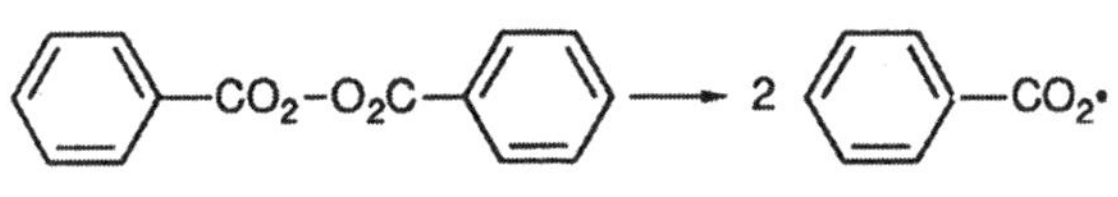 (2.1)

Benzoyl peroxide

$$(CH_3)_2C(CN){-}N{=}N{-}C(CN)(CH_3)_2 \longrightarrow 2\ (CH_3)_2\dot{C}(CN) + N_2 \qquad (2.2)$$

자유 라디칼은 열과 빛 이외에 γ-선, X-선, 또는 전기화학적 방법에 의해서도 생성된다. 그러나 이 같은 방법들은 일반적으로 BPO나 AIBN을 이용하는 경우에 비해 널리 쓰이지는 않는다.

일단 생성된 자유 라디칼은 단량체와 빠르게 반응하여 반응 2.3에서와 같이 새로운 형태의 자유 라디칼을 형성한다.

$$R\cdot + CH_2{=}CHX \longrightarrow RCH_2\dot{C}HX \qquad (2.3)$$

개시제의 효율은 얼마나 많은 수의 라디칼, 즉 얼마나 많은 고분자를 형성하는가의 정도에 대한 측정치이다. 바이닐 중합 반응에서 개시제 효율은 흔히 0.6~1.0 사이이다. 물론 효율은 1.0을 넘을 수 없으며, 많은 이유들로 인해 1.0 이하의 값을 가지는데, 가장 중요한 이유로 새로는 형성된 자유 라디칼들이 서로 멀리 떨어지기 전에 다시 재조합(recombination)되는 경향성을 들 수 있다. 이러한 현상을 '바구니 효과(cage effect)'라 한다.

2.1.2 생장

생장 반응이란 자라나는 고분자 말단의 자유 라디칼이 단량체와 반응하여 고분자 사슬의 길이를 더욱 늘이는 연속반응을 일컫는다. 이러한 반응들은 다음의 반응 2.4와 같이 나타낼 수 있다.

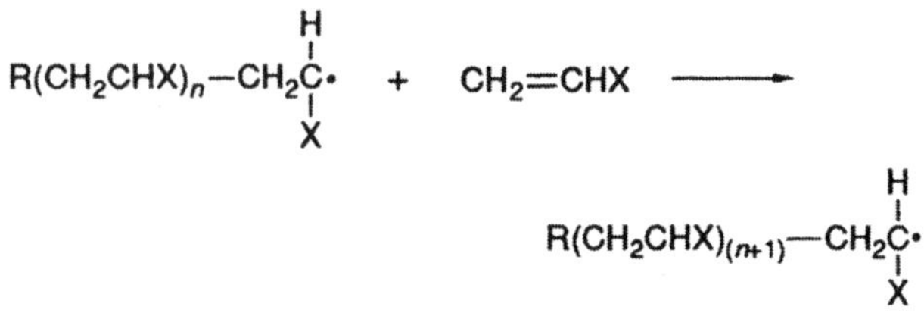
(2.4)

2.1.3 종결

중합 반응은 단량체가 모두 소모될 때까지 진행되지는 않는데, 그 이유는 자유 라디칼의 반응성이 너무 강해서 다양한 경로를 통해 그들의 라디칼 반응성을 잃게 되기 때문이다. 라디칼 중합법에서의 두 가지 종결 반응은 결합(combination)과 불균등화(disproportionation) 반응이다. 전자의 반응은 두 라디칼 화학종이 반응 2.5와 같이 반응, 단일 결합을 형성하여 한 개의 생성물을 만드는 경우이다.

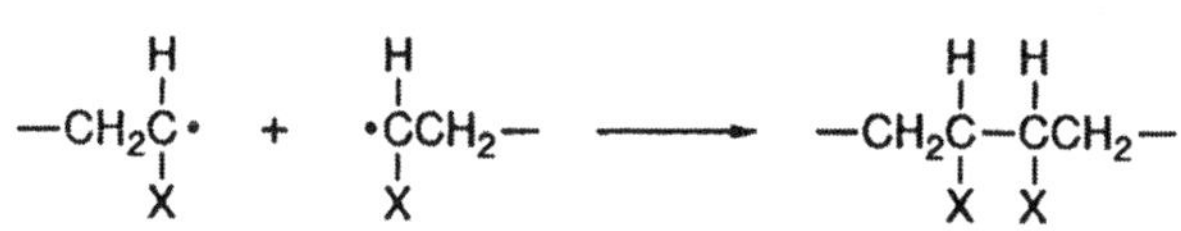
(2.5)

반면, 두 라디칼들이 반응할 때, 한 라디칼이 수소를 빼앗아 포화, 불포화 말단기를 각각 가지는 두 개의 반응 생성물을 생성하는 경우가 있다. 이러한 반응을 불균등화 반응이라 한다(반응 2.6).

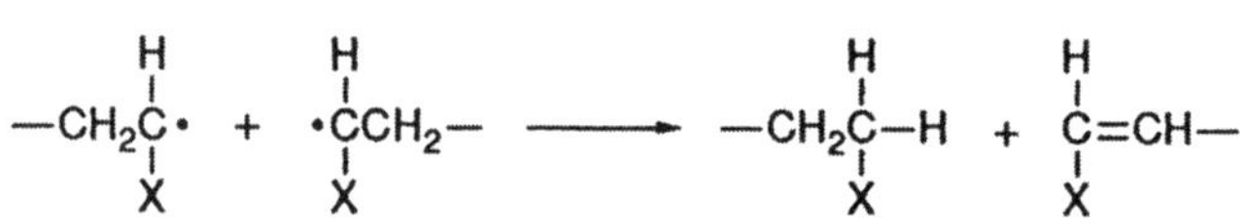
(2.6)

두 종결 반응 메커니즘이 일어나는 것은 개시제의 분해로부터 생성되는 고분자들을 조사하는 방법을 통해 실험적으로 보여졌다. 이러한 방법을 통해, poly(styrene)은 주로 결합 종결 반응을 일으키는 반면, PMMA는 60℃ 이상의 온도하에 완벽하게 불균등화 종결 반응을 일으킴이 밝혀졌다.

2.1.4 기타 반응들

연쇄 중합에는 반드시 개시, 생장, 종결의 세 단계가 포함된다. 그러나 자유 라디칼의 반응성이 워낙 강하므로 또 다른 반응들이 중합 반응 중에 일어날 수 있다. 이 가운데 가장 주된 반응은 연쇄이동(chain transfer) 반응으로, 연쇄 반응을 계속 지속시킬 수 있는 다른 화학종들에게 자유 라디칼이 전달되는 반응이다. 즉, 연쇄이동 반응은 고분자 사슬이 자라는 것을 멈추게 하는 동시에 라디칼 중심을 소멸시킨다.

일반적인 연쇄이동 반응에서는 중성의 단일 결합 분자로부터 원자 한 개가 자유 라디칼에 빼앗기는데, 이와 같은 중성 분자로는 용매, 또는 중합 생성물의 분자량 분포 및 크기를 조절하려고 일부러 넣어준 연쇄이동제(chain transfer agent) 등이 있다. 연쇄이동 반응은 반응 2.7과 같이 나타낼 수 있다.

$$-CH_2\overset{\displaystyle H}{\underset{\displaystyle X}{C}}\cdot + CCl_4 \longrightarrow -CH_2\overset{\displaystyle H}{\underset{\displaystyle X}{C}}-Cl + \cdot CCl_3 \qquad (2.7)$$

새로이 생성된 자유 라디칼은 이후 다른 분자나 단량체와 자유롭게 반응하여 또 다른 고분자 분자의 생성을 유도한다.

다른 연쇄이동 경로들이 가능한데, 예를 들어 라디칼은 이미 생성된 고분자 분자 주사슬의 원자를 빼앗아 사슬 내에 곁가지의 성장을 개시하기도 한다. 또한 단량체에 연쇄이동이 일어날 수도 있는데, 이는 중합 반응의 특성에 비추어 볼 때, 상대적으로 드문 현상이다. 그러나 이와 같은 반응이 이따금 발생함으로써 전체 라디칼 연쇄 반응이 중단됨 없이 고분자 분자들의 크기를 제한하는 역할을 한다.

지금까지 언급된 반응들은 모두, 연쇄 반응을 지속시킬 수 있을 정도로 높은 반응성을 가지는 자유 라디칼의 형성에 의해 발생되는 것들이다. 반면, 어떤 분자들은 매우 안정한 자유 라디칼을 형성하여 연쇄 반응을 효과적으로 멈추게 하기도 한다. 이러한 분자들을 지연제(retarder) 또는 금지제(inhibitor)라 한다. 이 둘의 차이점은, 지연제의 경우 단지 중합 반응 속도를 느리게 하는 반면, 금지제는 반응을 완전히 멈추게 한다는 점이다. 실제로 스타이렌이나 methyl methacrylate와 같은 바이닐 단량체들의 보관을 위해 미량의 금지제가 첨가되는데, 이는 단량체를 보관하는 중에 원하지 않는 중합 반응을 막기 위해서이다. 중합 반응에 앞서서 액체상의 단량체들은 수용액상 추출이나 증류 등의 방법을 통해 금지제 제거 과정을 거쳐야만 한다.

2.2 단량체 단위들의 배열

연쇄 반응에서 자유 라디칼에 바이닐 단량체의 부가는 다음의 두 가지 방식 가운데 하나이다(반응 2.8).

첫 번째는 완전히 규칙적인 배열이 이루어지는 경우이며 *head-to-tail* 형태로 묘사된다. 이러한 형태에서 치환체는 고분자 사슬을 이루는 탄소에 교대로 존재한다. 두 번째 배열은 *head-to-head* 혹은 *tail-to-tail* 중의 한 가지 형태를 포함하는 불규칙 배열이다. 이로 인해, 치환체는 주사슬을 따라 불규칙한 간격으로 존재한다. 사실 두 번째 배열 형태 가능성은 매우 드물지만 실제 고분자에서 때때로 발견된다. 여러 가지 이유로 두 번째 배열 형태가 드문 것이 설명되는데, 예를 들어 치환체에 의한 입체 효과로 인해 head-to-tail 배열이 확률적으로 선호되며 많은 바이닐 고분자들에서 가장 흔히 발견된다.

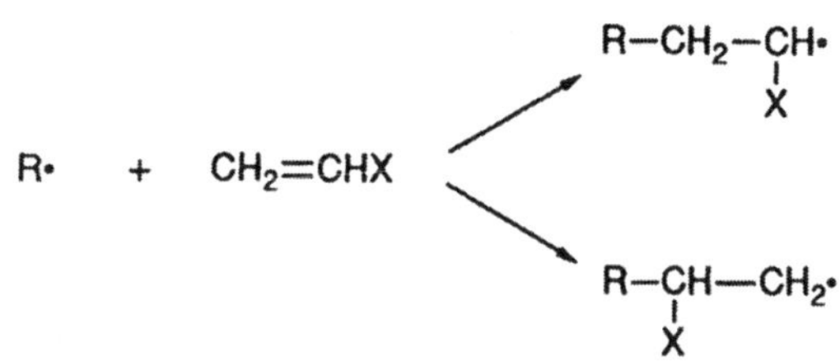

(2.8)

2.3 연쇄 중합의 반응 동력학

앞서 토의된 개시, 생장, 종결 단계와 같이 잘 정의된 반응들이 일어난다는 가정하에 연쇄 반응의 반응 동력학을 기술하는 수학적 표현의 유도가 가능하다.

개시 반응은 개시제 분자가 자유 라디칼로 분해되면서 일어난다.(반응 2.9). 이때, k_d는 반응 속도 상수이다. 생성된 자유 라디칼들은 단량체와 반응하면서 자유 라디칼 중심을 유지한다(반응 2.10). 두 과정은 개시 단계를 구성하는 두 단계 반응으로 간주할 수 있으며, 첫 번째 단계 반응이 속도 결정 단계이다.

개시 단계에 이어 일련의 생장 단계가 뒤따르는데, 이는 반응 2.11에 잘 일반화되었다. 단일 속도 상수 k_p는 이러한 일련의 단계에 적용될 수 있다고 가정하는데, 이는 라디칼 반응성이 자라나는 고분자 분자의 크기와 무관하다고 효과적으로 간주할 수 있기 때문이다.

$$\mathrm{I} \xrightarrow{k_d} 2\mathrm{R}\bullet \tag{2.9}$$

$$\mathrm{R}\bullet + \mathrm{M} \xrightarrow{k_a} \mathrm{RM}\bullet \tag{2.10}$$

$$\mathrm{M}\bullet_n + \mathrm{M} \xrightarrow{k_p} \mathrm{M}\bullet_{(n+1)} \tag{2.11}$$

종결 반응은 결합(반응 2.12) 또는 불균등화(반응 2.13) 중 하나의 결과로 주어진다. 하지만 두 가지 종결 메커니즘을 구별할 필요가 거의 없으므로 반응 속도 상수는 일반적으로 융합된 하나의 속도 상수 k_t로 표현된다.

$$\mathrm{M}\bullet_n + \mathrm{M}\bullet_m \xrightarrow{k_{tc}} \mathrm{M}_{(m+n)} \tag{2.12}$$

$$\mathrm{M}\bullet_n + \mathrm{M}\bullet_m \xrightarrow{k_{td}} \mathrm{M}_n + \mathrm{M}_m \tag{2.13}$$

세 단계의 반응 속도는 반응에 참여하는 화학종들의 농도 함수로 표현된다. 즉, 개시 반응 속도는 다음과 같이 주어진다.

$$R_i = \frac{d[M\cdot]}{dt} = 2fk_d[I]$$

이때 대괄호는 해당 화학종의 농도를 의미한다. 인자 f는 바구니 효과를 나타내기 위해 도입되며, 중합 반응을 일으키는 개시제의 분율을 대변한다.

종결 반응 속도는 다음과 같이 주어진다.

$$R_t = -\left(\frac{d[M\cdot]}{dt}\right)_t = 2k_t[M\cdot]^2$$

전체 중합 반응 초기에 이미 개시 속도와 종결 속도는 같아지게 되며, 이로써 자유 라디칼의 정상 상태 농도가 형성된다. 이때 $R_i = R_t$이다. 이와 같은 조건으로부터 위의 두 속도식을 결합, [M·]을 계산할 수 있다.

$$[M\cdot] = -\left(\frac{fk_d[I]}{k_t}\right)^{1/2}$$

생장 반응은 단량체가 주로 소모되는 단계이므로(그렇지 않을 경우 고분자가 형성되지 않음), 단량체 소비 속도는 다음과 같이 오직 생장

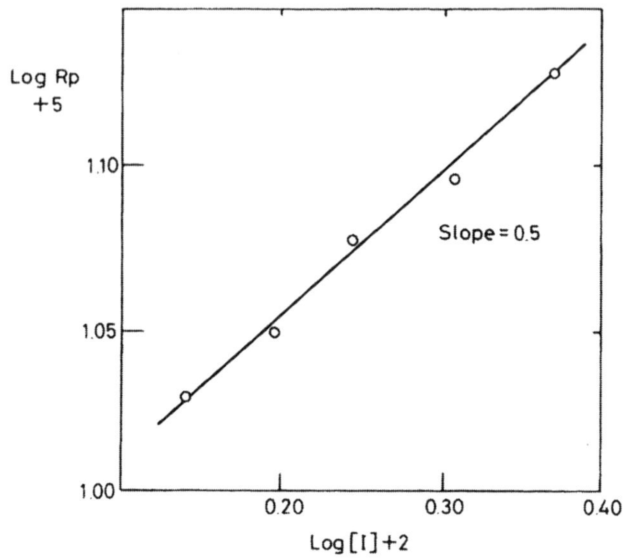

그림 2.1 Methyl methacrylate에 함유된 isoquinoline–bromine 착물 개시제에 대한 반응 속도, R_p와 개시제 농도 [I]의 상관 관계
(J. W. Nicholson, unpublished results, 1977)

반응으로서만 표현될 수 있다.

$$R_{\rm p} = -\frac{\rm d[M]}{{\rm d}t} = k_{\rm p}[{\rm M}][{\rm M}\cdot]$$

대입을 통해 다음과 같은 식이 유도된다.

$$R_{\rm p} = k_{\rm p}\left(\frac{fk_d[{\rm I}]}{k_{\rm t}}\right)^{1/2}[{\rm M}]$$

이러한 수학적 처리는 중합 반응 초기에 반응 속도가 개시제 농도의 1/2 승에 비례하게 됨을 보여주며, 이때 f는 단량체 농도와 무관하다는 가정이 성립한다. 이러한 가정은 단량체 효율이 높을 때 성립하는 반면, 효율이 매우 낮을 경우에 f는 [M]에 정비례하게 되며 생장 반응 속도가 $[{\rm M}]^{3/2}$에 비례하게 된다.

연쇄 중합의 반응 속도가 개시제 농도의 1/2 승에 비례한다는 발견은 많은 중합 반응들에 대해서 잘 증명되었다. 그림 2.1의 예에서 보인 방법과 같이, 이러한 개시제의 지수 관계는 log $R_{\rm p}$ vs. log [I]의 도시에 의해 구해질 수 있다.

2.4 자동가속화

연쇄 중합에서 대부분의 시간 동안 반응은 단량체 농도의 1차(first-order) 반응 속도식을 따른다. 하지만, 묽혀진 단량체이던 진한 용액이던, 단량체로부터 고분자로의 전환율이 높을 경우에는 1차 반응 동력학으로부터 상당히 벗어난 거동을 보인다. 이러한 상황에서 반응 속도(또한 고분자의 분자량)는 매우 높아진다. 이러한 현상을 **자동가속화**(*autoacceleration*)라고 부르는데, 이 현상을 처음 발견한 중합 동력학 분야의 두 선구자의 이름을 따서 때때로 Trommsdorff-Norrish 효과라고 부르기도 한다.

자동가속화는 다음과 같이 설명된다. 중합이 진행되면서 반응 혼합물의 점도가 점차 증가하게 되며, 이로 인해 반응물들의 이동성이 감소한다. 단량체나 개시제 분해로 생긴 화학종들에 비해 자라나는 고분자들은 이와 같은 상황에 더 크게 영향을 받는다. 즉, 종결 반응이 느려지거나 급기야는 멈추게 되는 반면, 개시 및 생장 반응은 계속 진행된다. 이와 같은 종결 반응 속도의 감소는 전체 중합 반응 속도의 증가를 야기시키게 된다.

2.5 유용한 연쇄 중합 방식

연쇄 반응은 상업적으로 중요성을 가지는 다양한 고분자량 물질들을 제조하는 데 이용되며, 실제 중합 방식으로서 다음의 네 가지 형태, 즉 괴상(bulk), 용액(solution), 현탁(suspension), 에멀션(emulsion) 방식 가운데 택일하게 된다. 네 가지 중합 방식을 이제부터 설명할 터인데, 이 방식들은 최근 도료 산업에서 에멀션 중합으로 제조된 라텍스 생산으로부터 산업적 중요성이 부각된 "고리(loop)" 변형법을 모두 따른다.

2.5.1 괴상 중합

이 기술은 연쇄 반응으로 고분자를 제조하는 데 있어서 첫 번째로 선택하는 방식일 것으로 한눈에 알 수 있다. 초기 물질들이 대부분 순수한 고분자이며 기껏해야 미량의 개시제 및 연쇄이동제(분자량 및 분자량 분포 조절 목적)만이 포함되어 있으므로, 괴상 중합(bulk polymerization)은 분자량이 높은 고분자의 제조법으로서 가장 이상적인 방법으로 보여진다. 그러나 이 방식에는 몇 가지 문제점이 있다. 예를 들어 중합이 진행되면서 점도가 증가하여 생성물을 다루기가 어려워진다. 또한, 연쇄 반응은 대체로 발열 과정이며, 점도의 증가는 열의 발산을 방해하므로 여기저기에서 국지적으로 열이 심하게 발생, 생성물이 타거나 분해될 수 있다.

이러한 이유들로 인해 확실한 장점들과 함께 실험실 규모에서 바이닐 고분자 합성에 애용되는 방법임에도 불구하고, 괴상 중합 방식은 산업적으로 널리 이용되지 않는다. 오직 세 가지 고분자들, 즉 poly(ethylene), poly(styrene), poly(methyl methacrylate)만이 이 방법으로 중합된다.

세 가지 고분자 중, poly(ethylene)은 고압이나 저압으로 가압된 기체 단량체로부터 합성되므로, 위에 열거한 괴상 중합의 문제점이 거의 발생하지 않는다. 이런 문제점들은 스타이렌이나 methyl methacrylate 등 액상 단량체의 중합에서 확실히 심해진다. 그럼에도 불구하고 poly(styrene)의 경우에는 괴상 중합이 상업적 생산에 적용된다. 기발한 플랜트 공정의 도입으로 발열 문제가 해결되었다(고분자의 생산은 플랜트의 여러 다른 단계를 거치며 진행된다. 우선 반응이 80℃로 가열된 반응기에서 개시된다). 스타이렌은 열에 의해 스스로 개시되며, 추가로 개시제가 필요 없이 35%의 고분자 전환율을 나타낼 때까지 중합 반응이 진행된다. 이 정도의 전환율에서 반응물은 충분히 낮은 점도를 가지므로 교반과 이동이 용이하다.

35% 중합 반응이 진행된 첫 단계를 거친 후 반응물은 질소가 충전된 반응탑으로 흘러 내려간다. 반응탑은 위쪽이 100℃, 아래쪽이 200℃로 높이에 따른 온도 구배(gradient)가 이루어져 있다. 이러한 온도 구배는 복잡한 가열기와 냉각기의 구성으로 유지되며, 이로 인해 poly(styrene) 반응의 발열 반응이 상쇄되고 점차 단량체가 고분자로 전환되게 된다.

반응탑의 아래에서는 고분자량의 poly(styrene)이 형성되어 작은 가루로 성형된 후, 포장되기 직전에 냉각된다.

2.5.2 용액 중합

괴상 중합과 연관된 문제점들을 극복하는 한 가지 방법은 단량체를 적당한 용매에 녹이는 것이다. 특히 용액 시스템에서는 중합 과정의 발열에 관계된 문제들의 해결이 용이한데, 이는 괴상 중합 방식에 비해 온도의 조절이 쉽기 때문이다. 만일 적절한 용매가 선택되면 생성물은 성형이나 스피닝(spinning)에 적합한 용액을 성형할 수 있다. 그럼에도 불구하고 용액 중합(solution polymerization)에는 몇 가지 단점이 존재한다. 첫째, 반응 온도가 용매의 끓는점으로 제한되며 이로 인해 달성 가능한 반응 속도가 제한된다. 둘째, 생성물이 용매로부터 완전히 분리되기 어렵다. 마지막으로, 완벽히 중합 반응에 무관한 용매를 찾기란 사실상 어려운데, 즉 용매 분자로의 연쇄이동이 거의 항상 존재하여 생성물의 분자량에 제한을 가한다. 마지막에 언급한 단점이 특히 중요한데, 이는 상업적으로 중요한 고분자들의 대량 생산에 용액 중합법이 거의 사용되지 않는 주된 이유 가운데 하나이다.

2.5.3 현탁 중합

이 방식은 용액 중합과 매우 유사한데, 다만 단량체가 반응에 무관한 액체에 녹아 있는 것이 아니라 물과 같은 액체에 분산되어 있다는 점이 다르다. 열의 전달 및 점도 감소의 정도는 용액 중합법과 비슷하지만, 단량체가 현탁된 상태로 유지되기 위해 기계적 교반과 현탁제(suspending agent)의 첨가가 요구된다. 반응 시스템에 괴상 중합 형식으로 반응하는 수많은 미세 방울들이 존재하므로 이 방법은 매우 효과적이다.

현탁 중합(suspension polymerization)에는 몇 가지 단점들이 존재한다. 특히, 고분자가 그들의 단량체에 매우 잘 녹을 경우 엄청나게 강한 교반이 필요한데, 그렇지 않을 경우 일부 반응한 방울들이 뭉치게 된다. 또한 합성 고무와 같이 끈적한 고분자들은 매우 잘 뭉치게 되는데, 이로 인해 현탁 중합 방식은 고무 합성에는 적용될 수 없다.

이러한 단점에도 불구하고 현탁 중합 방식은 산업적으로 활용성이 높은데, poly(vinyl chloride)이 이러한 방식으로 생산된다. 이 방식에서 vinyl chloride 단량체는 젤라틴 현탁제와 caproyl peroxide 개시제가 첨가된 탈염수에 분산된다. 중합은 50℃로 유지된 질소 조건에서 12시간 동안 진행되어 85~90% 정도의 전환율을 가지게 되며 이때 반응을 멈추게 된다. 순수한 PVC는 현탁액을 원심 분리하여 얻어진다.

2.5.4 에멀션 중합

에멀션 중합(emulsion polymerization)은 현탁 중합 방식 개발 이후 다음 단계를 대표하며 고분자 합성에 매우 유용하고 널리 사용되는 방식이다. 이 방식에서 단량체 방울들은 합성 세제 등의 분산제의 도움으로 물에 분산된다. 세제는 10~100 마이크론 크기의 작은 마이셀(micelle)을 형성하는데, 이러한 마이셀은 현탁 중합에서 기계적 교반으로 형성되는 방울의 크기보다 훨씬 작은 크기이다. 이러한 마이셀들은 소량의 단량체를 포함하는데, 나머지 단량체는 계면활성제의 도움 없이 물속에 현탁되어 있다.

에멀션 중합 반응은 potassium sulfate 등의 수용성 개시제에 의해 개시된다. 수용액 내에 형성된 자유 라디칼은 용액 내에서 사슬의 생장을 개시할 수 있다. 이러한 라디칼이나 자라나는 사슬들은 마이셀을 통과, 침투함으로써 안정화된 마이셀 방울 내에서의 괴상 중합을 유도한다.

에멀션 중합이 진행되면서, 마치 현탁 중합에서와 같이, 그러나 괴상 및 용액 중합과는 달리, 점도의 증가는 거의 없다. 생성된 고분자의 분산 입자들은 실제로 더 이상 에멀션이 아니라 라텍스로 변한 것이다. 라텍스 입자들은 물과 상호작용이 없다. 이로써, 약 60%의 고체 전환율에도 점도의 증가는 나타나지 않는다.

에멀션 중합 방식은 합성 다이엔 엘라스토머의 상업적 생산에 적용되며, 도료에 이용되는 형태의 상업 라텍스 생산에도 적용된다. 이와 같은 도료는 '에멀션' 도료라고 잘못 알려져 있는데, D.I.Y.에 매우 활발히 사용된다. 합성 엘라스토머에서, 라텍스는 물의 pH 변화에 의해 깨어지며, 이로 인해 재빨리 입자가 뭉치게 되므로 효과적인 침전법으로 작용한다. 고체 생성물은 회전형 필터로 세척하여 세제를 제거하고 포장되기 전에 공기 중에서 건조하여 판매된다.

2.5.5 고리 공정

고리 공정(loop process)은 에멀션 중합 방식의 변형으로서 산업적으로 중요한 '에멀션' 도료용 라텍스 대량 생산을 위해 최근 개발된 방식이다. 이 공정에서는 반응기에서 고분자가 배치 형태로 생산되는 대신 실용적인 모양으로 감기면서 이어진 관으로 구성된 반응기에서 고분자가 연속적으로 생산된다.

고리 장치는 1970년대 초기에 최초 발명되었으며 동력학 연구의 도움으로 디자인되었다. 코일형 반응기의 한 지점에서 반응이 개시되면, 반응하는 에멀션이 연속적으로 순환하게 되며, 반응 시스템은 결국 고리의 모든 지점에서 정상 상태 농도의 자유 라디칼 조건으로 유지된다. 반응에 필요한 재료들은 독립적으로 준비된다. 즉, 단량체 및 이성분 개시제 중 한 가지가 하나의 고리 반응기에 들어 있고, 다른 고리에는 계면활성제(surfactant), 완충제(buffer), 그리고 또 다른 개시제 성분이 들어 있다. 이성분 개시제는 자유 라디칼을 형성하는 산화-환원 개시 방식에서 사용된다. 생성물은 반응물이 첨가되는 속도와 같은 속도로 빼내어지고, 시간에 따른 물성이 바뀌지 않으므로, 새로운 고분자 입자가 생성되는 속도는 이전에 만들어진 생성물이 빼내어지는 속도와 같아야만 한다.

고리 공정의 가장 큰 장점은 반응 진행에 필요한 장치가 작고, 경량이며, 이로 인해 저렴하다는 점이다. 이 방식은 최소의 감독 비용으로 상당한 연간 라텍스 생산량을 달성할 수 있으므로 산업계에서 중요성이 점차 증가하는 추세이다.

2.6 기타 연쇄 중합 메커니즘들

비록 가장 중요한 연쇄 반응들은 자유 라디칼이 포함된 반응이지만, 이들만이 가능한 것은 아니다. 자라고 있는 고분자 말단의 반응성 중심의 성질은 대신 이온일 수도 있으며 금속 착물의 배위결합 형식을 취할 수도 있다.

이온 중합은 자라나는 고분자에 발생한 전하의 종류에 따라 양이온과 음이온 메커니즘으로 세분된다. 전자, 즉 양이온 중합 반응의 경우 전형적인 촉매로는, $AlCl_3$나 BF_3 등의 Lewis 산이 있으며, 중합 반응을 일으키기 위해 종종 조촉매인 Lewis 염기가 요구된다.

양이온 중합은 특성상 낮은 온도에서도 높은 반응 속도가 얻어진다. 예로써, isobutylene[2-methylpropene, $(CH_3)_2C=CH_2$]은 BF_3에 의해 수초만에 백만 이상의 분자량을 가지는 고분자로 중합될 수 있다. 반응의 첫 단계는 BF_3와 조촉매(주로 물) 사이의 반응이다. 생성된 착물은 아이소뷰틸렌을 쉽게 양성자화(protonation)시킴으로써 카베늄(carbenium) 이온 $C(CH_3)_3^+$를 형성하는데, 이 화학종에 의해 적절히 중합 반응이 시작된다. 에너지적 이유로 인해, 이 과정은 오로지 head-to-tail 고분자만 생성한다.

이 같은 중합 시스템에서 종결 반응은 사실상 개시 반응의 반대 과정이다. 즉, $(BF_3OH)^-$의 양성자화에 의해 이중 결합을 말단기로 가지는 고분자가 생성된다(2.1).

$$CH_3[(CH_3)_2(CH_2)]_n\overset{CH_3}{\overset{|}{C}}=CH_2 \tag{2.1}$$

음이온 중합에서는 자라나는 고분자에 음이온이 형성된다. 이는 쉽게 음이온을 형성하고 바이닐 단량체와 반응하는 촉매에 의해 이루어진다. 반응 예는 2.14에 나타난 바와 같다. 여기서 개시제는 소듐이며, 반응은 −75℃의 액체 암모니아에서 일어난다.

$$NH_2^- \quad + \quad CH_2{=}CHX \longrightarrow H_2NCH_2CHX^- \tag{2.14}$$

양이온 중합에서와 마찬가지로, 음이온 중합에서 종결 반응은 오직 한 가지 메커니즘으로 발생하는데, 이는 말단 이중 결합을 가진 고분자를 형성하는 양성자 전달 반응이다. 그러나 개시제로 양성자 전달은 드물다. 위에 보인 예의 경우, 불안정한 수소화물(hydride)을 포함하는 NaH가 형성되어야 할 것이다. 대신 안정한 생성물을 형성할 수 있는 불순물에 양성자 전달이 일어나야 한다. 이는 단량체가 엄밀하게 정제되어 종결 반응이 일어날 수 없는 시스템에 대해 흥미로운 상황을 야기한다. 즉, 단량체가 완전히 소모될 때까지 반응이 지속되기보다는 음이온 중심이 멀쩡하게 유지되는 것이다. 음이온 개시로부터 생성된 잠재적으로 반응성이 높은 물질을 '**리빙**(*living*)' 고분자라 부른다.

마지막으로, Ziegler-Natta 촉매를 포함하는 중합 반응과 같이 배위

표 2.1 Ziegler-Natta 촉매의 전형적인 성분

알킬 주족 금속	전이 금속염
$(CH_3CH_2)_3Al$	$TiCl_4$
$(CH_3CH_2)_2AlGl$	VCl_3
C_4H_9Li	
C_4H_9MgI	

반응을 이용하는 연쇄 중합 반응이 있다. 이러한 촉매들은 알킬 주족 금속과 전이 금속염에 의해 형성된 착물로, 전형적인 성분들은 표 2.1에 나타난 바와 같다.

단량체 분자가 결합할 빈 배위 자리(coordination site)를 전이 금속에 형성할 수 있는 형식으로 Ziegler-Natta 촉매의 성분들이 합쳐지면, 첫 번째 단량체가 배위 결합하고, 이어 두 번째 단량체 분자가 바로 옆의 다른 빈 배위 자리에 배위하여 두 단량체끼리 반응한다. 이로 인해 두 번째 배위 자리가 다시 빈 자리가 되므로, 또 다른 단량체 분자가 들어와서 반응, 고분자 사슬이 자라게 된다. 전이 금속 배위 화합물의 공간적 요구 조건에 의해 이러한 종류의 중합 반응은 매우 입체특이성(stereospecific)이 높은 자리를 따라 진행되므로, **아이소택틱**(*iso-tactic*) 고분자와 같이 모든 단량체 단위가 동일한 입체화학 성질을 가지는 고분자를 형성하게 된다.

이와 같은 촉매를 이용하는 중합에서 단량체는 극성 관능기가 없는 것들, 예를 들어 에틸렌, 프로필렌, 1-뷰틴(but-1-ene), 뷰타다이엔, 스타이렌 등으로 제한된다. 또한, 너무 분자량이 높아지는 것을 막기 위해 연쇄이동제가 요구된다. 가장 흔한 연쇄이동제로는 수소 기체(H_2)가 있는데, 하나의 수소 원자를 자라나는 고분자 말단에 제공하고, 다른 한 원자를 촉매의 활성 배위 자리에 제공하는 식으로 반응한다.

지르코늄(zirconium), 하프늄(hafnium) 계열의 매우 다양한 Ziegler-Natta 촉매가 실험실에서 연구되었는데, 상업적인 용도로는 $TiCl_4$ 촉매만으로 제한된다. $TiCl_4$는 주촉매 성분인 염화 마그네슘, 조촉매인 triethylaluminium[$(CH_3CH_2)_3Al$], 외부 첨가제인 diphenyldimethoxysilane[$(C_6H_5)_2Si(OCH_3)_2$]의 도움을 받아 작용한다. 조촉매의 역할은 반응을 통해 에틸기를 타이타늄 원자에 내어 놓는 동시에 $(CH_3CH_2)_2AlCl$을 형성함으로써 $TiCl_4$에 활성 배위 자리를 형성하는 것이다. 외부 첨가제는 타이타늄 주위의 다른 배위 자리가 활성화되는 것을 방해하는 역할을 담당하여 다른 형태의 중합이 일어나지 않도록 한다.

2.7 단계 중합

앞서 설명하였듯이 단계 중합(step polymerization)은 반응성 치환기를 가지는 단량체들끼리의 축합 반응을 통해 일어난다. 고분자량 생성물을 얻기 위해 두 개의 반응기를 가지는 반응물이 사용된다. 반응기가 한 개인 화합물은 반응 조절을 위해 사용되며, 반응기가 세 개인 화학종은 곁가지 고분자나 가교된 고분자를 형성하기 위해 첨가될 수 있다. 수많은 종류의 반응이 이용될 수 있으며, 다음에서 간략하게 설명될 것이다.

반응은 주로 dibasic acid과 다이아민(diamine)과의 결합을 통한 polyamide, dibasic acid와 다이올(diol) 간에 형성되는 polyester 등과 같이 고반응성 화합물끼리 일어난다. 이러한 반응에는 nylon 6,6 [poly(hexamethylene adipamide)]의 경우와 같이 중요한 응용이 있는데, hexamethylenediamine과 adipic acid의 반응을 통해 염(salt)인 첫 번째 생성물이 형성되면, 이는 쉽게 재결정을 통해 고분자량 물질을 만들기 위해 필수적인 고순도 중간물질이 된다. 반응의 축합 중합 단계는 중간물질인 염을 가열함으로써 수행된다.

어떤 경우에는 유기 물질인 dibasic acid이 중합 반응에 충분한 반응성을 가지지 못하기 때문에 무수물, 또는 이것의 염화물로 대체되기도 한다. 예를 들어 polyamide(nylon)는 흔히 산의 염화물과 적당한 다이아민과의 반응을 통해 중합된다. 실험실에서 nylon 6,6의 합성은 계면중합(interfacial polymerization)이라는 매우 흥미로운 방법으로 만들어진다. 먼저 hexamethylenediamine을 물에 녹이고, adipyl chloride을 tetrachloroethylene 등의 염화 용매에 녹인다. 두 액체를 같은 비커에 가하면, 액체상 계면에 불용성 막이 형성된다. 이때 적당한 분자량으로 중합된 nylon 6,6의 계면에서 고분자의 상용성(miscibility)은 제한적인데, 형성된 고분자를 계면으로부터 끄집어내면서 연속적으로 중합 반응을 유지하게 된다.

단계 중합 메커니즘으로 고분자를 형성하기 위해 개환 반응이 적용되기도 한다. 상업적으로 중요한 예로써 nylon 6 생산을 들 수 있는데, 이 방법에서는 출발 물질로 caprolactam을 사용하며, 반응 2.15와 같은 개환 반응을 통해 중합이 진행된다.

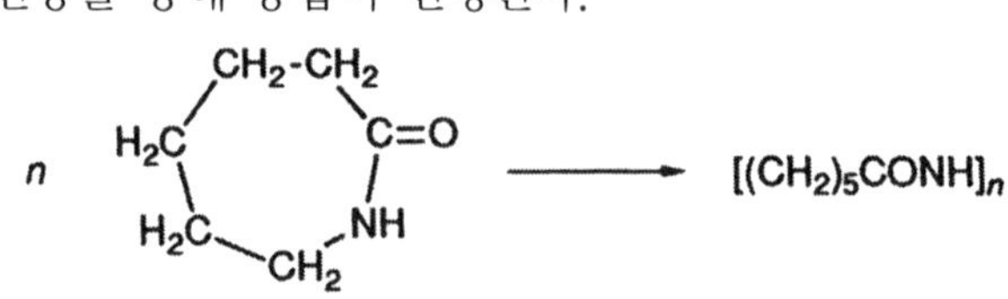

(2.15)

2.8 많은 반응기를 포함하는 단계 중합

만일 단계 중합에서 단량체의 반응기가 두 개보다 많을 경우 형성되는 생성물은 수없이 많은 3차원적 그물구조로 구성되며, 중합 반응이 완결되기 전 어느 순간에 갑자기 젤화(gelation)가 일어나는 특징을 나타낸다. 젤화점(gel point)은 반응 혼합물의 점도가 갑자기 증가하면서 유동성을 잃어버리는 시간 지점으로 관찰되며, 기체 방울이 내부에 존재하였다면 젤화점 이후 더 이상 움직이지 않게 된다. 이 시점에서 젤 성분은 전체 혼합물의 일부이며, 어떤 종류의 용매에도 용해되지 않으므로 용해된 성분[솔(sol)이라 부름]과 쉽게 분리할 수 있다. 젤화점을 지나서도 솔이 소모되면서 반응이 진행되어 젤 성분이 점차 늘어나게 된다.

젤화는 단량체의 전환율이 비교적 낮을 때 이미 일어난다. 그러므로 젤화점에서 수평균 분자량은 그리 높지 않다. 반면에, 젤화점에서의 중량 평균 분자량은 무한대가 된다.

많은 반응기를 포함하는 단량체들의 단계 중합을 해석하는 데에는 많은 가정이 주어진다.(i)모든 반응기는 동일한 반응성을 가짐, (ii)이 반응성은 분자량이나 용액의 점도와는 무관함, (iii)모든 반응은 서로 다른 분자의 반응기 사이에만 일어남, 즉 분자 내 반응(intramolecular reaction)은 존재하지 않음. 위의 가정들이 완벽하게 만족되지는 않으므로 실제로 젤화를 일으키는 데 필요한 반응 진척도가 실제 젤화점보다 낮게 계산되는 경향이 있다.

2.9 공중합

단계 중합을 일으키기 위해서는 두 가지의 다른 이작용기 분자가 사용되므로 생성된 고분자는 기본적으로 공중합체(copolymer)이다. 예를 들어, nylon 6,6는 hexamethylenediamine과 adipic acid으로부터 만들어진다. 즉 고분자는 사슬을 따라 교대로 잔기(residue)가 배열된 형식이며, 이는 곧 교대 공중합체(alternating copolymer)로 간주될 수 있다.

반면에, nylon 6는 caprolactam으로부터 만들어지는데, 이는 서로 다른 두 개의 작용기를 포함하는 이작용기 단량체처럼 거동하므로 만들어진 고분자는 주사슬을 따라 오직 한 가지 형태의 반복 구조로 이루어져 있다. 따라서 이 고분자는 단일중합체(homopolymer)이다.

연쇄 반응은 한 가지 단량체로 수행될 경우 단일중합체를 형성한다. 만일 두 가지 단량체가 사용될 경우 상황은 더욱 복잡하다. 예를 들어, vinyl chloride과 acrylate ester 혼합물의 중합은 다양한 범위의 고분자를 생성하게 된다. Acrylate 단량체의 양이 상대적으로 많은 경우와 반대로 acrylate 단량체의 양이 적고 vinyl chloride 단량체가 많은 경우를 들 수 있을 것이다. 이와 같은 종류의 반응은 단일중합체 형성이 잘 일어나지 않는 단량체를 포함하는 고분자의 중합에 이용될 수 있다. 예로서 maleic anhydride와 stilbene(vinylbenzene) 등의 단량체를 들 수 있다.

A와 B의 두 가지 단량체를 포함하는 공중합에서, 반응 중의 고분자 사슬 말단에는 단량체 A 또는 B가 위치할 수 있을 것이다. 결과적으로 반응은 다음의 네 가지 가능한 경우의 수를 가지게 된다. 사슬 말단기 A(~A·로 표기)와 단량체 A 또는 단량체 B와의 반응, 사슬 말단기 B(~B·)와 A 또는 B와의 반응이다. 각각의 반응은 서로 다른 반응 속도 상수를 가지는데, k_{AA}, k_{AB}, k_{BA}, k_{BB}로 각각 나타내진다.

일단 공중합 반응 조건이 정상적으로 갖추어지면, ~A·와 ~B· 라디칼 사슬들은 각각 정상 상태 농도를 이루게 된다. 즉, ~A·로부터 ~B·로의 순수 전환 속도 및 ~B·로부터 ~A·로의 전환 속도는 동일하게 된다.

$$k_{BA}[\sim B\cdot][A] = k_{AB}[\sim A\cdot][B]$$

위 반응식에서 대괄호 [ ]는 '해당물질의 농도'를 의미한다.

두 가지 단량체의 소비 속도는 각각 다음과 같이 주어진다:

$$-d[A]/dt = k_{AA}[\sim A\cdot][A] + k_{BA}[\sim B\cdot][A]$$

또한,

$$-d[B]/dt = k_{AB}[\sim A\cdot][B] + k_{BB}[\sim B\cdot][B]$$

반응 속도 상수 k_{AA}와 k_{AB}의 비율은 r_1으로 지정되고 k_{BA}와 k_{BB}의 비율은 r_2로 지정된다. 이와 같은 소위 **반응성 비율**(*reactivity ratio*)과 반응 속도식을 결합하면 다음과 같은 반응 속도식이 얻어진다.

표 2.2 중요한 단량체의 반응성 비율(각각의 반응 온도는 60℃)

단량체1	단량체2	r_1	r_2
Acrylonitrile	Styrene	0.04	0.40
Methyl methacrylate	Styrene	0.06	0.52
Styrene	Vinyl chloride	17	0.02
Styrene	Vinyl acetate	55	0.01

출처 : L. J. Young, 'Copolymerisation Reactivity Ratios' in 'Polymer Handbook', 2nd Edn., ed. J. Brandrup and E. H. Immergut, Wiley-Interscience, New York, 1975, pp. II-105-386.

$$\frac{d[A]}{d[B]} = \frac{[A]}{[B]} \cdot \frac{r_1[A]+[B]}{r_2[B]+[A]}$$

위 식이 공중합체 방정식(copolymer equation)으로, 반응시 주어진 단량체 비율로부터 생성된 공중합체 내의 단량체 단위의 비율을 계산할 수 있는 수학적 표현이다.

반응성 비율 수치는 공중합체의 조성을 결정하는 데 직접적 영향을 미친다. 만약 반응성 비율이 1보다 크다면, 라디칼은 말단기와 동종인 단량체와 반응하려 할 것이다(예를 들어 ~A·는 A와 반응하게 됨). 반대로 반응성 비율이 1보다 작다면, 임의의 단량체는 말단기가 자신과 다른 단량체인 사슬과 반응하려는 경향성을 갖게 된다. $r_1r_2 = 1$인 특수한 경우의 반응을 **이상적 공중합 반응**(*ideal copolymerization*)이라 부르는데, 그 이유는 생성되는 고분자가 완전한 랜덤 공중합체(random copolymer)를 이루며 반응을 위해 혼합한 단량체들의 비율과 공중합체 내의 단량체 단위들의 비율이 동일하기 때문이다.

마지막으로 두 가지 반응성 비율의 값이 모두 영인 경우를 생각해보면, 단량체들은 그들과 같은 종류의 말단기를 가진 고분자 라디칼과는 전혀 반응을 하지 않을 것이다. 이러한 경우, 결과적으로 **교대 공중합 반응**(*alternating copolymerization*)이 형성된다. 몇 가지 중요한 단량체의 반응성 비율이 표 2.2에 주어졌다.

앞에서 언급된 공중합체 종류에 더해, 블록(block) 공중합체와 그래프트(graft) 공중합체라는 두 가지 중요한 종류의 공중합체가 존재한다.

블록 공중합체는 같은 단량체 단위로 이루어진 사슬들이 주사슬을 따라 길게 연결된 형태이다.

−AAAA−BBBB−AAAA−

이러한 고분자를 만드는 여러 방법이 존재하는데, 일정 분자량의 단일중합체(블록)들을 먼저 형성한 후 나중에 서로 연결하는 방법을 예로 들 수 있다.

그래프트 공중합체는 단일중합체 주사슬이 여러 개의 곁가지를 포함하고 있는 경우인데, 곁가지 자체가 다른 단량체로 이루어진 단일중합체가 주사슬에 아래와 같이 연결되어 있는 형식이다.

−AAAAAAAAAA−
B
B
B
B

고분자 구조

Chapter 03

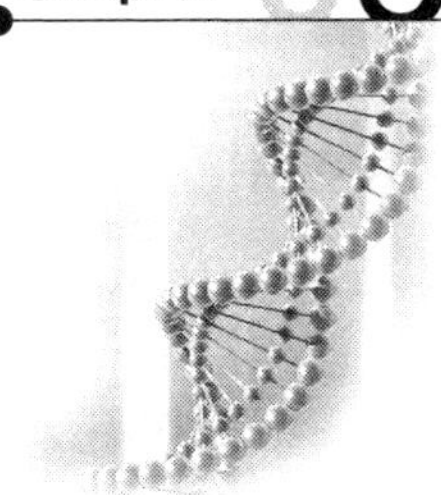

⁂

이 장은 간단한 화학 구조를 벗어나 고분자 소재의 구조적 관점에서 고분자 입체화학, 결정성, 그리고 유리 전이를 포함한 무정형 고분자의 성질에 대하여 소개한다. 이러한 성질들은 고분자를 구성하는 분자의 1차적 구조에서부터 일어남을 이해하게 될 것이다.

우선 단어를 정의해 보자. 고분자화학자들은 P. J. Flory의 예를 따른 사슬의 **배치**(*configuration*)와 **형태**(*conformation*)에 대해 일반 유기 화학자들이 다루는 의미와는 좀 다르게 사용한다. 이 책에서는 F. W. Billmeyer의 예에 따라서, 이 단어들을 보다 일반 화학에 가깝게 표현하겠다. 배치는 원자의 배열로, 화학 결합이 깨지지 않는 이상 서로 바뀌지 않는 것을 의미하며, 형태는 서로 구분할 수 있는 개별적 원자들이 1차 결합을 중심으로 회전에 의해 바뀔 수 있는 것을 의미한다. 배치는 앞장에서 소개한 head-to-tail 배열을 포함하고, 형태는 개개 거대분자의 주사슬(backbone)을 따라 연속적인 탄소-탄소 결합에서 일어나는 **트랜스**(*trans*)와 **고우시**(*gauche*) 배열을 포함한다.

3.1 고분자 입체화학

한 위치에만 치환된 바이닐 단량체로부터 합성된 고분자는 비대칭 탄소가 서로 연결된 분자 형태를 하고 있다. 이러한 비대칭 탄소들로 이루어진 고분자의 정확한 배열 방법은 입체화학적으로 세 가지 배열을 갖는다. 첫 번째가 모든 비대칭 탄소 원소들이 동등한 배치를 갖는 예로, 이 경우 합성된 고분자는 **아이소택틱**(*isotactic*)이라고 한다. 두 번째, 규칙적으로 비대칭 탄소들이 서로 그 위치가 바뀌어 연결된 배열을 하고 있는 경우, 이 고분자를 **신디오택틱**(*syndiotactic*)이라 한다. 끝으로, 얻어진 고분자의 비대칭 탄소 원소들이 특별한 배열 규칙이 없는 경우, 이를 **아택틱**(*atactic*)이라 한다. 이 세 종류의 배열에 대해서는 그림 3.1에 나타내었다.

다양한 아이소택틱과 신디오택틱 고분자들이 합성되고 있다. 예를 들어 poly(methyl methacrylate)는 고분자 합성 조건에 따라서 아이소택틱이나 신디오택틱 배치를 가진 고분자를 합성할 수 있다.

때때로 택틱성(tacticity)이라고 표현되는 이러한 고분자 입체화학만이 고분자 배치를 결정하는 것은 아니다. 그림 3.2에 나타낸 하나의 위치만 치환된 뷰타다이엔 아이소프렌(butadiene isoprene)을 이용해 합성된 고분자 구조의 예처럼 다양한 구조의 고분자 입체화학을 볼 수 있다.

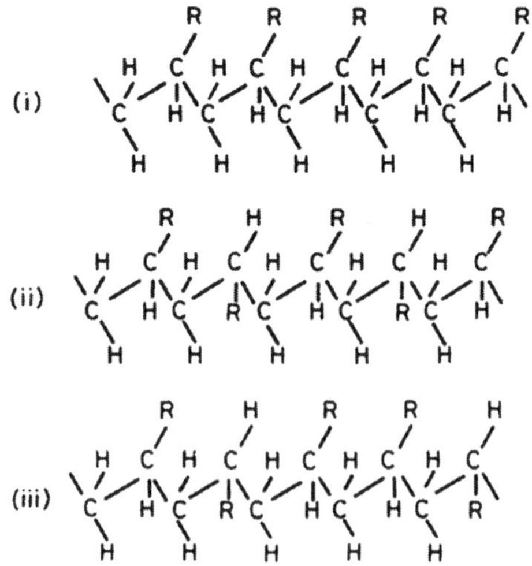

그림 3.1 비대칭 탄소 원자를 함유하고 있는 고분자의 가능한 입체화학적 배열

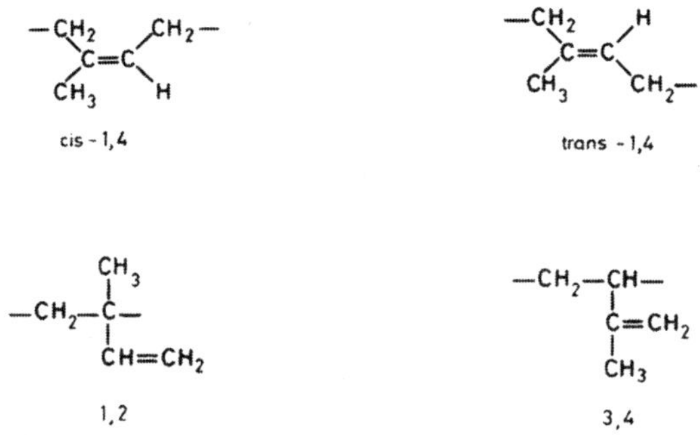

그림 3.2 Poly(isoprene)의 이성질체

이러한 배치를 갖는 고분자들이 많이 알려져 있는데, 가장 일반적인 고분자는 *cis*-1,4-와 *trans*-1,4-이성질체이다. *cis*-1,4-이성질체는 poly(*cis*-1,4-이성질체)로, 천연 고무를 구성하는 성분이고, *trans*-1,4-isomer는 구타 페르차(gutta percha)라고 알려진 소재이다. 구타 페르차는 천연 고무와 다르게, 탄성(elastomeric)을 갖고 있지 않고, 가죽과 같은 질감을 갖고 있다. 이는 골프공 커버나 19세기 말에 설치된 대서양을 가로지르는 케이블의 피복 소재 등, 다양한 응용 분야에 사용되고 있는 소재이다.

3.2 고분자 결정성

고분자가 결정성을 갖는 데 가장 필요한 특성은 입체규칙성(stereo-regularity)이다. 이는 고분자 시료를 구성하는 성분 모두가 아이소택틱이나 신디오택틱이어야 함을 의미하는 것은 아니다. 그러나 어느 정도 규칙성을 갖기 위해서는 고분자 주사슬을 따라 꽤 많은 수의 일정 구조를 가져야 하는 것이 필수적이긴 하다.

많은 고분자들은 부분적으로 결정성을 보인다. 이는 *X*-선 회절 패턴(*X*-ray diffraction pattern)으로부터 확인할 수 있는데, 일반적으로 결정성 영역을 의미하는 선명한 피크와 마치 액체와 같이 분자들이 무질서하게 배열되어 있는 특성을 나타내고 잘 정의되지 않은 피크가 측정된다. 결정성과 무정형 특성이 공존하는 고분자를 "결정성(cry-stalline)"고분자라고 한다.

고분자 안에 이러한 두 개의 상(phase)이 존재하는 이유는 매우 명확하다. 거대분자의 일정 부분에서 입체규칙성 원소들에 의해 결정성 영역이 형성되는데, 이는 거대분자가 형성되는 합성 공정 방법의 특성에 따라 일어난다. 신디오택틱 부분을 함유하는 아이소택틱 고분자가 합성되기도 하고, 그 반대의 경우도 있다. 사슬에 가지(chain branching)가 형성되기도 하는데, 이 경우에는 구조 차원에서 부분적으로 국부적 규칙성을 잃게 되고, 결정이 성장하는 것을 방해하게 된다. 때때로 공중합 합성을 하는 것이 결정성상에 무정형을 공존시키는 원인이 되기도 한다. 예를 들어 소위, 뷰틸 고무(butyl rubber)라고 알려진 poly(isobutylene)에 아이소프렌(isoprene)이 소량 존재하게 되면, 결정이 성장하는 것을 방해하기는 하나, 완전히 막지는 못 한다.

비결정성 고분자의 경우는 고분자 구조가 주로 비규칙적인 경우이다. 일반적으로 비규칙성이 되는 원인은 두 개 이상의 공중합용 단량체가 충분히 많이 존재하는 조건에서 공중합 고분자를 합성하거나, 아택틱 고분자처럼 완전히 입체규칙성을 갖지 않는 고분자를 합성할 때 얻어진다.

명확한 결정성상을 갖고 있는 고분자로는 poly(ethylene)(PE)과 PTFE가 있다. 이들은 일반 결정성 고체와 아주 다른 특성을 보인다. 특히 이들은 강도가 매우 낮으며, 임의의 온도에서는 매우 부드럽고, 부서지거나 깨지기보다는 변형이 쉽게 일어난다. 소금(NaCl)이나 황산 구리(copper sulphate)와 같은 결정성 고체들과 다른 이유는 PE나 PTFE가 결정성 영역뿐 아니라 무정형상을 함유하고 있기 때문이다.

결정성 고분자의 *X*-선 연구에 의하면 결정 크기는 수십 nm 정도로 매우 작음을 확인하였다. 이는 분자량이 높은 고분자의 말단간 거리(end-to-end distance)보다도 매우 작아, 개개 고분자의 분자들이 서로 얽혀서 결정성상이나 무정형상을 형성함을 의미한다. 결정 성장 과정은 서로 다른 분자들의 규칙적 부분들이 모여 형성된 다발들이 모여서 소재의 국부위치에서 결정성 배열(array)을 형성하는 것으로 알려져 있다(그림 3.3a). 이 이론이 오래된 고분자 과학 책이나 논문 등에서 볼 수 있는 술달린 마이셀(fringed micelle) 이론이다.

그러나 이러한 술달린 마이셀 이론은 최근에 고분자 단결정 측정 결과로부터 신뢰를 잃어가고 있다. 새 이론으로 하나의 분자가 자기 스스로 약 10 nm 정도의 간격으로 라멜라(lamellae)를 형성해서(그림 3.

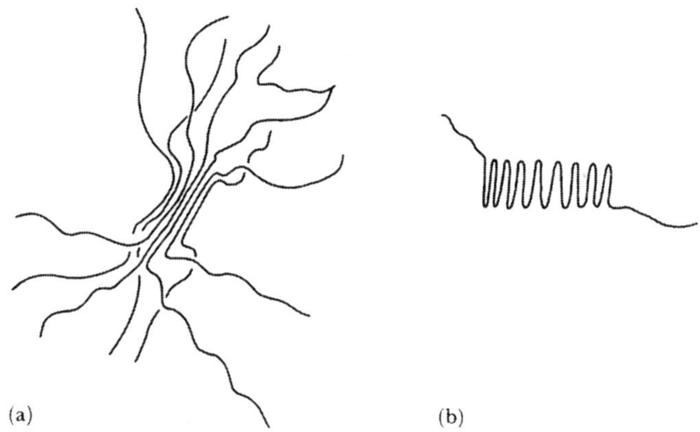

그림 3.3 (a) 술달린 마이셀 이론과
(b) 라멜라 형성 이론(lamellae theory)에 따라 형성되는 결정성 고분자의 분자 배열

3b), 고분자 결정이 형성된다는 설이 지지를 받고 있다. 이 라멜라는 결정성 고분자의 가장 기초적인 구조로 보인다.

두 이론 모두 증가하는 밀도, 경직도(stiffness), 높은 연화점 등과 같이 결정성 고분자의 특성을 잘 설명하고 있기 때문에 어떻게 결정을 이루는가의 두 이론 중, 어느 이론이 맞다고 판단을 내리기는 무척 어렵다. 그러나 결정성 고분자를 연구하는 학자들 사이의 균형은 점차 깨져 단일 분자의 접힘에 의한 라멜라 형성에 기초한 결정성 이론으로 무게가 옮겨가고 있다.

3.2.1 방향성과 결정성

천연 고무와 같은 고무상 고분자는 잡아당기면 분자들이 한 줄로 배열하게 되는데 이 방향성이 결정성을 이끌어낸다. 변형 유도(strain-induced) 결정성이라고 알려진 이러한 효과는 변형을 가하지 않은 고분자에 비해, 늘린 고분자를 더 단단하게 만들어준다. 이러한 결정성은 고분자가 다시 수축하게 되면, 원래의 크기로 돌아오게 되어 결정성을 잃게 되므로, 영구적인 것은 아니다.

한편 비고무상 고분자의 경우, 적절한 조건에서 잡아당기면 영구적인 결정성을 증가시킬 수 있다. 예를 들어, nylon 6,6의 경우, 녹는점과 유리 전이 온도 사이의 온도에서 열을 가하고 이어 잡아당기면, 당기는 방향으로 결정성이 증가한다. 이렇게 방향성을 도입해서 얻어진 방향성 결정성 필라멘트나 섬유 등은 방향성이 없는 소재에 비해 강도가 700 MPa까지 도달할 정도로 강하게 된다.

방향성이 있는 결정성은 시트(sheet)를 잡아 늘리거나, 고분자 필름을 동시에 두 방향으로 늘려서도 얻을 수 있다. 결과적으로 얻어진 소재는 양방향 방향성을 가진 고분자 결정(biaxially oriented polymer crystal)이 된다. 이러한 소재의 예로 양방향으로 당겨진 poly(ethylene terephthalate), poly(vinylidene chloride), poly(propylene)이 있다. 방향성을 가진 결정들이 빛의 파장에 간섭을 일으키지 않으므로, 이러한 필름들은 매우 투명하고, 강도가 커서 다양한 분야에 응용되고 있다.

3.2.2 결정 녹는점

일반 유기물과 달리, 결정성 고분자는 잘 정의된 녹는점이 없다. 이는 고분자가 혼합물로서 상대적으로 다양한 분자량을 가진 구성 성분으로 이루어져 개개 성분들이 서로 다른 온도에서 녹기 때문이다. 그러므로 상대적으로 낮은 분자량을 가진 단일중합체(homopolymer) 고분자는 상대적으로 높은 분자량을 가진 고분자에 비해 낮은 온도에서 녹는다. 결정들의 크기 또한 녹는점에 영향을 주는데, 실제로 온도를 올릴수록 결정 크기가 작거나 완벽하게 결정을 이루지 않을수록 커다란 결정에 비해 먼저 녹는다.

녹는점에 영향을 미치는 다른 요소들로 (a)고분자 안에 존재하는 공-단량체(co-monomer)의 존재, (b)고분자 내에 극미량이라도 남아있는 용매나 가소제의 존재 등이 있다. 공-단량체의 존재는 공중합 반응으로 얻은 고분자의 경우로, 개개 고분자의 결정을 이루는 부분을 짧게 하기 때문에 녹는점을 낮추는 경우이고, 후자의 경우에는 고분자 분자의 상대적인 운동성을 증가시키기 때문에 액체상으로 변하기 위해 필요한 에너지가 적게 들기 때문이다.

3.2.3 고분자 블렌드

새로운 특성을 갖는 물질을 얻는 데 있어서 새로운 고분자를 합성하는 것보다는 기존의 고분자들을 섞어서 고분자 블렌드를 제조하는 방법이 많이 사용되고 있다. 일반적으로 부서지기 쉬운 유리상 고분자인 경우에는 고무상 고분자와 같이 다른 특성을 가진 고분자를 섞어서 높은 강도(rigidity)와 강인성(toughness)을 갖는 소재를 만들 수 있다. 이러한 성질들의 조합은 대부분 고분자가 갖고 있지 않은 성질들로, 고분자 블렌드의 좋은 예는 1장에서 소개했던 고무 입자가 고분자 매트릭스상에 잘 분산되어 있는 high- impact poly(styrene)이 있다.

고분자 블렌드의 형태는 high-impact poly(styrene)에서 설명한, 즉 유리상 매트릭스에 고무상 입자가 잘 분산되어 있는 것과 같다. 이러한 배열은 기계적 강도를 증가시킨다. 고분자 블렌드에 관련된 특이한 변화는 크레이징 응력(crazing stress)과 파괴 응력(fracture stress) 사이에 일어난다. 고무상 충전제(filler)가 없는 유리상 고분자의 경우, 크레이징은 파괴가 일어나기 전에 발생하고, 그 값이 매우 비슷하다. 그러나 고분자 블렌드의 경우에는 크레이징이 실제적으로 파괴가 일어나기 훨씬 전에 일어난다. 이 현상은 그림 3.4에 나타내었듯이 고무상 입자가 충분히 커서 유리상 매트릭스에서 일어난 균열(craze)들을 서로 연결하는 다리 역할을 해서 힘을 유지하게 된다. 파괴 강도를 증가시키는 최적의 특성을 나타내는 일정 크기의 고무 입자 크기 범위가 관찰되는 사실로부터 이 메커니즘이 증명되었다. 예를 들어 high-impact poly (styrene)의 경우, 고무 입자의 크기가 1~10 μm인 경우가 가장 좋은 결과를 나타낸다.

3.3 열적 기계적 성질

고분자 소재 성질과 이 고분자가 유리상, 고무상 또는 주어진 조건에서 섬유를 형성할 수 있는지를 결정짓는 중요한 세 가지 요소는 다음과 같다.

(i) 거대분자의 유연성
(ii) 분자 사이 힘의 크기
(iii) 거대분자의 입체규칙성

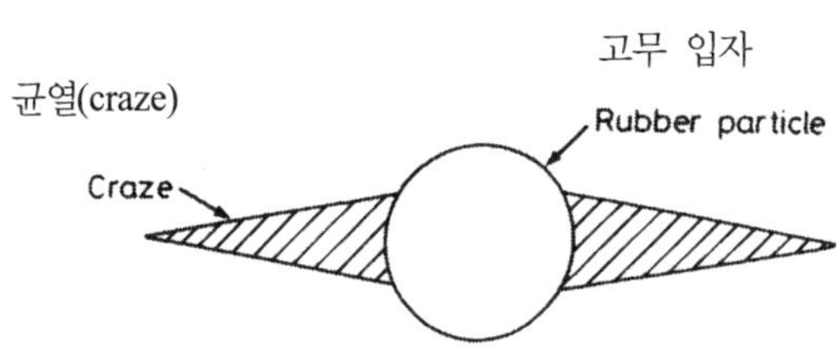

그림 3.4 유리상 고분자 매트릭스 내 고무 입자에 의한 강화 메커니즘

이러한 세 가지 요소는 고분자의 결정 형성, 얻어진 결정상 영역의 녹는점, 그리고 유리 전이 온도에 영향을 미치므로, 이 성질들에 대해 알아보기로 하자.

3.3.1 유리 전이 온도, T_g

유리 전이 온도는 poly(styrene)이나 poly(methyl methacrylate)와 같이 선형이고, 무정형 고분자에서 관찰되는 특성이다. 벌크(bulk) 소재가 깨지기 쉬운 유리와 같은 특성을 잃고, 덜 딱딱해지고, 고무와 같이 되는 온도를 의미한다.

열팽창 계수, 열용량, 굴절률, 기계적 감쇠(damping), 그리고 전기적 성질과 같은 많은 물리적 성질들이 이 유리 전이 온도에서 크게 바뀌게 된다. 이러한 특성들은 모두 주어진 고분자 소재 내에서 분자 운동의 자유도(degree of freedom)에 관계된 특성들로, 이 값들의 변화를 측정하여 유리 전이 온도를 결정할 수 있다. 그러나 불행하게도 측정하는 기계들에 따라 얻어지는 T_g값이 달라진다. 예를 들어, poly(methyl methacrylate) 경우, 부피 변화를 측정하는 dilatometry로는 110°C를 얻지만, rebound elasticity technique로 측정하면 160°C를 얻어, 측정된 T_g값들의 차가 매우 큰 경우가 있다. 그러나 이는 매우 극단적인 예이고, 주로 얻어진 T_g는 측정된 방법에 의해 비록 다르지만, 그 차이는 적은 온도 범위 안에서 일정하다.

유리 전이는 2차 전이(second-order transition)로, 이는 녹는점이나 끓는점처럼 물질이 영향을 받아 상변화가 일어나는 1차 전이(first-order transition)와는 다르다. 1차 전이는 특별한 부피 변화, 광학 특성 변화(X-선 회절 패턴과 IR 스펙트럼으로 측정), 그리고 측정하는 상변화에서의 잠열(latent heat)의 존재에 의해 일어나는 특성이다. 반대로 유리 전이 온도에서는 이러한 변화가 일어나지 않는다. 그림 3.5에 나타났듯이 T_g에서는 온도에 따른 부피 변화의 속도가 변한다.

유리 전이는 관심이 있는 온도에서 일어나는 변하는 특성을 이해하는 것이 중요하다. 물질이 이 유리 전이 온도까지, 아니 그 이상으로 열을 받으면, 단일 결합을 중심으로 분자들의 회전이 갑자기 쉬워진다. 이러한 회전 운동은 많은 요소들의 영향을 받아 쉽게 일어나고, 따라서 실제 유리 전이가 일어나는 온도에 영향을 미치게 된다. 단일 고분자

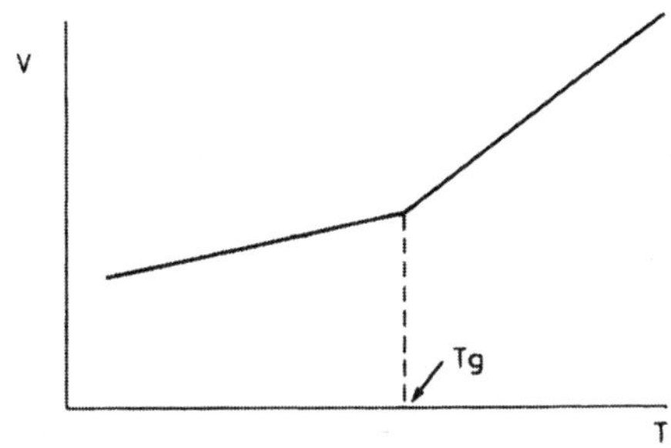

그림 3.5 유리 전이 온도를 포함하는 온도 변화에 따른 일반 고분자의 부피 변화

분자 자체의 고유 이동성(inherent mobility)이 중요하고, 이러한 움직임을 증가시키거나 감소시키거나 하는 분자의 특성은 T_g의 값을 변화시킨다. 이에 더하여, 고분자 분자들 간 상호작용이 분자의 움직임을 방해하기 때문에 결과적으로 T_g를 변화시킨다.

간단하게 유리 전이 온도에 영향을 미치는 인자들을 정리하면 다음과 같다.

(a) 고분자 주사슬에 매달려 있는 기(pendant group). 왜냐하면, 이러한 기들은 고분자 주사슬에서 1차적인 결합을 통해 분자들이 회전하는 데 드는 에너지를 증가시키기 때문이다. 이는 곁사슬(side chain)이나 가지(branch)의 경우에 일어난다.

(b) 분자의 주사슬을 형성하는 구조가 페닐렌(phenylene)기와 같이 강직한 구조로 되어 있는 경우

(c) 가교

(d) 고분자 사슬 간 수소 결합

(e) 상대적으로 높은 분자량을 가진 고분자의 경우 낮은 분자량의 고분자에 비해 움직이기 어렵고, 전체 분자 자유도에 더 많은 제한이 있기 때문에 T_g에 영향을 준다.

(f) 가소제의 유무. 이에 대해서는 다음 장에 자세히 설명한다.

이러한 요소들의 효과는 일반 고분자의 T_g값 변화로부터 볼 수 있다. T_g에 영향을 미치는 주된 요소를 표시하여 표 3.1에 나타내었다.

중합도가 200 이상인 고분자의 경우, 일반적으로 유리 전이 온도는 분자량에 의해 크게 영향 받지는 않는다. 그러나 이 값 이하에서 T_g는 상대적인 분자량에 영향을 받는데, 낮은 분자량을 가진 시료일수록 낮

표 3.1 일반 고분자의 유리 전이 온도

고분자	T_g(℃)	주된 요소
Poly(ethylene)	−20	유연한 주사슬
Poly(propylene)	+5	CH_3기에 의한 회전 자유도 방해
PVC	+80	분자간 강한 극성 상호작용
PTFE	+115	매우 강직한 주사슬

은 T_g값을 갖는다. 이는 낮은 분자량을 가진 시료의 경우 상대적으로 사슬 끝의 수가 많으므로 운동의 자유도가 커지기 때문이다. 즉 단위 부피당 사슬 끝의 수가 많을수록 분자의 총 자유도는 높아지고, T_g값을 낮춘다.

무정형 형태를 갖는 랜덤 공중합체는 공중합 고분자를 구성하는 각 단일중합체 T_g 사이의 온도에서의 하나의 T_g값을 갖는다. 정확한 값은 공중합 고분자를 구성하는 상대적 단량체의 양에 의존한다.

상용성이 매우 좋은 두 개의 고분자로 된 고분자 블렌드 경우에도 단일 T_g 값을 갖는다. 이러한 단일 T_g값은 다음 식에 의해 예상된다.

$$(T_g)_{AB} = (T_g)_A f_A + (T_g)_B f_B \tag{3.1}$$

여기서 f_A와 f_B는 A, B 각각 부피 분율이다. 또는

$$\frac{1}{T_g} = \frac{M_A}{(T_g)_A} = \frac{M_B}{(T_g)_B} \tag{3.2}$$

여기서 M_A, M_B는 A, B 각각의 무게 분율이다.

식(3.2)는 랜덤 공중합체의 T_g를 예상하는 데 주로 사용되며, 공중합 고분자를 구성하는 각 단량체들의 무게 분율로부터 계산할 수 있다.

위에 나타낸 두 개의 식은 고분자 블렌드나 공중합 고분자의 T_g를 예상하는 데 사용되고 있다. 더 정확한 T_g를 계산하기 위해서는 각 성분들의 액체와 고체 상태에서의 열팽창 계수 값이 필요하다. 그러나 T_g의 불확정성과 앞에서 설명한 측정 방법에 따른 T_g 값의 변화를 감안한다면, 이러한 식들을 더 발전시키고자 하는 노력은 그다지 중요하지 않다.

앞에서도 설명했듯이 일반적으로 서로 섞이지 않는 고분자들끼리 고

분자 블렌드를 만들면 두 상의 구조를 형성한다. 이러한 고분자 블렌드는 각 상에서 유도된 두 개의 T_g를 보여주는데, 각 온도들은 각 단일중합체들의 T_g값이다.

3.3.2 가소제 효과

가소제는 고분자보다 상대적으로 분자량이 작은 물질로, 일반적으로 액체 상이다. 가소제가 고분자에 첨가되면, 고분자는 연하고 유연해지며 고분자만으로 사용할 때보다 공정이 훨씬 더 쉬운 균일한 소재가 된다. 가소제를 사용하는 전형적인 예는 PVC에 di-isooctyl phthalate로, 70 part 정도의 di-isooctyl phthalate를 100 part의 PVC에 넣어주면 상온에서 딱딱한 고체인 PVC가 고무와 같은 소재로 변해, 방호복으로 사용할 수 있을 정도의 소재가 된다. 그러므로 상온 이상인 PVC의 T_g를 상온 아래로 낮추는 역할을 한다.

일반적 유기 용매와 비교하여 가소제의 분자량은 300 이상으로 유기 용매에 비해 상대적으로 높은 분자량을 갖고 있다. 가소제는 주로 비휘발성이고, 고분자 분자와 일반 용매처럼 상호작용이 있다. 고분자에 의해 가소제가 흡수되어, 고분자 자체보다 낮은 T_g의 소재가 되는 것이다. 가소제로 사용되는 소재가 상대적으로 높은 분자량을 갖고 있으므로, 상온에서는 가소제가 고분자 안으로 매우 천천히 확산되어 들어간다. 이러한 문제점을 극복하기 위해서 고분자와 가소제를 높은 온도에서 혼합해준다. 다른 방법으로는, 휘발성이 있고 낮은 분자량인 용매 속에서 고분자와 가소제를 혼합해 주고, 공정 마지막 단계에서 용매를 휘발시켜 용매를 제거해서 얻기도 한다.

가소제는 주로 분자 수준에서 간격자(spacer)역할을 한다. 그러므로 C-C 결합을 중심으로 분자들이 회전을 하기 위해 움직일 수 있는 자유를 얻는 데 필요한 에너지를 낮추어서, 고분자가 흐르는 온도인 T_g를 낮추는 것이다.

3.3.3 유리 전이 온도 측정 방법

T_g를 결정하는 데는 많은 방법이 사용되고 있다. 예를 들어, 온도를 올리면서 부피 변화를 dilatometry로 측정하여, 온도에 따른 부피의 상관 관계로부터 T_g를 측정할 수 있다. 그림 3.5에서처럼 T_g에서 기울기가 급격히 변하게 된다. 다른 방법으로, 온도를 증가시키면서 응력

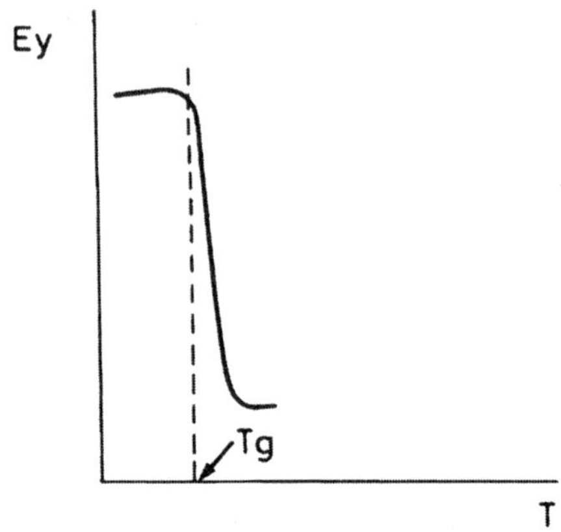

그림 3.6 전형적 고분자의 온도에 따른 영탄성률 곡선

(stress)/변형(strain) 비인 영탄성률(Young's modulus) 변화를 측정하여 T_g를 구할 수 있다. 유리 전이 온도 근처에서 영탄성률은 급격히 떨어진다(그림 3.6).

끝으로 T_g를 측정하는 **완화**(*relaxation*)방법을 설명하겠다. 이는 소재 내에서 일어나는 역학적(때로는 열역학적) 또는 전기적 완화 거동에 기초하여 측정하는 방법으로, 앞에 소개한 정적 역학 방법으로 측정해서 얻은 T_g와 항상 같은 값을 주지는 않지만, 높은 신뢰성으로 널리 사용되는 방법이다.

동적 열 기계 분석법(Dynamic Mechanical Thermal Analysis, DMTA)과 유전체 열 분석법(Dielectric Thermal Analysis, DETA)이라고 알려진 완화 방법이 있다. 이 두 경우 모두 단일 여기 주파수(excitation frequency)가 사용되고, 일반적으로 −100℃에서 200℃ 사이의 온도를 변화시키면서 측정한다. 분자 운동 변화, 그러므로 T_g가 이 두 방법에 의해 측정된다. 그러나 DETA의 경우 고분자에 쌍극자(dipole) 운동이 도입되거나 전기적인 전하가 있어야 한다. DMTA로 측정된 전이가, DETA로 쌍극자가 일어났는지 아닌지에 따라 결정된 전이의 상태를 알 수 있으므로, 이 두 방법이 T_g 측정에 서로 보완적으로 사용되고 있다.

고분자를 연구하는 동적 기계 장치(dynamic mechanical technique)는 7장에 자세히 나타내었다. 여기서는 T_g를 측정하기 위한

DMTA 방법에 대해서만 간단히 설명한다.

실험적으로 DMTA는 온도가 조절되는 챔버 안에 작은 고분자 시료를 걸어 놓고, 주기적으로 기계적인 응력을 시료에 가해주어서 소재에 상응하는 변형(strain)을 야기시킨다. DMTA 측정법은 복소 탄성률이라고 알려진 E^*의 성질을 이용해 평가하는 것으로, E^*는 저장 탄성률(storage modulus) E'과 손실 탄성률(loss modulus) E''의 두 요소로 되어 있다. 수학적으로 이 탄성률은 각도 δ에 의해 다른 위상(out of phase)에 위치해 있고, 이 탄성률 비로부터 tan δ로 정의된다.

$$\tan\delta = \frac{E''}{E'} \tag{3.3}$$

tan δ의 값은 온도에 따라 변하고, T_g에서 최고점을 갖는다. 이후에 급격히 떨어지게 되어 최고점을 쉽게 구별할 수 있게 된다. 그러므로 전형적인 DMTA 방법으로 T_g를 결정하는 것은 매우 간단하고, 그 예는 그림 3.7에 나타내었다.

한편 DETA는 전기적 특성 측정에 기초한 방법이다. 여기서 고분자

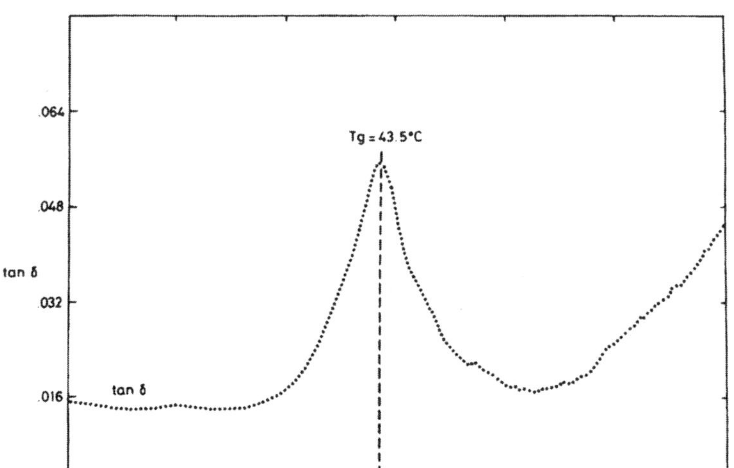

그림 3.7 알루미늄 기판 위에 접착된 알키드(alkyd) 페인트 필름의 DMTA 스펙트럼, T_g =43.5℃.
(출처: G. J. Bratton, E. A. Wasson, J. W. Nicholson and A. D. Wilson, *J. Oil Col. Chemists' Assoc.*, 72, 1989, 10)

는 교류와 온도 변화에 따른 전도성(G)과 전기용량(C)의 변화에 따라 특성이 측정된다. 정의에 의해

$$\tan\delta_{\mathrm{D}} = \frac{G}{2\pi Cf} \tag{3.4}$$

여기서 f는 적용된 주파수이다.

DMTA에서처럼 DETA에 의해 결정된 tan δ_{D}는 T_g에서 최고점을 보인다. 그러므로 외부 전기장에 민감한 기를 갖고 있는 고분자의 경우, DETA로 T_g를 결정하는 아주 좋은 방법이다. 한편 앞에서도 설명했듯이 DMTA와 같이 DETA를 사용하면 고분자 내부의 극성기 또는 전하를 띤 기에서 유리 전이가 일어났는지를 확인할 수 있다.

3.3.4 T_g에 미치는 고분자 입체화학의 영향

일반적으로 거대분자의 입체화학에 따른 T_g의 값은

신디오택틱 〉 아택틱 〉 아이소택틱

의 순서이다. 이러한 순서는 다른 배치를 하고 있는 C-C 결합의 주사슬을 기준으로 얼마나 쉽게 회전할 수 있는가에 따른 영향을 보여주는 결과로, poly(methyl methacrylate)의 경우에 명확히 잘 보여준다.

1,4-poly(isoprene)의 경우, *cis*-와 *trans*-이성질체의 경우에 그 차이가 명확하다. 비록 지금은 신뢰성이 낮다고 생각되는 초기의 값들은 *trans*-이성질체의 경우 T_g는 −53℃이고, *cis*-이성질체의 경우에는 −73℃이었다. 당시에는 이 값 때문에 의견이 분분했었다. 그러나 시차 주사 열량계(Differential Scanning Calorimetry)를 사용한 최근 측정 결과, 이 두 이성질체의 T_g값이 거의 비슷하고, *trans*-형태의 T_g가 *cis* 형태의 T_g(−67℃)보다 약간 낮은 값인 −70℃라는 게 밝혀졌다. 부분적으로 앞에서도 보였듯이 T_g 측정 방법에 따라 서로 다른 T_g 측정값이 나오는 사실을 이해하면, 이러한 문제는 이해할 만하다.

3.3.5 결정성 녹는점과 T_g와의 관계

결정성 고분자는 항상 어느 정도의 무정형 부분을 함유하고 있어, 유리 전이가 일어나게 된다. 이러한 전이는 무정형상에 의해서만 일어나게 되고 결정성 녹는점인 T_m 보다 낮은 온도에서 일어난다. 그러므로 결정성 고분자에 열을 가하면 T_g에서 2차 전이가 먼저 일어나고, 결정상

이 T_m에서 새로운 상으로 전이하는 1차 전이가 나중에 일어나게 된다.

고분자의 화학 구조는 결정성 녹는점과 유리 전이 온도에 영향을 미치는 분자의 자유도에 영향을 미친다. 게다가 이 두 개의 성질에 서로 비슷한 정도의 영향을 미치므로, 많은 고분자들에서 발견되는 경험적 법칙이 있다.

$$T_g = 0.66 \pm 0.44\,T_m \tag{3.5}$$

여기서 온도는 Kelvin이다.

명심해야 할 것은 이 식이 모든 고분자에 다 적용되는 것은 아니라는 점이다. 예를 들어 poly(propylene)의 경우처럼, 일정 정도의 결정성 부분이 있는 경우에 T_g 자체의 값이 상승하는 경우가 있어 이러한 관계는 매우 복잡하다. Poly(propylene)의 경우에 무정형상이 상당히 적고, 때때로 무정형상은 결정상에 의해 영향을 받아서, 이러한 구조에서는 개개 분자들의 회전 자유도가 결정상에 의해 서로 연결되어 있기 때문에 영향을 크게 받는다. 반대로, T_g에서 이런 현상을 보이지 않는 고분자도 있다. 결정상들이 서로 멀리 떨어져 있는 경우 무정형 부분의 자유도가 결정상 존재에 영향을 받지 않는 고분자들도 있다. 이러한 고분자의 경우 결정상은 매트릭스에 영향을 미치지 않는 마치 비활성 충전제(filler) 역할을 한다.

T_g와 T_m과의 관계는 복잡하다. 이 관계는 일반 고분자의 경우, 고분자 각각의 경우에 따라 분리해서 생각되어야 하나, 준결정성 고분자(semicrystalline polymer)의 경우에 형태학(morphology)을 유추하는데 도움을 주기도 한다.

3.3.6 다른 열적 전이

이 장은 온도가 상승함에 따라 고분자에서 일어나는 가장 중요한 전이인 유리 전이에 대해서만 다루었다. 그러나 유리 전이만이 고분자에서 일어나는 유일한 전이 현상은 아니다. 어떤 고분자들은 유리 전이와 비슷한 2차 전이들이 있다. 주로 곁사슬이나 주사슬의 작은 부분들의 경우인데, 이들이 회전하기 위해서는 주사슬이 유리 전이에 관련되는 것보다 적은 에너지가 필요하다. 이러한 전이들에 대해서는 내림 차순으로 α, β, γ라고 명명한다. T_g는 주로 전이와 상응하는 특성이다. α, β,

γ는 T_g처럼 명확한 전이의 근원을 명시하지는 않으며, 예를 들어 하나의 고분자에서의 α 전이는 다른 고분자의 α 전이에서 일어난 분자의 운동과 다른 원인에 의해 일어났다고 볼 수 있는 정도이다.

가교

Chapter 04

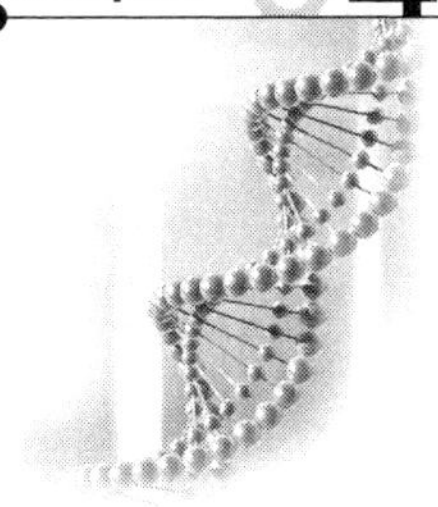

*
**

4.1 개요

거대분자에서 일어나는 화학적 공유 결합은 **가교**(*crosslinking*)라고 알려져 있다. 가교의 존재와 밀도는 이들 소재의 화학적, 기계적 특성에 영향을 크게 미친다.

거대분자들 사이에 존재하는 가교는 고분자가 열을 받을 때 영향을 미치게 된다. 가교가 없는 고분자는 충분히 높은 온도를 주면 녹아 흐르게 되고, 이들은 일반적으로 열가소성이다. 반대로 가교된 고분자들은 가교에 의해 분자들의 움직임에 제한을 받기 때문에 열을 가해도 녹지 않는다. 대신 온도가 충분히 높아지면, 열가소성 소재가 녹는 온도보다 충분히 높은 온도에서 비가역성 분해(degradation)가 일어나게 된다.

가교된 고분자나 가교되지 않은 고분자의 화학적 거동 차이는 열에 대한 다른 특성뿐 아니라 용해 거동 또한 다르다. 용해 거동은 사슬들 간 공유 결합의 특성과 양에 의해 다르기 때문이다. 가교되지 않은 고분자의 경우 일반적으로 적절한 용매를 사용하면 녹는다. 녹는 과정은 시간이 걸리기는 하지만, 충분한 시간이 주어지고 적절한 고분자-용매와의 상용성이 있으면, 고분자는 그 용매에 녹게 된다. 반대로 가교된 고분자는 녹지 않는다. 사슬 부분을 녹이는 용매화가 거대분자 사이에 존재하는 공유 결합 특성을 극복하지 못하기 때문이다. 그러므로 가교된 분자는 용액에 녹아들지 못하게 되는 것이다. 가교 밀도에 따라 다르긴 한데, 충분히 많은 양의 용매가 있으면, 고분자는 부드러워지고, 용매 속에서 팽창되어 있다. 그렇게 높지 않은 가교 밀도를 갖고 있는 고분자의 경우에 일어나는 이러한 팽창은 일반적으로 가역적이며, 적절한 조건하에서 고분자 사슬 내에 들어갔던 용매를 제거해주면, 고분자는 원래 모양으로 돌아오게 된다.

고분자의 기계적 성질은 가교에 따라 달라진다. 가교되지 않았거나, 소량만 가교된 소재의 경우 유리 전이 온도 이상에서는 부드럽고, 적절한 유연성도 있다. 가교가 많이 된 고분자는 반대로, 매우 부서지기 쉽고, 열가소성 소재와 달리, 이 부서짐 특성은 열에 의해 바뀌게 된다. 가교가 많이 된 소재는 사슬 내부의 공유 결합에 의해 매우 치밀한 3차원 그물구조(network)를 하고 있어, 이러한 구조를 이루고 있는 분자들 개개의 부분들의 움직임이 매우 부자유스럽다. 그러므로 이 소재에 어떤 스트레스가 주어지면 이를 완화시키는데 가능한 메커니즘이 없기 때문에, 그 결과 최소한의 변형만 가해져도 갑자기 그 형태가 망가져 버리게 되는 것이다.

일반적으로 선형 고분자가 갖는 부서지기 쉬운 특성과 달리 가교때문에 일어난 이러한 부서짐 특성은 온도에 상관없이 일어난다. 즉 분자들의 운동이 갑자기 자유로워지는 특정 온도가 없는 것이다. 다른 말로 하면, 만약에 T_g가 있다면 이 온도에서 기계적 특성이 크게 바뀌게 된다. 그러나 가교된 소재는 부서지기 쉬운 거동을 하는 한 형태에서 질기고 강인한(tough) 거동을 보이는 다른 형태로 변할 수 있는 어떤 특정한 온도가 없다.

가교는 고분자가 만들어지는 과정이나, 아니면 처음에 고분자가 만들어지고 난 후 다른 단계를 거쳐서 고분자에 도입된다. 고분자가 만들어지는 과정에서 가교가 도입되는 경우는, 두 개 이상의 반응성기를 갖고 있는 단량체들의 축합 반응으로 합성되는 과정에서 일어난다. 두 개 이상의 반응성을 갖고 있는 단량체 사용 양에 따라 최종적으로 얻어지는 소재의 가교 밀도가 결정된다.

두 번째 방법으로, 이미 만들어진 고분자에 가교 반응을 도입하는 방법이 있다. 이 방법은 낮은 온도에서 소재가 흐르는 경향을 막기 위해 고안된 것으로, 종종 "경화(curing)"라고도 한다. 경화 방법은 단계 반응이나 연쇄 반응을 통한 고분자 합성 반응 모두에 적용할 수 있다. 예를 들어, 단계 반응에서는 수산기(hydroxy-group)와 같이 높은 반응성을 가진 단량체를 과량으로 사용한다. 처음에 만들어진 고분자는 과량의 수산기를 가진 선형 고분자로, 이 고분자는 나중에 이작용기를 가진 산과 같은 보조적인 단량체를 혼합물에 첨가하여 고분자를 경화시킨다.

상업적으로 중요한 가교 반응은 불포화 고분자를 갖고 있는 고분자에서 이루어진다. 이 장 끝에 설명하겠지만, 예를 들어 이중 결합을 갖고 있는 이작용기를 가진 산으로부터 만들어진 polyester는 주사슬에 일정한 이중 결합이 존재한다. 여기에 스타이렌 단량체를 넣어주고, 이 불포화 이중 결합 위치에 자유 라디칼 연쇄 반응을 시키면 고분자 주사슬에 poly(styrene) 공중합에 의해 가교된 고분자를 만들 수 있다.

상업적으로 중요한 또 다른 공정은 페인트에서 "drying"이라고 말하는 알키드(alkyd) 수지에서 볼 수 있는데, 이는 불포화 고분자 전구체를 함유하고 있는 물질이다. 이 과정은 용매가 휘발되면서 고체상 침전물이 남는 일반 건조 과정이 아니다. 주된 공정은 상대적으로 높은 분자량을 가진 분자가 대기의 산소와 반응하여 가교 반응이 일어나 가교된 구조로 전환이 일어나는 것이다. 반응 과정은 복잡하지만, 대개의 윤곽은 밝혀져 있다. 간단하게 설명하면, 첨가된 금속 건조 촉매(metal drier catalyst)에 의해 산소가 기름 분자(oil molecule)에 있는 이중 결합 근처의 methylene기와 반응하여 hydroperoxide(반응 4.1)를 형성한다. 이것이 이중 결합의 위치를 바꾸게 하여 공액(conjugate) 구조를 형성하게 해 준다. 종종 *cis*에서 *trans*형태로 배치 변화를 유도하기도 한다. 이어서 hydroperoxide기가 잘라져서 자유 라디칼이 형성되고, R—R, R—O—R, R—O—O—R들이 포함된 가교 형태의 혼합물을 만들어낸다. 이러한 종류들을 합성하여 상대적인 분자량이 점차적으로 증가하게 되고, 처음에 넣어준 액체 기름들이 부드럽고, 탄력이 있는 소재로 마르게 되는데, 이것이 자연적으로 온도 변화에 따라 팽창과 수축을 할 수 있어, 기재와 접착력을 유지하는 소재가 되는 것이다.

$$RH + O_2 \longrightarrow ROOH \tag{4.1}$$

다음 절에서는 다른 중요한 가교 과정에 대해 소개하겠다. 소개하는 이 과정들은 최종 생산품의 품질을 결정하는 매우 중요한 산업 공정이다. 이러한 가교 반응은 일반적으로 2단계로 이루어지는데, 처음에 예비중합체를 만들고, 이어서 가교를 한다. 이렇게 주의깊게 합성을 함에도 불구하고, 4개 중 1개의 경우에 고분자 중합 화학의 초기 반응 중에 3차원 그물구조가 형성되곤 한다. 그러나 실제로는 반응물의 비를 주의 깊게 조절하여, 반응 초기에 가교가 일어나는 것을 방지하고, 마지막 단계에서 조절하는 것이 좋다.

4.2 Phenol-Formaldehyde 수지

Phenol-formaldehyde 수지의 가교는 원칙적으로 선형 전구체 고분자에서 일어난다. 이 선형 예비중합체는 합성 초기에 가교 반응이 일어나는 것을 방지하기 위해 한 종류의 단량체를 충분히 과량으로 첨가하여 제조된 고분자이다. 이 선형 예비중합체는 resole이나 novolak이라고 불리는 두 종류 중 하나이다.

Resole 수지는 formaldehyde를 과량으로 첨가해서 제조한 것으로, phenol과 몰비는 주로 2 : 1이다. 반대로 novolak 수지는 phenol을 과량으로 첨가해서 제조한 것으로, 그 비는 formaldehyde와 1.25 : 1정도의 조건에서 만들어진다. 이러한 예비중합체가 만들어지는 pH 역시 다르다. Resole의 경우는 염기 조건에서 합성되며, novolak 경우에는 산성 조건에서 만들어진다.

Resole의 가교된 phenol-formaldehyde 수지의 반응 경로는 Baekeland에서 처음으로 상업화한 방법과 같다. 이들은 지금은 접착제, 결합제(binder), 적층품(laminate) 등에 응용되고 있다. Resole 전구고분자는 배치 공정으로 만들어지고 있는데, phenol 양의 약 2% 정도 암모니아가 염기성 촉매로 사용되고 있다. Formaldehyde를 과량 사용하는 데도 불구하고, 예비중합체 안에 각 성분들의 가교 반응이 일어날 가능성이 높으므로, 매우 조심스럽게 예비중합체를 합성하고 있다. 실제로 resole에 갑자기 온도를 높이거나 하면 이런 반응이 일어나게 되므로, 반응 조건을 잘 유지하거나 너무 오래 반응시키기 않는 조건에서 예비중합체가 합성되어야 한다.

Novolak 수지는 그 자체가 그물구조로 바뀌지 않으므로 가교제를 따로 넣어주어야 한다. 원칙적으로는 formaldehyde를 첨가 해 주면 될 거 같으나, 실제로는 다른 소재인 hexamethylenetetramine(HMT)를 넣어준다. 이 소재는 반응 4.2에서 나타내었듯이 ammonia와 formaldehyde가 반응하여 만들어진 것이다. 아직까지 HMT와 novolak과의 가교 반응 메커니즘이 밝혀지지 않아 좀 복잡하기는 하지만, 최종 생산물은 phenol 고리가 적은 수의 질소를 함유하고 있는 메틸렌기에 주로 연결되는 것으로 알려져 있다.

가교 반응이나 최종 구조물에 포함되는 화학 구조가 적기만 하다면, resole의 가교 반응은 novolak에 비해 간단하다. resole이 염기성 조건에서 합성되므로 가교 반응은 중화 반응 이후에 이루어지게 되는데, 이는 결과적으로 간단히 수지를 가열만 해도 그물 구조를 얻을 수 있게 된다.

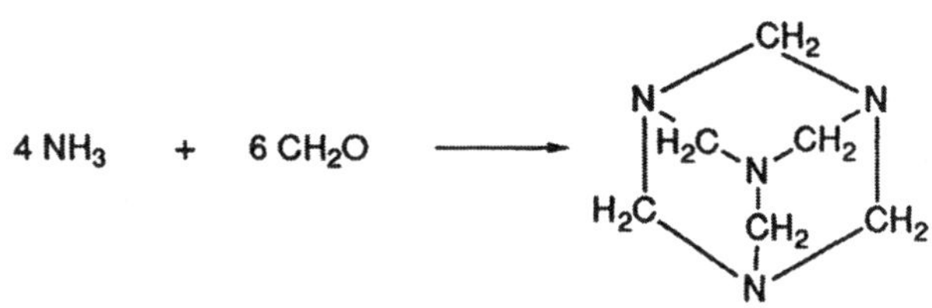

(4.2)

Resole 수지를 가교시키는 화학은 복잡하고, 실험을 통해 연구하는 것은 매우 어렵다. 그 이유는 얻어진 경화된 생산물이 녹지 않기 때문에, 화학적 특성을 측정하는 데 적합하지 않기 때문이다. 이러한 소재의 부분적 정보는 mononuclear methylphenol과 같은 용해성이 있는 모델 분자를 만들어서 연구되고 있으며, 화학적 분석에 도움을 주고 있다.

경화 반응 초기 공정은 methylolphenol의 프로톤화(protonation)이며, 이어서 물 분자를 잃고 benzylic carbonium ion을 생성한다(4.3). 이는 이어 두 번째 phenol과 반응하여 반응 4.4에서 보이는 다리(bridge) 구조를 형성한다. 교대로, benzylic carbonium 원자는 다른 메틸올기(methylol group)와 반응하여 ether-type 구조에 기초한 다리(bridge) 구조를 형성한다(반응 4.5).

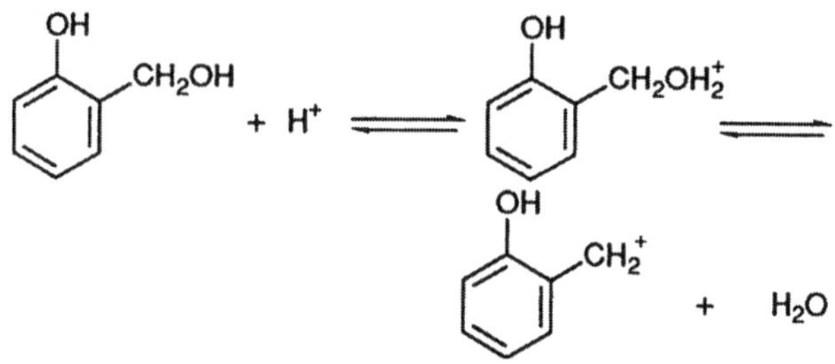

(4.3)

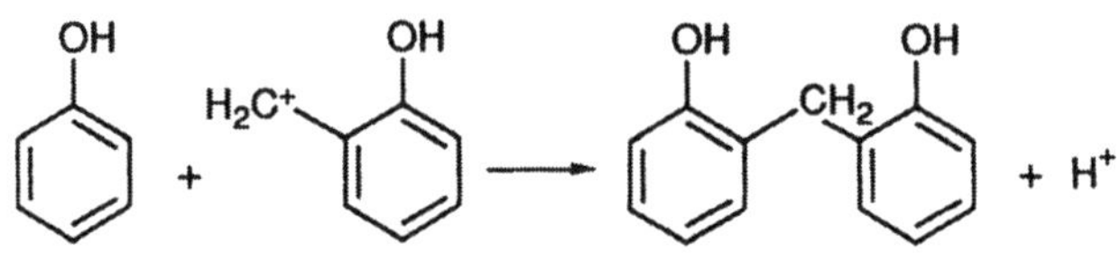

(4.4)

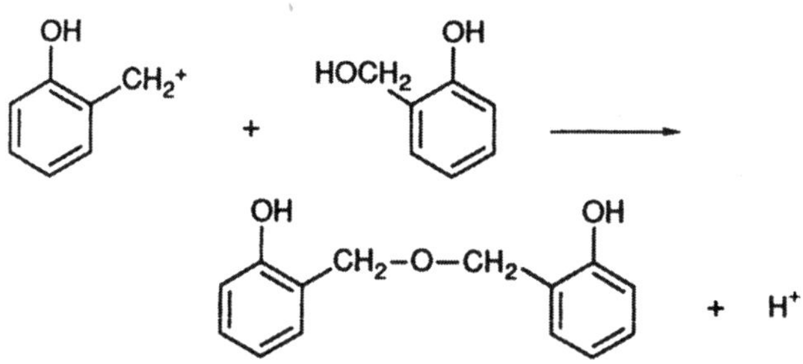

(4.5)

이러한 두 단계를 통해 methylene과 ether bridge를 갖는 그물구조가 형성된다. 상업적 소재에는 메틸렌기가 주성분임이 밝혀졌다.

앞에 설명한 가교 반응 외에, 다양한 2차 반응 가능성이 있다. 이에 따라 최종 생성물은 다양한 가교를 포함하고 있는데, 이 반응의 원인이 어디에 있는지는 아직까지 밝혀지지 않았다. 예를 들어, 아래에 나타낸 4.1에서 보이는 경화된 수지 조성에서 stilbene(vinylbenzene) 유도체들을 함유하고 있는 것으로 나온다.

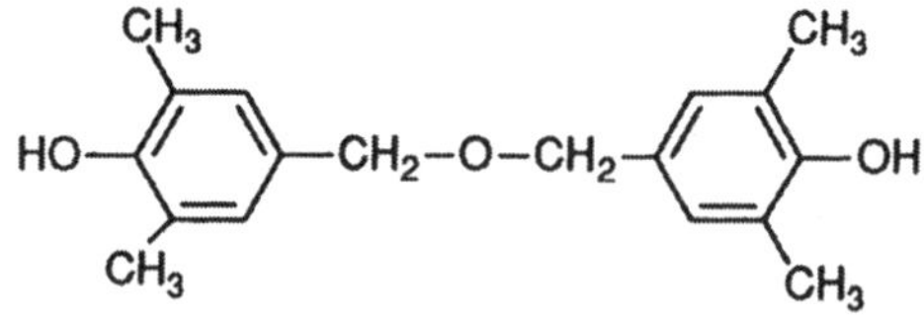

(4.1)

간단히 정리하면, phenol-formaldehyde 수지의 가교 반응은 매우 복잡하고, 이러한 소재들의 개개 특성에 대해 분자 수준으로 연구되지 못했다. 비록 1장에서 소개한 대로 이 소재는 매우 중요한 상업화된 플라스틱 소재이고 앞으로도 특별한 응용 가능성이 많아 상업적으로 매우 중요한 소재이지만, 가교 특성은 불규칙적이고, 변수가 많다.

4.3 불포화 polyester 수지

Polyester는 적층(laminating) 수지로 널리 사용되고 있다. 이 가교된 소재의 예비중합체는 점도가 높은 옅은 노란색을 띠는 용액으로, 약 2000 정도의 상대적으로 매우 낮은 분자량을 갖고 있다. 이 예비중합체는 1,2-propylene glycol (1,2-propanediol)과 같은 글리콜(glycol)과 포화되고, 불포화된 dicarboxylic acid와의 단계 성장 합성 반응을 통해 만들어진다. 불포화된 산은 주사슬을 통해 가교 반응 위치를 제공해주고, 포화된 산은 효과적으로 가교 위치의 수를 조절하게 된다. 이렇게 위치에 제한을 주는 것은 경화된 수지의 취약성(부서짐성)을 감소시키는 효과가 있다.

Polyester 예비중합체의 합성이 가능한 단량체의 종류는 매우 다양하다. 하지만 가장 일반적인 단량체들은 앞에서도 소개한 1,2-propanediol과 무수물 형태로 첨가되는 maleic acid이 불포화 위치를 제공하는 데 사용되고, 무수물 형태로 첨가되는 phthalic acid이 두 diacid의 두 번째 역할을 하게 된다. 이들의 구조를 그림 4.1에 나타내었다.

그림 4.1 Maleic acid과 phthalic acid 구조

최종적으로 얻어지는 수지에 특별한 성질을 도입하기 위해 다양한 단량체들을 도입하기도 한다. 예를 들어 염소나 브롬 원자를 함유하고 있는 할로젠 단량체들은 내연성(fire resistance)을 제공한다. 8장에서 소개하겠지만, 고분자 구조 내의 할로젠의 효과는 수지를 불에 타기 어

렵게 하고, 계속 연소되는 것을 막는 역할을 한다.

예비중합체는 다이올 : 불포화산 : 포화된 산의 몰 비를 각각 3.3 : 2 : 1로 혼합하여 온도를 올려가면서 150~200℃ 정도에서 고분자를 합성한다. 반응 중 증발하는 것에 대비하여 다이올(diol)의 양은 약간 과량으로 첨가한다. 고분자 합성 반응은 수 시간이 걸리고, 적절한 분자량을 가진 예비중합체를 얻기 위해 충분히 반응시킨다.

예비중합체를 만들고 나서, 일반적으로 스타이렌과 같은 반응성 희석제를 넣어주고, 적절한 자유 라디칼 개시제를 넣어 시스템 안에서 가교가 되도록 반응시킨다. 이 경화 반응은 조건에 따라, 임의의 온도 또는 높은 온도에서 수 분에서 수 시간에 걸쳐 반응시킨다.

스타이렌과 polyester의 가교를 유도하기 위해서 두 종류 중 하나의 개시제 시스템이 사용되는데, 효과에 따라 반응 온도가 다르다. 높은 온도에서 경화시키는 반응에는 열에 의해 분해되어 자유 라디칼을 형성하는 과산화물(peroxide)이 사용된다. 종류로는 benzoyl peroxide, 2,4-dichlorobenzoyl peroxide, di-t-butyl peroxide, dodecyl peroxide 등이 있다. polyester 예비중합체와 스타이렌, 그리고 이러한 개시제들은 상온에서는 상대적으로 안정하나, 온도가 70~150℃ 사이에서는 사용한 과산화물에 따라 빠르게 가교 반응이 일어난다.

상온에서 경화 반응이 일어나는 반응 시스템은 다양한 응용이 가능하다. 이는 "cold cure"라고 하는데, peroxy 개시제를 어떤 활성화제(activator) 재질과 반응시켜 일으킨다. 이 경우에 적절한 peroxy 화합물로 methyl ether ketone peroxide와 cyclohexa- none peroxide가 있는데, 상업적으로 팔리고 있는 물질들은 순수한 하나의 화합물이 아니라, 상응하는 이름에 맞춰 과산화물과 hydroperoxide의 혼합물이다. 활성화제는 일반적으로 금속염으로, 매우 빠르게 산화/환원 반응을 일으킬 수 있는 염이다. 이 목적에 잘 부합하는 전형적인 염은 cobalt naphthenate로 반응 4.6과 4.7에 나타낸 반응을 따라 일어난다.

$$\mathrm{ROOH} + \mathrm{Co^{2+}} \longrightarrow \mathrm{RO\cdot} + \mathrm{OH^-} + \mathrm{Co^{3+}} \qquad (4.6)$$

$$\mathrm{ROOH} + \mathrm{Co^{3+}} \longrightarrow \mathrm{ROO\cdot} + \mathrm{OH^-} + \mathrm{Co^{2+}} \qquad (4.7)$$

표 4.1 Hand lay-up 유리 섬유 강화 polyester 수지의 일반 특성

성질	일반적인 값
비중	1.4~1.5
인장 강도/MPa	8~17
굴곡 강도/MPa	55~117
물 흡수율/%	0.2~0.8

Cold-cure를 통해 가교된 polyester 수지는 대용량 유리 섬유 강화 소재를 만드는 데 사용되는데, 주로 hand lay-up 기술에 의해 만들어진다. 유리 섬유는 절단 가닥(chopped strand) 매트의 형태로 만들어진다. 이러한 매트들은 약 5 cm 정도의 길이로 잘라진 유리 섬유들이 수지계 바인더(binder)에 의해 형상을 유지하고 있다. 유리 섬유들은 불포화 유기 실리콘으로 처리된 것도 있다. 이 처리는 경화되지 않은 수지와 잘 섞이게 해 주고, 매트릭스와 섬유간 결합을 강하게 해서, 경화된 소재의 기계적 특성을 증가시킨다.

경화되면, 유리 섬유 강화 수지는 강하지만 가볍고, 표 4.1에 나타낸 다양한 특성을 갖고 있다. 이러한 소재들을 구성하고 있는 에스터기가 가수분해에 의해 공격 받기 쉽고, 염기성 환경에서 영향을 받기 쉽다. 염기성 환경을 피하면, 이 소재는 풍화에 강해서 배의 선체, 지붕판, 스포츠차 본체, 수영장, 그리고 화학 회사에서 탱크나 저장 용기로 많이 사용되고 있다.

4.4 Polyurethane

Polyurethane이라는 이름은 이 소재가 거대분자의 주사슬에 우레탄기 (－NHCOO－)를 함유하고 있기 때문에 붙여진 이름이나, 상업화된 polyurethane의 경우는 사실이 아니다. 이러한 물질들은 처음에는 polyester나 polyether였는데, 가교를 통해 polyurethane 구조를 형성하게 된 것이다.

연질(flexible)이나 경질(rigid) 폼에 널리 사용되고 있는 polyurethane은 탄성체(elastomer), 섬유, 표면 코팅 및 접착제로도 널리 사용되고 있다. 처음에는 섬유 소재를 목표로 1937년 독일의 I. G. Farbenindustrie의 Otto Bayer가 당시 미국 Du Pont사에서 nylon이라는 이름으로 특허를 낸 polyamide 분자를 대체하는 polyurethane을 주사슬

로 하는 고분자를 만들고자 하는 아이디어에서 시작되었다. Bayer는 di-isocyanate을 다이올을 대신해서 nylon과 같은 선형 고분자를 만들고자 하였으나, 불행하게도 이 고분자는 nylon보다 훨씬 낮은 물성을 갖고 있었다. 그 당시 그는 polyurethane 섬유의 가능성을 생각하지 못했다.

1장에서 설명하였듯이, 우레탄기는 isocyanate기를 가진 수산화(hydroxy) 화합물이다(반응 4.8). 이 반응은 단계 반응 동력학에 의해 일어나지만, 반응이 진행되면서 부가적인 작은 분자를 부생산물로 생산하지는 않는다.

$$\mathrm{ROH} + \mathrm{O{=}C{=}N{-}R^1} \longrightarrow \mathrm{ROCONH{-}R^1} \qquad (4.8)$$

Polyurethane을 만드는 데 자주 사용되는 예비중합체는 polyester나 polyether이다. polyester는 일반적으로 거의 다 포화되어 있고, 상대적인 분자량이 1000~2000 정도의 범위에 있다. 전형적으로 이러한 소재는 점도가 높은 액체이거나 낮은 녹는점을 가진 고체상이다. 이러한 polyester는 전형적으로 말단이 수산기로 되어 있는데, 이것이 가교 위치로 작용하게 된다. 비록 일반적으로는 선형이지만 polyester 예비중합체는 그 자체가 가지를 갖고 있다. 실제 형성된 가지의 양은 최종적으로 얻어지는 polyurethane의 특성을 결정짓고, 결과적으로 이 소재의 응용 분야를 결정짓게 된다. 예를 들어 선형 polyester에서부터 유도된 polyurethane는 탄성체로 사용되고, 가지가 적은 polyester에서 유도된 polyurethane은 유연한 폼에, 더 많은 가지를 갖고 있는 polyester에서 유도된 polyurethane은 경질(rigid) 폼에 사용된다.

Polyether에 기반을 둔 polyurethane은 polyester에 기반한 것보다 더 많이 응용되고 있다. 자주 사용되는 polyether는 propene oxide에서 유도된 것이다(반응 4.9).

(4.9)

Isocyanate기는 반응성이 높고, 가교가 일어나면 다양한 반응을 이끌어내는 물질이다. 모든 과정의 가장 중요한 단계는, 처음에 반응물

분자에서 활성이 있는 수소 원자와의 반응이다. 예를 들어, isocyanate는 반응 4.10에 보인 물과 반응하여 불포화 중간체인 carbamic acid를 만들어내고, 이어 이산화 탄소를 발생시키면서 아민을 얻는다.

$$\text{—NCO} + \text{H}_2\text{O} \longrightarrow \text{—NH—}\underset{\underset{\text{O}}{\|}}{\text{C}}\text{—OH} \longrightarrow \text{—NH}_2 + \text{CO}_2 \quad (4.10)$$

아민 역시 isocyanate기와 반응할 수 있는 활성이 있는 수소를 함유하고 있다. 그러므로 반응 4.10의 생성물은 반응 4.11에서 보이는 공정을 통해 치환된 요소(urea)를 얻는다. 반응 4.11에서 얻어진 요소에도 활성 수소가 있기 때문에 반응은 계속 진행되어, 요소와 아이소사이아네이트와 반응하여 biuret라고 하는 생성물을 합성한다(반응 4.12)

$$\text{—NCO} + \text{H}_2\text{N—} \longrightarrow \underset{\text{Urea}}{\text{—NH—}\underset{\underset{\text{O}}{\|}}{\text{C}}\text{—NH—}} \quad (4.11)$$

$$\text{—NCO} + \text{—NHCONH—} \longrightarrow \underset{\text{Biuret}}{\text{—NHCO—NH—CONH—}} \quad (4.12)$$

끝으로, 관심이 있는 주된 반응은 isocyanate기와 polyester나 polyether의 수산기와의 반응에 의한 우레탄 생성이다. 이 반응이 높은 반응성을 가진 isocyanate기를 만들고, 이는 우레탄과 더 반응하여 allophanate라고 알려진 구조를 형성하게 된다(반응 4.13).

$$\text{—NCO} + \text{—NHCOO—} \longrightarrow \underset{\text{Allophanate}}{\text{—NHCO—}\underset{|}{\text{N}}\text{—COO—}} \quad (4.13)$$

Isocyanate는 독성 물질이므로 주의해서 다뤄야 한다. 호흡기 장애를 일으켜 숨을 쉬기 어렵고, 목을 따갑게 하거나, 심한 경우 기관지 경련을 일으킨다. 그러나 일단 반응을 시키게 되면, 예를 들어 폼을 형성할 때 완전히 반응이 다 진행되면, 최종 생성물에는 독성이 남아 있지 않다.

Polyurethane 폼(foam)은 널리 사용되고 있다. 예를 들어 경질 폼은 빌딩의 빈 벽들 사이의 단열(insulation)재로 사용되고, 연질 폼은 최근까지도 가정용 용품으로 사용되었다. 아직까지도 차 시트에 사용되고 있고, 표면 코팅에도 polyurethane이 사용된다. polyurethane에 기초한 고분자의 다양성은 비록 매우 복잡하기는 하지만, 일반적으로 요구되는 질김(강인성), 연성, 내마모성 등이 요구되는 다양한 용도에 사용되고 있다.

4.5 Epoxy 수지

Epoxy 수지는 주로 말단에 위치하지만 분자당 적어도 두 개의 1,2-에폭시기를 갖고 있는 고분자로부터 얻어진다. 에폭시 고리는 자체가 갖고 있는 변형 특성이 커서 매우 불안정하고, 다양한 물질들과 쉽게 반응하는 특성을 갖고 있다. 에폭시기와 일어나는 반응에는 주로 양성자 주개종(proton donor species)의 첨가 반응을 포함하고 있다(반응 4.14).

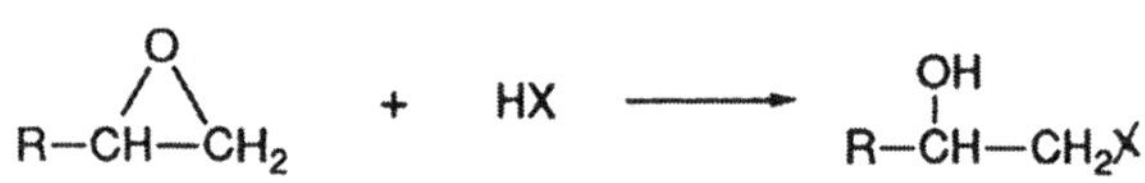

(4.14)

이 반응은 매우 일반적이며, 유기 R기는 지방족, 고리지방족, 또는 방향족이다. epoxy 수지를 형성하는 성분은 매우 다양하나, 실제 가장 자주 사용되는 물질은 bisphenol A와 epichlorohydrin에 기초를 두고 있고, 상용화된 epoxy의 80%가 이 두 성분이다.

Epoxy 수지는 1930년 Zurich의 De Trey사에서 치과용 소재를 개발하던 Pierre Castan이 처음 만들었다. 비록 치과용 소재로 성공하지는 못했지만, 회사는 이 특허를 Basle의 Ciba사에 팔았고, 치과용 소재로 실패한 epoxy 소재는 표면 코팅이나 접착제 등, 다양한 용도에 사용되고 있다. 표면 코팅제로의 발전은 미국 Shell사의 S. O. Greenlee에 의해 이루어졌는데, 그는 주로 글리세롤(glycerol)을 이용한 epoxy 수지 개질, drying oil acid의 epoxy 반응과 phenolic과 amino 수지와의 반응 등을 연구하였다.

상업적으로 중요한 경화된 고분자가 갖는 일반 특성과 마찬가지로, epoxy 수지는 2단계로 합성되는데, 처음에 선형 예비중합체에서 유도되어, 분자간 가교를 유도하는 방법이다. epoxy 수지로부터 얻는 예비중합체는 그림 4.2에 나타낸 구조인 diglycidyl ether와 같이 만들어진다.

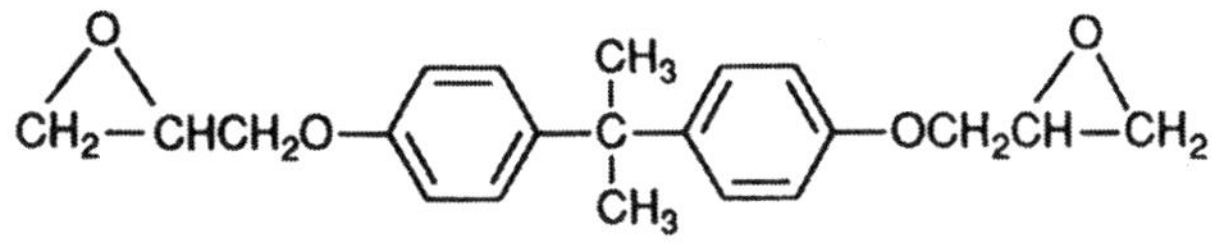

그림 4.2 diglycidyl ether

이 구조는 분자량이 340이며, 상업적인 액체 glycidyl ether는 분자량이 340~400정도이고 이 물질을 많이 함유하고 있다.

Diglycidyl ether 수지의 가교는 경화제인 촉매 양을 변화시키거나, 화학량론적으로 가교제를 첨가하는 방법 중 하나로 일으킨다. epoxy 수지 경화용 촉매는 일반적으로 Lewis 산이나 염기[즉 전자 받개(acceptor)나 전자 주개(donor)]이다. 예를 들어 Lewis 염기인 3차 아민을 생각해보면, 반응은 처음에 epoxy 고리와 일어난다(반응 4.15).

(4.15)

생성된 이온은 그 자체가 공정 중에 다른 epoxy 고리와 반응하여 첫 번째 가교를 만든다(반응 4.16). 이 반응은 diglycidyl ether 분자의 다른 쪽 말단에서도 일어나, 가교 구조가 이 방법으로 얻어지게 된다. 경화 중에 epoxy 고리가 개환되어서 생긴 수산기와 반응하기도 하므로 반응은 매우 복잡해진다. 그러므로 결과적으로 3차원 그물구조를 구성하는 복잡한 배열의 구조를 얻게 된다.

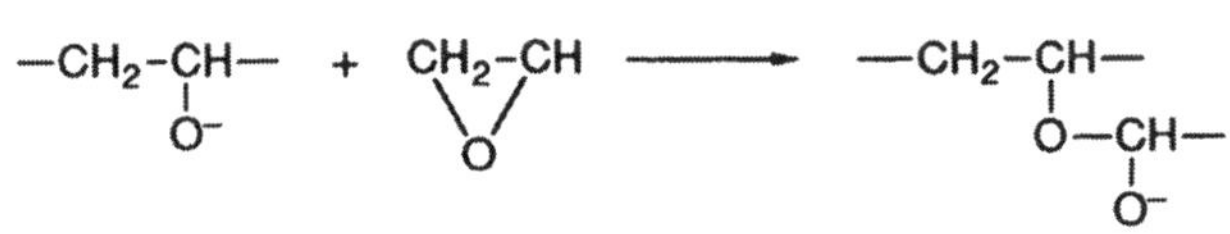

(4.16)

촉매로 사용된 3차 아민과 반대로, 1차나 2차 아민 또는 산무수물등은 화학량론적 반응에 의해 epoxy 수지와 반응한다. 이 경우에 사용되는 일반적 아민 경화제는 diaminodiphenylmethane(DDM)인데, 반응 4.17에서 보이듯이 개개의 에폭시기와 반응한다.

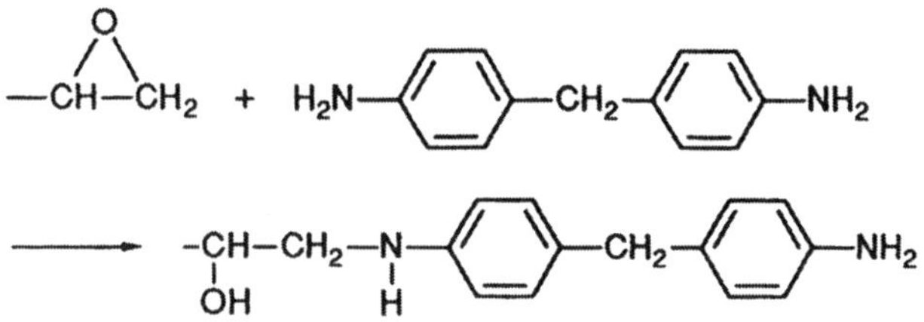

(4.17)

DDM이 네 개의 활성이 있는 수소 원자를 갖고 있으므로, 각 수소 원자는 epoxy 고리를 개환시킬 수 있어, 이 물질은 가교 반응을 매우 빨리 일으킨다. 촉매를 사용한 경화제에 비해 수산기는 이러한 가교 반응에 참여하지는 않는다.

이러한 종류의 아민은 상온에서도 가교를 일으키며, 얻어진 생성물은 화학적으로 안정하다. 그러나 표면에 가려움증을 유발하기 때문에 조심스럽게 다뤄야 한다. 화학량론적인 경화를 할 수 있는 다른 물질로, 피부에 가려움증을 유발하지는 않으나 온도를 올려주어야 반응이 일어나는 대체 경화제가 있으나, 비용, 취급 상황, 시료의 수명 등, 요구되는 최종적인 수지의 성질들을 고려해 선정하여 사용하고 있다.

고분자 용액

Chapter 05

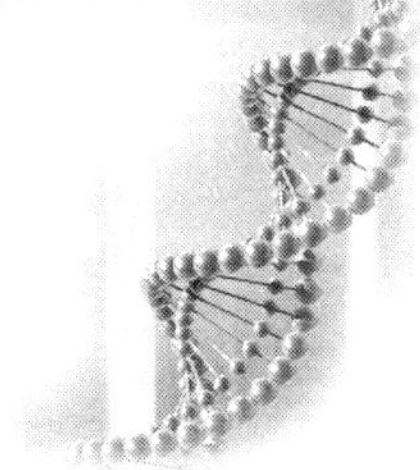

5.1 서론

고분자화학을 다루는 분야에서 고분자 용액에 대한 이해는 중요하다. 고분자는 낮은 몰농도에서도 상대적으로 큰 부피를 차지하기 때문에 고분자 용액의 거동에 영향을 미치는 특이한 용질로 간주된다. 고분자 용액은 낮은 농도임에도 불구하고 매우 점도가 높은 성질을 나타낸다. 이러한 특성은 페인트에서 식품 가공에 이르기까지 다양한 분야의 산업에서 응용되고 있으며, 이때 낮은 농도의 여러 가지 고분자는 증점제의 역할을 하게 된다. 아울러, 점도 측정 또는 젤 투과 크로마토그래피(Gel Permeation Chromatography, GPC)를 이용한 몰질량의 측정은 고분자 용액을 적용하여 이루어지게 된다. 이번 장에서는 이와 관련된 모든 주제에 대하여 1940년대에 Flory와 그의 공동 연구자들에 의하여 개발된 열역학적인 접근 방법을 사용하여 고찰하고자 한다.

5.2 고분자의 용해

앞서 살펴본 바와 같이 모든 고분자를 용매에 녹일 수는 없다. 원칙적으로 용해도는 선형 고분자에 국한되며, 가교된 고분자의 경우에 용매에 의하여 부풀어지는 현상은 있을 수 있으나 본질적으로 용해될 수 없다. 고분자 사슬들이 부분적으로 용매화될 수는 있으나, 사슬들이 서로 가교됨으로 인하여 고분자 전체가 용매에 녹아들어갈 수는 없는 것이다.

고분자가 용해되는 과정은 매우 느리게 진행되어 수일 내지는 몰질량이 아주 큰 고분자의 경우에는 심지어 수 주일이 걸리기도 한다. 용해의 과정을 두 단계로 구분해 볼 수 있다. 첫 번째, 용매 분자들이 고분자 안으로 서서히 확산되어 들어감으로 인하여 부푼 상태의 젤이 형성된다. 두 번째로 이러한 젤이 점차 풀리어 용매화되었던 고분자들이 젤 상에서 용액으로 이동하게 된다. 두 번째 과정은 혼합물이 교반됨으로써 보다 빨리 진행될 수 있다.

고분자들의 가교 여부만이 용해도를 결정하는 유일한 특성은 아니며 결정성, 수소 결합, 또는 곁가지의 결여에 따라 용해도가 감소될 수 있다. 이러한 특성들의 일부는 본 장의 다른 부분에서 다루어지게 된다.

5.3 용해도 지수

용해도에 관한 일반적인 원칙은 '비슷한 것끼리 용해된다(like dissolves like)'라는 것이다. 즉, 극성 고분자는 대부분의 극성 용매에 잘 용해되며, 방향족 고분자는 방향족 용매에 잘 용해된다는 의미이며 이 원리가 용해의 열역학에 반영되어 있다.

어떤 고체는 상용성이 존재할 경우에 주어진 용매에 용해되는데, 상용성은 세 가지 상호 작용 힘의 상대적인 크기에 의존한다. 주어진 한 고분자(p)와 용매(s)에 대하여, 동종 분자간의 인력을 각각 F_{pp}와 F_{ss}라고 하고, 이종 분자간의 인력을 F_{ps}라고 하자.

고분자 용액을 형성하기 위하여 F_{ps}는 F_{pp}와 F_{ss}보다 크거나 같아야 한다. 만약 F_{pp} 또는 F_{ss}가 F_{ps}보다 크게 되면, 분자간의 인력이 가장 큰 분자들이 응집되어 다른 분자들과 섞이지 못하게 된다. 그러한 상황에서 시스템은 두 개의 상으로 존재하게 된다.

고분자와 용매 사이에 수소 결합과 같은 특정한 상호작용이 없는 경우에 이종 분자간의 인력은 동종 분자간의 인력의 중간에 해당된다. 즉,

$$F_{ss} < F_{ps} < F_{pp}$$

또는

$$F_{pp} < F_{ps} < F_{ss}$$

만약 F_{ss}와 F_{pp}가 비슷한 값이면, F_{ps}도 비슷한 값을 가지게 되어 두 성분사이에 상용성이 존재하여 고분자가 용매에 용해될 수 있다.

용해는 혼합에 관련된 자유 에너지 변화(ΔG_m)가 음의 값을 가질 때 가능하다. 이 값은 혼합 엔탈피(ΔH_m)와 혼합 엔트로피(ΔS_m)에 다음과 같이 관련된다.

$$\Delta G_m = \Delta H_m - T\Delta S_m \tag{5.1}$$

항상 그렇지는 않지만, 혼합 엔트로피는 대부분의 경우 양의 값을 갖는다. 따라서 ΔG_m 값은 ΔH_m의 부호와 크기에 의하여 결정된다. 비극성 분자의 경우에 ΔH_m는 양의 값을 가지며 저몰질량 물질의 혼합 엔탈피와 유사한 값을 가지는 것으로 알려져 있다. 그러한 경우에 단위 부피당 혼합 엔탈피는 다음과 같이 표현된다.

$$\Delta H_m = v_s v_p(\delta_s - \delta_p)^2 \tag{5.2}$$

여기서 v_s는 용매의 부피 분율, v_p는 고분자의 부피 분율을 나타낸다. δ는 **용해도 지수**(*solubility parameter*)이며, 아래첨자 s와 p는 각각 용매와 고분자를 나타낸다.

식(5.2)를 사용하여 고분자와 용매에 대한 용해도 지수를 계산할 수 있다. 고분자와 용매 사이에 특정한 상호작용이 없고 결정화가 일어나지 않을 경우에, 만약($\delta_s - \delta_p$)의 값이 4.0보다 작으면 고분자의 용해가 가능하며, 그 값이 4.0보다 크게 될 경우에는 고분자가 용해될 수 없다. 그러나 수소 결합이 존재하는 경우에는, 고분자의 용해도 지수 값이 크게 달라도 주어진 용매에 용해될 수 있다.

이러한 기준이 어떻게 적용되는지 알아보기 위해 표 5.1에 나와 있는 몇 가지 값들을 고려해 보자. 먼저, poly(ethylene)을 적용해 보고

표 5.1 몇 가지 고분자와 용매에 대한 용해도 지수

δ_s 값/J cm^{-3}		δ_s 값/J cm^{-3}	
n-헥세인	14.8	Poly(ethylene)	16.2
Tetrachloromethane	17.6	Poly(propylene)	16.6
톨루엔	18.3	Poly(styrene)	17.6
메탄올	29.3	Poly(vinyl chloride)	19.4
물	47.9	Nylon 6,6	27.8

자 하는데, 이 고분자의 용해도 지수(δ_p)는 16.2 J cm^{-3}이다. 헥세인(hexane)의 경우에 용해도 지수(δ_s)는 14.8 J cm^{-3}이므로($\delta_s - \delta_p$)값이 −1.4 J cm^{-3}이 되어 4.0보다 작으므로 poly(ethylene)은 헥세인에 용해가 가능할 것으로 예상할 수 있다. 반면에 메탄올의 경우는 용해도 지수가 29.7 Jc m^{-3}이고, 용해도 차이가 13.5 J cm^{-3}이나 되기 때문에 poly(ethylene)은 메탄올에 용해되기 어렵다.

고분자의 용해도를 예측하기 위하여 이 방법을 적용함에 있어서 한 가지 기억해야 하는 것은 이 방법이 열역학에 근거한다는 점이다. 다시 말해서, 이 방법은 용해도의 에너지 측면에 관한 정보를 주지만, 얼마나 빨리 녹는가에 대한 정보는 줄 수 없다는 것이다. 빠른 용해를 일으키기 위하여 도움이 될 수 있는 방법은, 열역학적으로는 다소 불리하지만 고분자에 빠른 속도로 확산되어 들어갈 수 있는 작고 밀집된 분자로 구성된 용매를 선택하는 것이다.

이러한 해석은 근본적으로 비극성 분자들로 이루어진 시스템을 위하여 이루어졌으며, 극성과 수소 결합를 고려해야 할 경우에는 훨씬 더 복잡한 해석이 필요하다.

5.4 간단한 액체 혼합물과 Raoult의 법칙

용액의 희석과 관련된 자유 에너지는 다음과 같이 주어진다.

$$\Delta G_{\mathrm{dil,A}} = kT\ln(p_A/p_A^{\circ}) \tag{5.3}$$

여기서 p_A는 용액에 존재하는 A 성분의 증기압이며, p_A°는 성분 A가 순수한 상태일 때의 증기압이다.

F.M. Raoult은 크기가 비슷한 두 가지 다른 종류의 분자 A와 B에 대하여 혼합물에서 A 성분의 증기압이 다음과 같이 나타내어짐을 보였다.

$$p_A = p_A^{\circ} \frac{N_A}{N_A + N_B} = p_A^{\circ} n_A \tag{5.4}$$

여기서 n_A는 A의 몰분율이다.

이 식을 식(5.3)에 대입하면, 혼합(또는 희석)의 자유 에너지는 다음과 같이 표현된다.

$$\Delta G_{\mathrm{dil,A}} = kT\ln n_A \tag{5.5}$$

Raoult의 법칙을 따르는 용매와 용질의 혼합물은 이상 혼합물(ideal mixture)로 간주되며, 이러한 경우에 ΔH은 영이다. 수소 결합과 같은 강한 상호작용이 없는 비슷한 크기의 분자로 이루어진 분자의 혼합물의 경우에 ΔH은 영에 가까운 값을 갖는다.

극한 희석의 상태에서 고분자 용액은 어느 정도 이상적인 거동을 보이기는 하지만 본질적으로 고분자 용액은 Rault의 법칙에서 상당히 벗어난 거동을 보이기 때문에, Rault의 법칙을 이용하여 고분자 용액의 열역학적 성질을 묘사하는 것은 적절하지 못하다.

고분자 용액의 비이상성(non-ideality)의 주된 원인은 고분자의 크기가 용매에 비하여 매우 크기 때문이다. 한 가지 극단적인 예로서, 완전히 가교된 타이어에 78g의 벤젠을 주입하는 경우를 생각해 보자. 몰 조성의 관점에서 보면 이 경우는 극한 희석의 경우이다. 왜냐하면 1몰의 용매에 대하여 용매 분자가 단 한 개 만 존재하기 때문이다. 그러나 두 분자 사의의 크기가 워낙 차이나기 때문에 이 혼합물의 거동은 일반적인 희석 용액의 그것과 다르다.

몰분율을 부피 분율로 대체하여도 실험 결과와의 상관성은 매우 부족하며, 고분자 용액의 성질을 적절히 묘사하기 위하여 별도의 접근 방법이 필요하다. 이 주제는 다음 단원에서 다루고자 한다.

5.5 혼합 엔트로피

고분자가 용매에 용해되는 동안 발생하는 엔트로피 변화는 저몰질량의 용질이 용해되는 경우보다 훨씬 적다. 고분자의 경우에 반복 단위를 구성하는 단량체 분자들이 공유 결합에 의하여 서로 연결되어 있기 때문에 액체 안에서 독립적으로 위치할 수 없기 때문이다. 다시 말해서, 그러한 거대한 분자가 용매에 녹을 때 일어날 수 있는 무질서화의 정도는 저몰질량의 유기 물질들이 녹을 때보다 상대적으로 매우 작다는 것이다.

이 상황을 좀 더 상세하게 이해하기 위하여, 격자 구조에 배치되는 액체를 생각해 볼 수 있다. 저몰질량 용질의 경우에, 격자 내의 한 자리(site)는 용질 또는 용매 분자에 의하여 차지될 수 있다. 커다란 격자에서 용질과 용매 분자를 배열할 수 있는 경우의 수는 매우 클 것이며(그림 5.1(a)), 주어진 격자에서의 엔트로피 값은 Boltzmann 식에 의하여 다음과 같이 표현된다.

$$S = k \ln W \tag{5.6}$$

여기서 W는 격자에 배열할 수 있는 방법의 수이며, S는 엔트로피이다. 따라서 W 값이 클수록 S 값도 커진다.

만약에 이 격자에 고분자 한 개를 배치하고자 할 때는 더 이상 각 자리에 용질 분자 한 개를 놓을 수 없게 된다.(그림 5.1(b)) 전술한 바와 같이, 고분자를 격자 내에 놓을 수 있는 방법의 수는 적어져서 W 값이 작아지고 S 값도 작아진다.

고분자들이 같은 길이의 많은 분절(segment)들로 연결되었다고 가정하면 격자의 한 지점에는 하나의 연결 부분을 위치시킬 수 있다. 격자 모델은 용액이 충분히 진한 용액이어서 점유된 격자의 자리들이 임의로 분포될 경우 적절히 적용될 수 있으며, 농도가 충분히 높지 않을 경우에는 점유된 격자의 분포가 고르지 못한 문제가 발생한다.

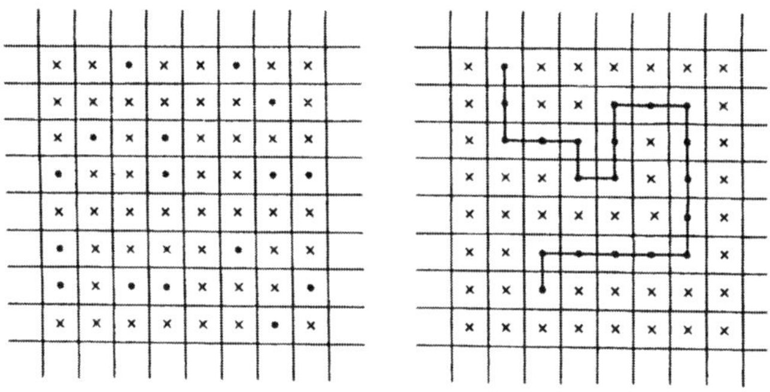

(a) (b)

그림 5.1 (a)저분자 용액과 (b)고분자 용액의 격자 배치

격자 모델을 사용하여 Boltman 식에 포함되어 있는 W 값을 구해볼 수 있다. 이 접근 방법은 1942년에 P.J. Flory와 M.L. Huggins에 의하여 각각 독립적으로 시도되었으며, 두 연구자의 이론이 통합되어 Flory-Huggins 이론으로 알려져 있다. 그들의 이론에 따르면 혼합 엔트로피는 다음과 같이 주어진다:

$$\Delta S = -k\left(N_s \ln \nu_s + N_p \ln \nu_p\right) \tag{5.7}$$

여기서 아래첨자 s와 p는 각각 용매와 고분자를 나타내며, ν는 부피분율에 해당한다. $\nu_s = N_s/(N_s+N_p)$이며, $\nu_p = N_p/(N_s + xN_p)$로 정의되

며 여기서 x는 고분자를 구성하는 분절의 수를 의미하며, 용매의 부피(즉, 격자 자리)에 대한 고분자의 부피비와 같다.

고분자 용액의 혼합열은, 저몰질량의 용질이 들어 있는 용액과 유사하게 다음과 같이 주어진다.

$$\Delta H = \chi_s kTN_s \nu_s \tag{5.8}$$

식(5.8)에서 기호 χ_s는 용매 분자당 상호작용 에너지를 kT로 나눈 값이다. 식(5.7)과 (5.8)를 조합하면 고분자 용액의 혼합 자유 에너지에 대한 Flory-Huggins 식이 다음과 같이 주어진다:

$$\Delta G = kT(N_s \ln \nu_s + N_p \ln \nu_p + \chi_s N_s \nu_s) \tag{5.9}$$

Flory-Huggins 이론에서 적용된 고분자 용액의 격자 모델은 실제 고분자 용액의 거동을 묘사하기에는 좋은 모델이 아니며, 특히 농도가 낮은 고분자 용액에서는 더욱 그렇다. 실제로 고분자의 농도가 낮을 경우에는 국부적으로 용매화된 고분자들이 모여 있는 영역 사이에 순수한 용매가 존재하는 불균일한 분포가 존재한다.

Flory-Huggins 이론을 보완한 보다 현실적인 모델이 Flory와 Krigbaum에 의하여 1950년도에 발표되었다. 이 이론에서는 고분자의 분절들이 구형의 덩어리로 구성되어 있으며, 이 덩어리들은 중심에서 분절들의 밀도가 최대값을 가지며, 중심에서 멀어질수록 밀도가 감소하는 Gaussian 분포를 갖는 특성이 있다.

전통적인 물리화학에서 잘 알려진 바와 같이 어느 한 성분의 화학 퍼텐셜은, 다른 변수는 다 고정하고 오직 대상이 되는 그 성분의 변화량에 대한 자유 에너지 변화로부터 구할 수 있다. 즉,

$$\mu_i - \mu_i^{\circ} = \left(\frac{\partial \Delta G}{\partial n_i}\right)_{T, P, n_j} \tag{5.10}$$

Flory와 Krigbaum의 접근 방법은 고분자 용액의 비이상성으로부터 야기되는 잉여 화학 퍼텐셜(E)를 고려하여 다음과 같이 표현하였다.

$$(\mu_i - \mu_i^{\circ})^{\mathrm{E}} = -RT(1/2 - \chi)\phi_2^2 \tag{5.11}$$

이 식은 Flory-Huggins의 상호작용 인자 χ를 포함하고 있으며, Flory-Huggins 이론에서와 같이 적절히 농축된 용액에 제한적으로 적용된

다. Flory와 Krigbaum은 이 식을 다른 인자를 사용하여 다음과 같이 제시하였다.

$$(\mu_i - \mu_i^{\circ})^{E} = -RT(1 - \theta/T)\psi_1\phi_2^2 \tag{5.12}$$

여기서 ψ_1은 엔트로피와 관련된 인자이다. 이 식에서는 더 이상 용액의 농도에 대하여 제한하지 않기 때문에, 비교적 넓은 범위의 농도에 대하여 적용이 가능하다.

아울러 식 (5.12)에서 θ항이 중요한 의미를 가지는데, 그 단위는 온도와 같으며, 어떤 임계 온도 T에 도달하면 잉여 화학 퍼텐셜이 사라지게 된다. 이 점이 θ온도로 알려져 있으며, 이 온도에서는 고분자 용액이 열역학적으로 이상성을 나타낸다.

5.6 희석 용액에서의 실제 분자

주어진 고분자의 두 분절들이 같은 자리를 차지할 수 없으며, 실제로 그것들이 서로 가까이 접근할수록 척력이 증가하게 된다. 따라서 고분자에는 분절들이 접근할 수 없는 영역이 존재하며 이 영역은 **배제 부피**(*excluded volume*)로 알려져 있다. 배제 부피의 실제 크기는 고정되어 있지 않으며 용매와 온도에 따라 변한다.

통상적으로 용액 내의 고분자는 분절들이 분자의 중심에서부터 멀어지면서 Gaussian 분포를 갖는 형태(conformation)를 취한다. 그러나 실제로 일어나기가 어렵지만, 특이한 경우에는 확장된 지그 재그 형태의 '*all-trans*'와 같은 Gaussian 형태에서 벗어난 모양을 취할 수도 있다. Gaussian 형태의 배열은 **임의 코일**(*random coil*)형태라고 알려져 있다.

특정한 고분자에 대한 용매들은 그 고분자에 대한 θ온도를 기준으로 분류해 볼 수 있다. 만약 θ가 상온보다 낮으면 '잘 녹이는(good)' 용매이며, 상온보다 높을 경우는 '잘 녹이지 못하는(poor)' 용매로 분류된다.

잘 녹이는 용매에서는 고분자가 용매화되어 팽창된 형태로 존재한다. 이와 반대로, 잘 녹이지 못하는 용매에서는 고분자가 용매화되지 못하고 상대적으로 위축된 형태로 존재하게 된다. 고분자와 용매 사이에 전혀 인력이 작용하지 않으면, 이러한 용매를 비용매(non-solvent)라고 하며 고분자는 완전히 수축된 형태로 용매에서 석출된다.

고분자-용매의 상호작용 정도에 영향을 미치는 한 요인은 용질의 상대적인 몰질량이다. 따라서, 용매의 세밀한 선택에 의하여 고분자를 몰질량 분포가 좁은 분자들끼리 선택적으로 분별하는 것이 가능해진다. 분별 작업을 위하여, 그리고 용매의 용해력을 조절하기 위하여 비용매를 첨가하는 방법을 적용한다. 희석 용액의 상태가 혼탁해지는 지점까지 비용매를 첨가하여 석출되는 고분자가 안정화 될 때까지 기다린 다음 상층액(supernatant)과 분리한다. 이후에 계속 소량의 비용매를 첨가하면 용액은 다시 혼탁해지고 동일한 방법으로 석출된 고분자를 분리해 낼 수 있게 된다. 이러한 방법을 사용하면 시간이 오래 걸리는 문제가 있긴 하지만, 주어진 고분자를 몰질량 분포가 좁은 분자들로 분리해 낼 수 있다.

5.7 용액에 존재하는 고분자의 모양

용액 속에서 고분자의 분절들은 여러 가지 모양으로 움직여서 한 형태에서 다른 형태로 빨리 전환되기 때문에 고분자는 분절들이 차지하는 부피보다 넓은 영역을 차지한다. 전술한 바와 같이 각 분자의 크기는 용매의 열역학적인 질에 의존한다. 즉, 잘 녹이는 용매에서는 고분자들이 상대적으로 펼쳐진 상태로 존재하는 반면에 잘 녹이지 못하는 용매에서는 수축된 상태로 존재한다.

용액 속에 존재하는 고분자의 전형적인 모양은 대부분이 임의 코일 형태이다. 그 이유는 분자의 결합 주변에서 비교적 자유로운 회전에 의하여 분자가 취할 수 있는 형태의 수가 매우 많기 때문이다. 다만, 회전에 제한을 받는 경우 어느 정도 온도가 높아지기 전까지는 임의 코일 형태를 취할 수 없다는 점도 주의해야 한다.

고분자가 취하는 형태의 임의성으로 인하여 분자의 크기에 대한 해석은 통계적으로 접근해야 한다. 고분자의 크기와 관련된 두 가지 중요한 표현은 다음과 같다.

• 제곱평균근 말단간 거리

(*root–mean–square end–to–end distance*), $\langle r^2\rangle^{1/2}$

거대분자의 첫 분절과 마지막 분절 사이의 평균 거리로서 **펼친 길이** (*contour length*)보다 항상 짧다. 여기서 펼친 길이는 고분자 사슬의 결합 수와 결합 길이를 곱한 값을 의미한다.

• 관성 반경(*radius of gyration*), $(s^2)^{1/2}$

사슬을 이루는 요소들이 사슬의 무게 중심으로부터 떨어진 거리의 제곱평균근 거리를 의미하며, 점도법을 이용하여 측정이 가능하기 때문에 사슬의 크기를 표현하는 유용한 수단이다. 가장 확률이 높은 모양에서 많이 벗어나지 않은 선형 고분자에 대하여 제곱평균근 말단간 거리와 관성 반경 사이에는 다음과 같은 관계가 성립한다.

$$r^2 = 6s^2 \tag{5.13}$$

어떠한 고분자 사슬이 각도 또는 회전에 관련된 아무런 제한을 받지 않는다면, 그 사슬의 크기는 소위 비섭동 사슬(unperturbed chain), $(r)_0^{1/2}$이라고 일컬어진다. 물론 이런 식의 해석은 완벽하게 유연하지도 않고 배제 부피를 갖는 실제 사슬을 충분히 묘사하지 못하는 단점이 있다. 실제 분자의 크기는 비섭동 사슬보다 크게 되며 수학적으로 다음과 같이 표현된다.

$$(r^2)_0^{1/2}a = (r^2)^{1/2} \tag{5.14}$$

여기서 a는 선형 팽창 인자(linear expansion factor)이다. a 값은 용매의 성질에 의존하며 열역학적으로 우호적인 상호작용을 할수록 그 값이 커진다.

용매의 용해력이 낮아져서 a 값이 1이 되는 경우가 있는데, 이때 사슬은 비섭동 상태에 이르게 된다. 이러한 상태는 앞서 5.5절에서 언급한 Flory와 Krigbaum의 이론에서 나오는 θ온도와 같은 조건이 된다. $(r^2)_0^{1/2}$값은 고분자 고유의 값이기 때문에 용매가 바뀌어도 θ온도가 도달되면 동일한 조건이 유지되며, 고분자는 용매와 전혀 상호작용이 없는 열역학적 이상성을 나타낸다.

5.8 분자 운동의 사행운동 모델

분자 운동의 사행운동(reptation) 모델은 1971년 노벨상 수상자인 Pierre de Gennes에 의하여 개발되었고, 최근에 Cambridge에 위치한 Cavendish 실험실의 Sir Sam Edwards를 비롯한 다른 연구자들에 의하여 발전되었다. 이 모델은 얽힘을 형성할 수 있는 진한 용액과 용매가 존재하지 않는 용융체에 적용되는데, 개별 분자는 꿈틀거리는 뱀처럼 움직이게 된다고 설명한다. *Reptation*이라는 단어의 라틴어 어원은 기어간다는 뜻이 있으며 *reptile*(기어다니는)과도 관련이 있으며, 이러한 움직임은 다른 고분자들에 의하여 형성된 좁은 관 속에서 일어나게 된다. 관을 형성하는 고분자들은 완전한 매듭을 형성하지는 않지만, 사행운동이 일어나는 동안 안정된 형상을 유지하기에 충분한 정도로 엉켜있다.

이 모델에는 다음과 같은 두 가지 주요 가정이 포함되어 있다.

(i) 고분자는 관 내부에 꼭 맞게 위치되어 측면방향의 움직임이 존재하지 않는다.

(ii) 사슬들 간에 동적인 짝지음(dynamic coupling)이 일어나지 않는다. 실제 상황에서는 분자들이 이러한 움직임을 경험할 때, 주변의 분자들을 함께 끌고 다니는 경우가 있을 수 있으나, 복잡성을 줄이기 위하여 이 모델에서는 분자들의 협동적인 움직임을 무시한다.

사행운동 모델과 관련된 수학적인 표현은 이 책의 범위를 벗어나지만, 두 가지 중요한 예측은 알아둘 필요가 있다. 첫째는

$$D_s \propto 1/M^2$$

이며, 여기서 D_s는 자기 확산 계수(self-diffusion coefficient)이고, M은 단분산계(6장 참고)라고 가정된 고분자의 몰질량이다. 둘째는

$$K_1 \propto M^2$$

이며, 여기서 K_1은 파괴 강인성(fracture toughness, 7장 참고)이며, M은 마찬가지로 고분자의 몰질량이다.

이 모델의 우수성은 용액 속이나 파괴 시점에서 분자들이 동일하게 움직이는 것으로 가정하여, 분자 흐름을 예측할 수 있다는 점에 있다. 진한 용액과 파괴 시점에서 일어나는 자기 확산에 있어서, 관 속에 있는 분자를 잡아당기는 데 필요한 힘은 마찰력과 관련된다.

고분자의 확산과 관련된 여러 가지 실험 결과로부터, 약간 벗어나긴 하지만, 확산 거동은 몰질량의 2승에 따른다는 사실이 확인된 바 있다. 예를 들어 방사성 동위원소로 표시된 분자를 사용하여 dibutyl phthalate에 존재하는 poly(styrene)의 확산 계수를 측정해 본 결과 다음과 같은 관계가 성립되는 것이 확인되었다.

$$D \propto 1/M^a$$

여기서 a는 실험에서 고려된 모든 농도 변화에 대하여 2.5±0.1의 값을 갖는 것으로 나타났다(M. Nemoto, T. Kojima, T. Inoue, M. Kishine, T. Hirayama and M. Kurata, *Macromolecules*, 22, 1989, 3793-3798 참고). 사행운동 모델의 실효성에 대하여 많은 논란이 있어 왔지만, 실험 결과와 예측치가 잘 맞는 것으로 인정되고 있다.

분자의 움직임에 관련된 연구는 고분자 물리 분야에서 매우 활발하게 다루어지는 분야이며, 지금보다는 복잡한 모델이 등장하리라고 예상된다. 그럼에도 불구하고 여기서 소개된 사행운동 모델은 고분자의 흐름 현상과의 근본적인 유사성으로 인하여 반정량적(semiquantitative) 모델의 중요한 부분을 유지해 나갈 것이다.

5.9 수용성 고분자

상업화된 합성 고분자 중에는 물에 용해될 수 있는 고분자들이 존재한다. 이들은 poly(vinyl alcohol), poly(acrylic acid), 그리고 개질된 cellulose와 같이 분자 내에 강한 극성을 띠는 작용기를 가지고 있다.

단순히 극성 작용기가 존재한다고 해서 수용성이 보장되는 것은 아니다. poly(vinyl alcohol)은 poly(vinyl ethanoate)의 가수 분해에 의하여 얻어지는데, ethanoate기가 소량 남아 있어야 물에 용해될 수 있다. 비극성기는 소량 존재해야 용해도가 증가되는 이유는 비극성기는 고체 상태의 고분자 구조의 규칙성을 방해하여 물 분자의 침투를 가능하게 하기 때문이다. 이것은 각 분자의 극성 작용기가 용매화되어 용해되는 통로를 제공하는 의미가 있는 것이며, 이 과정은 열역학적인 이유보다 동력학적인 이유와 더 관련이 있다.

수용성 고분자의 용해도와 관련된 또 하나의 인자는 소수성 상호작용이다. 수용성 고분자이지만, 그 구조는 극성 작용기와 비극성 골격(backbone)의 두 부분으로 이루어져 있다. 전형적으로, 고분자는 수소로 치환된 C-C 사슬로 이루어진 유기 성분의 골격을 가지고 있으며, 이러한 고분자들은 부분적으로 물에 용해되지 않는 탄화수소의 성질을 나타낸다.

소수성 상호작용이 일어날 수 있는 요인은 용매 분자들의 엔트로피 변화와 관련이 있다. 즉, 고분자의 탄화수소 성분이 물에 용해되려면 수소 결합을 하고 있던 물 분자들이 비극성 용매 주변에 정렬되어야 하는데, 이는 시스템의 엔트로피가 감소되는 결과이기 때문에 소수성 성분들끼리의 상호작용이 우세해 질 수 있다. 이러한 종류의 소수성 상호작용은 poly(acrylic acid)와 poly(acrylamide)를 제외한 수용성 고분자의 용액에서 중요한 역할을 한다.

소수성 상호작용으로 인하여 하한 임계 용액 온도(lower critical solution temperature, LCST)가 존재하게 되는데, 그림 5.2a의 액체-액체 상평형 그림에 나와 있듯이 온도가 상승하면 상분리가 일어나게 되는 현상이 발생한다. 일반적으로, 수용성 고분자 용액의 거동은 극성과 비극성 성분들 간의 균형을 나타내기 때문에 닫힌 용해도 곡선(closed solubility loop)을 보인다(그림 5.2(b)). 그러한 경우 하한 임계 용액 온도는 탄화수소 골격의 소수성 상호작용에 기인하며, 상한 임계 용액 온도(upper critical solution temperature)는 친수성 극성 작용기의 영향과 관련이 있다.

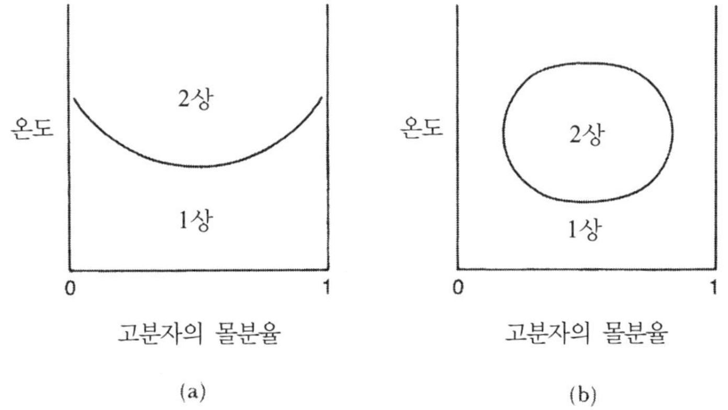

그림 5.2 (a) poly(methacrylic acid) 수용액과
(b) poly(ethylene glycol) 수용액의 액체-액체 상평형 그림

5.10 고점도 고분자 용액의 활용

소량의 첨가만으로도 높은 점도를 얻을 수 있는 고분자 용액의 특성은 여러 가지 분야에 상업적으로 활용되고 있다. 고분자의 점도 상승 효과는 식품, 치약 또는 유화 페인트(emulsion paint)와 같은 수용성 물질에 있어서 종종 요구되는 효과이지만, 페인트 스트립퍼(stripper) 외 같은 물질에서도 요구되기도 한다.

증점제(thickener)로 주로 사용되는 고분자는 개질된 cellulose와 poly(acrylic acid)이다. 여러 가지 다른 형태로 개질된 cellulose가 있는데, methyl-, hydroxypropyl methyl-, 그리고 sodium carboxymethyl-cellulose 등이 포함되며, 모체가 되는 cellulose의 몰질량과 치환기의 수와 분포에 따라 다양한 성질이 나타난다. 따라서 선택하기에 따라 어떤 것은 다른 것들보다 잘 용해되며, 넓은 범위의 점도를 제공하게 된다. poly(acrylic acid)도 증점제로 사용되는데, 이 경우 역시 몰질량에 따라 점도가 달라진다.

최종 제품 상태에서 높은 점도가 요구되는 응용 분야는 여러 가지가 있다. 예를 들어, 증점제로 사용되는 poly(acrylic acid)는 유화 페인트에서 '본체(body)'로 작용한다. 유화 페인트는 진정한 의미의 유화(유기 액체가 물속에 안정적으로 분산된 상태)으로부터 제조되지 않고, 대신 고분자가 물에 분산되어 있는 라텍스로부터 만들어진다. 라텍스는 용해 가능한 고분자를 함유하고 있지 않기 때문에, 점도가 순수한 물의 그것과 유사하다. 그렇기 때문에 안료가 분산된 상태로 존재할 수 없으며, 표면에 페인트가 칠해질 때 적절히 흘러나올 수 없다. 이러한 문제점은 증점제를 첨가하여 해결할 수 있는데, 증점제가 존재하는 경우에 안료는 가라 앉지 않기 때문에 표면에 바로 칠할 수 있다.

페인트 스트립퍼도 점도가 높게 유지되도록 제조되는데, 점도가 충분히 높지 않을 경우에 수직 방향의 표면에서 흘러내리기 때문에 표면에 침투하거나 용해하는 역할을 제대로 수행할 수 없다. hydroxypropyl methylcellulose는 페인트 스트립퍼로 자주 사용되며, methylene chloride(dichloromethane)이 주성분이다. hydroxypropyl methylcellulose가 특별히 유용한 이유는 그것이 유기 성분에는 용해되나, 페인트 스트립퍼에 존재할 수 있는 물에 민감하지 않다는 점이다.

Sodium carboxymethylcellulose는 식품에 사용이 가능하며 기대되는 효과는 아이스크림에서 얼음 결정이 생기는 것을 방지하고, 치즈의 안정성을 제어하며, 샐러드 크림에서 유화를 안정화하고, 치약의 점도를 증가시키는 것이다.

증점제가 사용되는 다른 분야는 제약, 제지 그리고 원유 생산을 포함하며, 특히 원유를 다공성의 암석으로부터 추출할 때, 고점도의 유체를 주입하여 원유를 밀어내는 방법을 사용한다. 이 목적에 적합한 물질은 poly(acrylic acid) 또는 poly(acrylonitrile)과 같은 고분자 수용액이다.

이 장에서 간단히 살펴본 바와 같이 고분자 용액이 Raoult의 법칙에서 벗어난 비이상적인 거동을 보이지만, 그러한 특성은 다양한 분야에서 유용하게 활용된다. 특히 증점제로서의 활용은 상업적으로 매우 중요하며 해마다 그 사용량이 계속 증가할 것으로 예상된다.

5.11 고분자 용융체

선형 고분자가 충분히 가열되면 고체 상태에서 액체 상태로 변하여 용융체가 된다. 흔히 액체 상태는 고체에 비하여 분자들의 움직임이 활발하고 무질서도가 증가된 상태로 인식된다.

고분자 용융체의 흐름 거동을 이해하기 위하여 액체 상태의 격자 모델을 다시 생각해 볼 수 있다. 고분자 용액과는 달리, 고분자 용융체의 경우에는 모든 격자 자리가 차지되지는 않는다. 몇몇 자리는 비워져 있을 수 있으며, 용액의 경우와 같이, 한 분절이 격자 자리 한 개를 차지할 것이다. 고분자 용융체에서 분자들이 움직이는 동안에, 빈자리(또는 구멍)들은 각각의 분절들이 도약하고 효과적으로 자리바꿈 할 수 있는 위치로 상상해 볼 수 있다.

고분자 용융체는 응력이 주어지면 응력을 완화하는 방향으로 흐르게 된다. 분자 수준에서, 분자가 도약할 확률은 다른 어떤 방향보다도 응력이 가해지는 방향에서 더 높기 때문에 응력을 완화하는 움직임이 우세하게 작용하여 흐름의 패턴을 형성한다. 흐름에 참여하는 분자의 단위는 거대 분자 전체가 아니라 50개 정도의 탄소 원자를 포함하는 분절인 것으로 밝혀진 바 있다. 점성 흐름은 거대 분자 전체가 이동할 때까지 그러한 분절들의 연속적인 도약으로 인하여 생기게 된다.

용융 상태의 고분자들은 강하게 엉켜있지만, 그럼에도 불구하고 분자들은 열역학적으로 이상적인 거동을 보인다. 이 결과는 1949년에 P.J. Flory에 의하여 처음 보고되었던 다소 놀라운 내용이었지만 한편으로는 쉽게 이해될 수 있다. 고분자 용융체를 구성하는 단량체가 경험하는 반발 퍼텐셜(U)은 두 가지 항으로 구성되어 있다. 하나는 같은 분자 내에 존재하는 단량체들 간의 반발(U_s)이며, 다른 하나는 서로 다른 고분들에 존재한 단량체들 간의 반발(U_d)이다. 즉, U를 다음과 같이 표현할 수 있다.

$$U = U_s + U_d \tag{5.15}$$

어떤 거리에서 임의의 분절에 대한 U는 일정한 값을 갖는다. 왜냐하면, U를 구성하는 두 성분인 U_s와 U_d는 서로 반대로 작용하기 때문이다. 실제 분절의 위치에서 U_s가 최대값을 가지다가 거리가 증가할수록 점점 감소하는 반면, U_d는 분절의 위치에서 최소값을 갖고 거리가 증가함에 따라 증가한다는 의미이다.

용융체의 해석에 대한 전체적인 결과는 고분자가 Gaussian 배열(Gaussian configuration)을 가지고 열역학적으로 이상적인 거동을 보인다는 점이다. 이상성과 사슬 엉킴의 조합은 역설적임에도 불구하고 중성자 산란 실험에 의하여 이미 입증된 결과이다.

농도가 낮은 고분자 용액의 경우와는 달리, 용융 점도(η_m)와 몰질량의 변화는 완전히 이해하기 어려운 문제이지만, 탄소 수가 300~500개 정도인 고분자의 용융 점도와 중합도(degree of polymerization, DP)와의 상관관계는 다음과 같이 주어진다.

$$\eta_m = K(\mathrm{DP})^{3.4}$$

여기서 K는 상수이다. 이 식은 poly(styrene), poly(ethylene glycol), poly(butadiene), poly(ethylene), poly(dimethoxysilane)과 같은 고분자에 잘 적용될 수 있다.

이 식의 실용적인 의미는 고분자의 몰질량이 커질수록 가공하기가 어려워진다는 점이다. 예를 들어, 중합도를 두 배 증가시키면, 고분자의 용융 점도는 약 10배 정도 증가된다. 다행히, 용융 점도는 가공 온도가 증가되면 감소되기 때문에 많은 경우에 몰질량 증가에 따른 용융 점도 상승의 문제는 극복될 수 있다. 그러나 점도를 낮추기 위하여 가공 온도를 과도하게 상승시킬 경우에는 고분자의 분해를 야기할 수 있으므로 가공 온도 설정에 주의해야 한다.

상대 몰질량의 측정 방법

Chapter 06

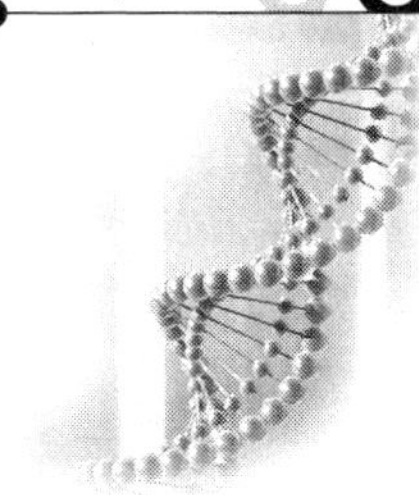

6.1 서론

합성 고분자는 크기가 다른 분자의 혼합물 형태로 존재하기 때문에 고분자의 성질은 분자의 평균 크기에 의존하게 되며, 평균을 계산할 수 있는 여러 가지 방법이 존재한다. 가장 간단한 방법은 단순 산술 평균으로서 **수평균 몰질량**(*number average molar mass*, M_n)이라고 불리며 다음과 같이 정의된다.

$$M_\mathrm{n} = \frac{\sum N_i M_i}{\sum N_i} \tag{6.1}$$

여기서 M_i는 i 분자의 몰질량이며, N_i는 시료에 존재하는 i 분자의 수이다.

수평균 몰질량 대신에 다음과 같이 정의되는 **중량 평균 몰질량**(*weight average molar mass*, M_w)을 사용할 수 있다.

$$M_\mathrm{w} = \frac{\sum N_i M_i^2}{\sum N_i M_i} \tag{6.2}$$

존재하는 모든 분자의 크기가 동일할 경우에는 $M_\mathrm{n} = M_\mathrm{w}$의 관계가 성립하지만, 그렇지 않을 경우에는 M_w가 M_n보다 항상 크게 된다. 따라서 M_w와 M_n의 비율은 특정한 고분자 시료의 몰질량의 분포 정도를 표시한다. 이 비율을 고분자의 **다분산도**(*polydispersity*)라고 하며 M_w : M_n = 1인 경우를 **단분산**(*mono-disperse*)계라고 한다.

수평균과 중량 평균에 비하여 덜 사용되는 평균으로서 z 평균 몰질량 M_z이 있으며 다음과 같이 정의된다.

$$M_z = \frac{\sum N_i M_i^3}{\sum N_i M_i^2} \tag{6.3}$$

고분자의 상대 몰질량을 물리적 또는 화학적으로 구할 수 있는 여러 가지 방법이 존재하는데, 말단기 분석, 총괄성 측정, 광 산란, 초원심분리, 희석 용액의 점도 측정 등이 포함된다. 모든 기법들은 고분자 용액을 사용하여 데이터가 얻어지며, 이 데이터들은 다시 무한 희석의 조건 또는 이상 거동을 보이는 θ조건까지 외삽되어 몰질량을 구할 수 있다. 표 6.1에 나타난 바와 같이 측정 방법에 따라서 다른 종류의 평균 몰질량이 얻어진다.

원칙적으로 점도 측정법을 제외한 나머지 방법들로부터 절대 몰질량을 구할 수 있다. 다른 방법들과는 대조적으로, 점도 측정법은 이미 알려진 시료를 바탕으로 보정이 이루어지기 때문에 절대값을 알 수 없다. 고분자 용액의 점도 측정에 의한 몰질량의 결정은 방법의 간편성으로 인하여 널리 활용되지만, 별도의 보정 작업이 필요 없는 절대적 방법들은 시간이 오래 걸리고 고된 작업이기 때문에 자주 사용되지는 않는다. 이러한 방법들 이외에 크기 배제 크로마토그래피(size exclusion chro-

표 6.1 고분자의 평균 상대 몰질량을 구하는 실험적인 방법

평균	실험적인 방법
M_n	젤 투과 크로마토그래피
	막 삼투압법
	증기상 삼투압법
	말단기 분석
M_w	광산란
	젤 투과 크로마토그래피
M_z	초원심분리

matography)의 원리를 이용하는 젤 투과 크로마토그래피(gel permeation chromatography, GPC)도 널리 사용되는 방법 중의 하나이다. 위에 언급된 각각의 방법들의 특성들에 대하여 이후에 좀 더 상세하게 설명하고자 한다.

이 책에서 사용하는 상대 몰질량은 고분자화학에서 통상적으로 사용하는 용어는 아니라는 점을 밝혀두고자 한다. 오래된 용어이긴 하지만, 몰질량 대신에 분자량이라는 용어가 고분자 산업이나 학술적으로 더 많이 사용되고 있다.

6.2 총괄성 측정에 의한 몰질량

물리화학에서 거론되는 **총괄성**(*colligative property*)은 분자의 수에 의존하여 변하는 성질을 의미한다. 주요 총괄성은 끓는점 오름, 어는점 내림, 증기압 강하, 그리고 삼투압이다. 그러한 모든 방법은 실험 데이터를 무한 희석의 조건으로 외삽되는 과정이 수반되는데, 그 이유는 용매 속에 어느 정도의 농도로 존재하는 용질의 물리적인 성질은 용질의 몰분율뿐만 아니라 용질의 활동도(activity)에 의하여 영향을 받기 때문이다. 활동도는 실제 몰분율보다 낮은 값이며 몰분율과는 활동도 계수(activity coefficient)에 의하여 다음과 같이 관계된다.

$$a = \gamma c \tag{6.4}$$

여기서 a는 활동도, c는 몰분율, 그리고 γ는 활동도 계수이다. 무한 희석의 조건이 되면 활동도 계수는 1이 되고, 따라서 몰분율은 활동도와 같아진다.

실용적인 측면에서 고분자의 상대 몰질량을 가장 효율적으로 측정

표 6.2 몰질량 20000인 고분자가 0.01 g cm^{-3}의 농도로 존재하는 용액의 총괄성

성질	값
끓는점 오름	1.3×10^{-3}℃
어는점 내림	2.5×10^{-3}℃
삼투압	15cm solvent
증기압 강하	4×10^{-3}℃ mm Hg

출처 : F.W. Billmeyer, "Textbook of Polymer Science", John Wiley & Sons, New York, 1962)

할 수 있는 방법은 삼투압 측정법이다. 표 6.2에서 볼 수 있듯이, 삼투압 이외의 다른 성질들은 용질의 첨가로 인하여 생기는 값의 변화가 워낙 작기 때문에 실용적이지 못하다.

총괄성 측정으로부터 얻어지는 평균 몰질량은 수평균 값, M_n이며 삼투압과의 관계는 다음 식에 의하여 주어진다.

$$\lim_{c \to 0} \frac{\Pi}{c} = \frac{RT}{M_n} \tag{6.5}$$

이 식으로부터 이 인자들의 농도 의존성에 관하여 다음과 같은 일반식을 만들 수 있다.

$$\frac{\Pi}{RTc} = \frac{1}{M_n}\left(1 + \Gamma c + g\Gamma^2 c^2 + \cdots\right) \tag{6.6}$$

식(6.6)에서 Γ는 상수이고, g는 고분자-용매의 상호작용의 정도에 따라 변하는 함수이다. g 값은 용해력이 좋은 용매에서는 0.25 정도의 값을 가지며, 용해력이 불충분한 용매에서는 0에 가까운 값을 갖는다.

대부분의 경우에 농도의 제곱항(c^2)은 무시되지만, 그렇지 못한 경우에는 g 값을 0.25로 하여 식(6.6)을 다음과 같이 다시 쓸 수 있다.

$$\frac{\Pi}{RTc} = \frac{1}{M_n}\left(1 + \frac{\Gamma}{2}c\right)^2 \tag{6.7}$$

식(6.6)에서 알 수 있듯이 총괄성에 의하여 M_n을 평가하는 방법은 Π/c를 c에 대하여 플롯(plot)하는 것이며, 일반적인 결과는 c=0에서 절편값 RT/M_n을 갖는 직선이 얻어진다.

열역학적으로 용해력이 좋은 용매인 경우에서는, c^2항이 무시될 수 없기 때문에$(\Pi/RTc)^{1/2}$와의 플롯으로부터 M_n을 구하는 것이 적절하다.

6.2.1 증기상 삼투압 측정법

총괄성 결정에 근거하여 널리 사용되는 기법이다. 기법의 명칭을 보면 삼투압을 측정하는 방법으로 보이지만, 실제로는 증기압 하강을 측정하는 간접적인 방법이다. 실험에서 측정되는 변수는 용매의 증발과 응축을 경험하는 순수한 용매의 방울과 고분자 용액의 방울 사이에 존재하는 포화된 용매 환경에서의 미세한 온도 변화이다. 이 작은 온도 차

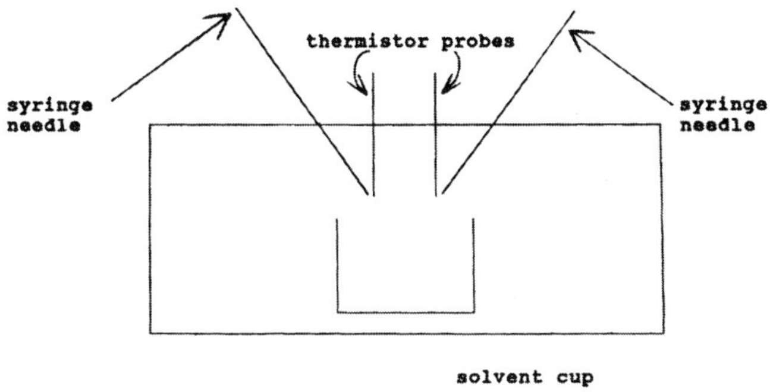

그림 6.1 증기상 삼투압 측정 장치의 개략도

이는 평형 상태에서 고분자 용액의 증기압 강하에 비례하기 때문에, 용질의 수평균 상대 몰질량에도 비례하게 된다. 증기상 삼투압 측정 장치에 대한 개략도를 그림 6.1에 나타내었다.

실험적으로 측정되는 온도 차이는 장치의 열손실로 인하여 이론적으로 예측되는 값보다 작다. 앞에서 소개한 바와 같이, 온도 차이는 농도가 다른 몇 가지 샘플에 대하여 측정되고 농도가 0이 되는 조건으로 외삽된다. 이 장치는 몰질량이 작은 표준 시료에 대하여 보정되지만, 수평균 분자량이 40000 정도인 고분자까지 측정이 가능하다.

또한, 이 방법은 적은 양의 고분자 시료를 가지고도 측정이 가능한 장점이 있긴 하지만, 측정에는 상단한 시간을 필요로 한다. 왜냐하면, 평형 상태에서의 증기압 하강을 측정하는 것이 아니고, 정상 상태에서의 증기압 하강을 측정해야 하기 때문이다. 따라서 측정에 필요한 충분한 시간을 확보해야 하며, 보정과 측정 중에 액체방울(droplet)의 크기가 표준화되도록 주의를 기울여야 한다.

6.3 광산란법

빛의 산란은 입사광이 물질과 상호작용할 때 핵의 진동과 전자의 들뜸을 야기하여 발생하는 보편적인 현상이다. 들뜬 상태의 핵과 전자들이 낮은 에너지 상태로 돌아갈 때 빛을 재방출한다. 원래의 입사광과는 달리 방출되는 빛은 입사광과 파장은 같지만 모든 방향으로 전파되어 나아간다.

광산란은 John Strutt(나중에 Lord Rayleigh라고 칭하여짐)에 의하여 연구되었는데, 그는 1871년에 기체 분자에 의하여 빛이 산란되는 현상에 고전 전자기학을 응용하였으며, 빛의 산란으로 인한 중요한 결과로서 하늘이 파랗게 보이는 현상을 지적하였다. Rayleigh는 그의 이론에서 산란시키는 입자의 크기가 빛의 파장보다 작을 경우에, 산란된 빛의 양은 파장의 4승에 역비례하며 단위 부피당 입자의 수에 비례함을 보였다.

Rayleigh의 결과들은 용액에 완전히 적용되지는 않는다. 입자들의 상대적인 위치는 다른 입자들의 위치와 상관없이 임의적이라고 가정하였다. 이러한 가정은 기체에는 적용될 수 있지만, 액체에는 잘 맞지 않는다. 따라서, 용액의 경우에는 서로 다른 입자들의 간섭으로 인하여 산란된 빛의 강도가 50배 정도 작아진다.

Rayleigh에 따르면 광산란에서는 다음과 같은 기본 관계식이 성립한다.

$$\frac{I}{I_0} = \frac{8\pi^4\alpha^2}{\lambda^4 r^2}\left(1+\cos^2\theta\right) \tag{6.8}$$

여기서 I_0는 입사광의 강도이고, I는 입사광과의 각도가 θ이고, r만큼 떨어진 지점에서의 산란광의 강도이다. 또한, λ는 입사광의 파장이고 α는 입자의 편광도이다.

빛의 파장보다 작은 분자로 이루어진 희석 가스에서는 각 분자가 점 산란체(point scatterer)로 작용한다. 부피가 $V\,\mathrm{m}^3$인 공간에 N개의 분자로 이루어진 기체에 대하여, 총 산란은 단 분자에 의한 산란의 N/V배에 해당된다.

분자의 편광도는 굴절률 증가($\mathrm{d}n/\mathrm{d}c$)와 분자의 상대 몰질량에 비례하며 다음과 같은 관계가 성립된다.

$$\alpha = \frac{1}{2\pi}\frac{\mathrm{d}n}{\mathrm{d}c}\frac{M}{N_\mathrm{A}} \tag{6.9}$$

따라서, I/I_0 값은 광산란에 관련된 분자의 상대 몰질량에 의존한다. Rayleigh 비, R_θ는 다음과 같이 정의 된다.

$$R_\theta = \frac{Ir^2}{I_0} \tag{6.10}$$

이 정의로부터 식(6.8)은 Rayleigh 비의 형태로 다음과 같이 표현된다.

$$R_\theta = \frac{8\pi^4\alpha^2\left(1+\cos^2\theta\right)}{\lambda^4} \tag{6.11}$$

모든 상수값을 하나로 묶어 K라 하고, 식(6.9)와 연결하면 다음과 같은 식을 얻게 된다.

$$R_\theta = K\left(1+\cos^2\theta\right)Mc \tag{6.12}$$

여기서 c는 분자의 농도이며 다음과 같이 정의된다.

$$c = \frac{NM}{VN_\mathrm{A}} \tag{6.13}$$

식(6.12)는 광산란 실험에서 Rayleigh 비를 측정함으로써 분자의 상대 몰질량을 구할 수 있다는 관점에서 중요한 의미가 있다.

이미 언급되었듯이, 액체에서는 입자들의 간섭으로 인하여 기체에 비하여 산란광의 강도가 낮다. 그러나 용액에서는 용질의 농도 변동으로 인하여 산란광의 강도는 순수한 용매의 그것보다 높아지게 된다. 용액에서는, 주어진 r과 θ에 대하여 용액의 Rayleigh 비에서 용매의 그것을 제외함으로써 용질만의 값을 구할 수 있게 된다.

용질이 불균일하게 분산되어 있을 수 있는 고분자 용액에서 고분자에 대한 Rayleigh 비는 다음과 같이 주어진다.

$$R_\theta{}' = \frac{K^*\left(1+\cos^2\theta\right)\sum m_i c_i}{\left(1+2\Gamma_2 c+\ldots\right)} \tag{6.14}$$

여기서 c_i는 몰질량 m_i인 분자의 농도(단위 부피당 질량)이며, Γ_2 복잡한 평균값이다. $\Sigma m_i c_i = cM_\mathrm{w}$이기 때문에, Rayleigh 비를 구하는 광산란법으로부터 무게 평균 상대 몰질량을 구할 수 있다.

$c=0$이고 $\theta=0$인 조건에서, 식(6.14)는 다음과 같이 다시 쓸 수 있다.

$$\frac{K^*\left(1+\cos^2\theta\right)c}{R_\theta{}'} = \frac{1}{M_\mathrm{w}} \tag{6.15}$$

식(6.15)에 근거하여, 각도와 농도가 각각 0이 되도록 이중 외삽을 하게 되면 고분자의 무게 평균 상대 몰질량을 구할 수 있다. 광산란 실험에서 얻어진 데이터를 플롯한 그래프를 Zimm 플롯이라고 명명하며 이

표 6.3 여러 θ와 c에 대한 A 값들

	θ_1	θ_2	θ_3	θ_4	θ_5
c_1	A_{11}	A_{21}	A_{31}	A_{41}	A_{51}
c_2	A_{12}	A_{22}	A_{32}	A_{42}	A_{52}
c_3	A_{13}	A_{23}	A_{33}	A_{43}	A_{53}
c_4	A_{14}	A_{24}	A_{34}	A_{44}	A_{54}

방법을 Zimm 이중 외삽법이라고도 한다.

데이터를 처리하기 위하여 다음과 같은 절차가 필요하다. 먼저 아래 식에 있는 A항을 여러 산란각들에 대하여 평가해야 한다.

$$\frac{K^*(1+\cos^2\theta)c}{R_\theta'} = A \tag{6.16}$$

구해진 A 값을 $\sin^2(\theta/2) + kc$ (여기서 k는 임의 값을 갖는 공간 인자로서 보통 100 또는 1000으로 정하여 여러 농도값에 해당되는 선들을 분리할 목적으로 사용된다)에 대하여 플롯한다. 이렇게 하면 하나는 일정한 각도에 대하여, 또 다른 하나는 일정한 농도에 대한 두 세트의 선들이 얻어진다.

표 6.3에 나타난 바와 같이 여러 산란각과 농도에 대한 일련의 A 값을 얻었다고 가정하자.

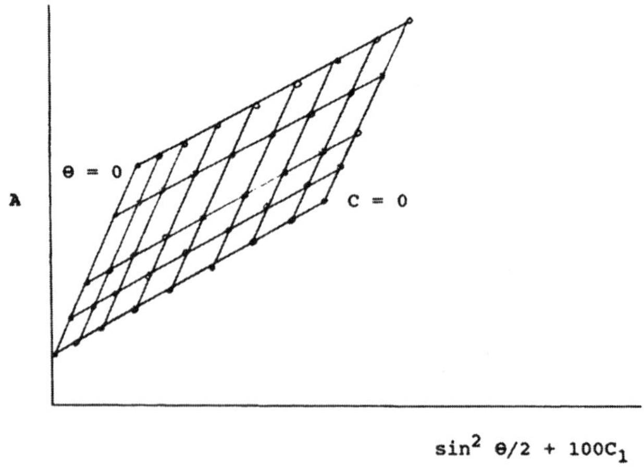

그림 6.2 전형적인 Zimm 플롯

$c = c_1$일 때, $\sin^2(\theta/2) + 100c_1$은 각 θ값에 대하여 계산된다. 이렇게 얻어진 값들은 A에 대하여 플롯되고, 그 선은 θ 값이 0이 되는 지점, 즉, $100c_1$까지 외삽된다. 이것이 그림 6.2에서 볼 수 있듯이, Zimm 플롯에서 가장 위에 위치한 선이다.

이러한 계산을 c_2, c_3, c_4에 대하여 각각 반복하게 되면 Zimm 플롯에서 수평을 기준으로 기울어진 일련의 평행선들을 얻게 되고 $100c$까지 외삽하면 θ가 0인 조건에서의 값들을 구하게 된다.

이러한 선들이 일단 완성되면, 다음에는 수직 방향에서 기울어진 일련의 선들이 그려지게 되는데, 이 선들은 일정한 θ에서 실험적으로 얻어진 값들로 이루어진다. 거의 수직인 선들은 $c = 0$인 값들을 알아내기 위하여 외삽한다.

각각 외삽된 선들은 A축상의 같은 지점에서 만나게 되며, 이 값이 바로 $1/M_w$에 해당된다. 고분자의 상대 몰질량 이외에도 고분자 용액의 다른 성질들도 Zimm 플롯에서 얻을 수 있다. θ가 0인 선들을 따라가면 $A = 1/M_w(1 + 2\Gamma_2 c + \ldots)$이 된다. 따라서 이 선의 기울기로부터 Flory 식에 나오는 Γ 값을 구할 수 있다.

또 한편으로, c=0인 선을 따라가면,

$$A = \frac{1}{M_w}\left[1 + \frac{8\pi^2 r^2}{9\lambda'^2}\sin^2(\theta/2) + \cdots\right] \tag{6.17}$$

이 되며, 이 선의 기울기로부터 제곱 말단 거리, r^2를 계산할 수 있게 된다. 이와 같이 광산란법은 무게 평균 상대 몰질량을 구하는 1차적인 방법일 뿐만 아니라, Γ와 r^2를 구할 수 있는 유용한 경로를 제공한다.

6.3.1 실험적 결정

광산란 실험 장치에 대한 개략도가 그림 6.3에 도시되어 있다. 어두운 환경에서 초점이 조절된 단파장 광선이 측정하고자 하는 고분자 용액의 시료실을 통과하게 된다. 산란된 빛의 강도는 매우 민감하고 정확한 각도 조절이 가능한 광전증배관(photomultiplier)에 의하여 측정된다.

R_θ'값은 이미 알려진 Rayleigh 비의 표준 시료를 기준으로 한 보정 작업에 의하여 부분적으로 알 수 있다. 자주 사용되는 표준 시료는 poly(methyl methacrylate) 블록, 콜로이드 상태의 실리카 현탁액,

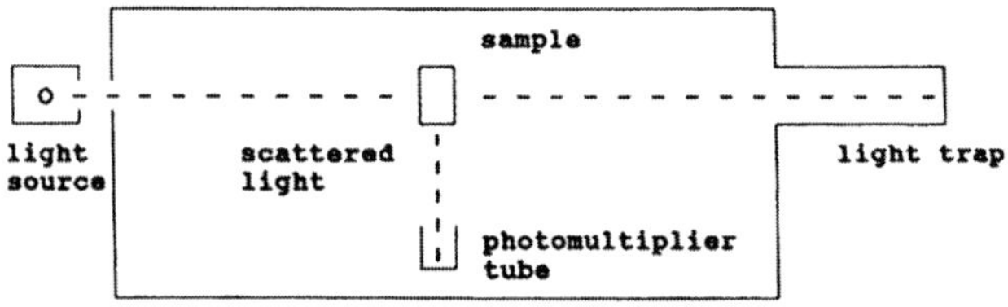

그림 6.3 광산란에 의한 몰질량 측정 장치의 개략도

또는 $H_4SiW_{12}O_{40}$(tungsto-silicic acid) 등이다.

K^*와 관련되어 있는 n_0^2, $(dn/dc)^2$, 그리고, λ'의 값들도 결정되어야 한다. n_0 값은 대부분의 용매에 대한 문헌치에 의하여 알 수 있으며, λ'은 λ 값을 용액의 굴절률로 나누어 구할 수 있다. 굴절률 증가율은 미세 굴절계를 사용하여 10^{-5}범위의 정확도를 가지고 측정되어야 한다. 용매의 선택에도 주의해야 한다. 만약 $dn/dc = 0$이면 산란이 일어나지 않으며, dn/dc가 0.3 cm^3g^{-1}보다 크게 되면 Rayleigh 비는 더 이상 $(dn/dc)^2$에 비례하지 않는다.

전체적으로 볼 때, 이상에서 묘사된 바와 같이 광산란법은 매우 중요한 정보를 얻을 수 있지만 측정이 어렵고 시간이 많이 소요되는 기법이다. 그럼에도 불구하고, 광산란법을 사용하여 작게는 자당(sucrose)에서 크게는 단백질에 이르기까지 넓은 범위(만에서 천만 사이)의 몰질량을 측정할 수 있다.

6.4 점도법을 이용한 상대 몰질량의 측정

점도 측정을 통하여 상대 몰질량을 구할 경우에는 질량 비율 1% 미만의 희석 용액이 사용된다. 점도법을 활용함에 있어서 다음과 같은 변수들이 정의된다.

(i) 점도비(viscosity ratio) 또는 상대 점도(relative viscosity) : 용액의 점도(η)와 용매의 점도(η_0)의 비로 정의된다.

(ii) 점도수(viscosity number) 또는 환산 점도(reduced viscosity) : 식(6.18)에 의하여 정의되며,

$$\frac{\eta - \eta_0}{\eta_0 c} \tag{6.18}$$

여기서 η는 농도가 c g dm^{-3}인 용액의 점도이다. 점도비는 농도에 대하여 멱급수 형태로 변하며, 다음과 같이 표현 된다.

$$\frac{\eta}{\eta_0} = 1 + \eta c + k\eta^2 c^2 + \ldots \qquad (6.19)$$

이 식에서 농도가 1% 보다 낮을 경우에는 c^2 항은 무시될 수 있으며, 그러한 용액에 대하여 점도수는 다음과 같은 멱급수 형태로 표현된다.

$$\frac{\eta - \eta_0}{\eta_0 c} = \eta + k\eta^2 c \qquad (6.20)$$

식(6.20)은 Huggins 식으로 알려져 있다. 이 식으로부터, c값이 0에 가까워지게 되면 $(\eta - \eta_0)/\eta_0 c$ 항은 한계 값에 도달하게 된다는 것을 알 수 있고, 이 값이 한계 점도수 또는 고유 점도(intrinsic viscosity)에 해당된다. 기호로는 $[\eta]$로 나타내어지며, 단위는 농도의 역을 취한 것과 같다.

실험적으로 농도가 다른 일련의 용액의 점도를 측정하여 $(\eta - \eta_0)/\eta_0 c$를 c에 대하여 플롯하면 직선을 얻고, 이 직선의 절편값으로 $[\eta]$를 결정하게 된다. $[\eta]$ 값은 무한 희석 조건에서 얻어지기 때문에 용액 속에 독립적으로 존재하는 고분자의 특성을 반영하며, 온도, 압력, 고분자 유형, 용매, 그리고(가장 중요하게) 상대 몰질량의 함수이다.

실제로 점도를 직접 측정하는 것은 아니며 대신 모세관 점도계에서 용액과 용매의 배출 시간(efflux time)을 측정하게 된다. 만약 모든 경우에 평균 압력이 동일하며 매우 희석된 용액일 경우에는 농도 차이에 의한 밀도 차이를 무시할 수 있기 때문에 배출 시간 비는 바로 점도비와 같아진다고 할 수 있다. 즉, 다음 식과 같이 표현된다.

$$\frac{\eta}{\eta_0} = \frac{t}{t_0} \qquad (6.21)$$

이 식을 이용하여 식(6.20)을 다음과 같이 Huggins식의 형태로 다시 쓸 수 있다.

$$\frac{t - t_0}{t_0 c} = \frac{\eta - \eta_0}{\eta_0 c} \qquad (6.22)$$

표 6.4 Mark-Houwink 상수의 대표적인 값

고분자	용매	온도/℃	$K \times 10^{-3}$	a
Poly(ethylene)	Decalin	70	38.7	0.67
천연 고무	톨루엔	25	50.2	0.67
Poly(styrene)	벤젠	20	6.3	0.78
Poly(styrene)	톨루엔	20	4.16	0.79
PVC	THF	20	3.63	0.92

출처 : J. Brandup and E.H. Immergut, 'Polymer Handbook', 2nd Edn., Wiley, New York, 1975

한계 점도수를 얻어내면 다음과 같은 경험식을 이용하여 상대 몰질량을 계산할 수 있다.

$$[\eta] = KM^{a} \tag{6.23}$$

식(6.23)은 Mark-Houwink 식으로 널리 알려져 있으며, 이 식을 사용하려면 상수 K와 a의 값을 알아야 한다. 이 값들은 대부분 M 값과는 무관하지만, 용매, 고분자, 온도에 따라 변한다. 또한 몰질량의 분포에도 영향을 받기 때문에 원칙적으로 측정하고자 하는 고분자의 분산도는 Mark-Houwink 상수를 구하기 위한 보정에 사용된 고분자의 그것과 유사해야 한다. 그러나 실제로 점도 측정을 통한 상대 몰질량의 결정에 있어서 고분자의 분산도를 평가하는 경우는 많지 않다. K와 a의 대푯값들이 표 6.4에 나와 있으며, 이 표로부터 K 값은 광범위하게 변하는 반면에 a 값은 좋은 용매에서 0.6~0.8 정도가 되고 θ온도에서는 0.5이다.

6.5 말단기 분석

고분자의 말단은 중간의 분절들과 다르다. 예를 들어, 단계 과정에 의하여 생성된 고분자의 말단에는 미반응 작용기가 존재한다. 연쇄 과정에 의하여 생성된 고분자의 말단은 불포화된 상태이거나 개시제 분자의 일부분을 함유하고 있다. 이러한 말단들을 검출하고 정량적으로 분석하는 것은 거대분자를 특성화하고 중합 과정을 이해함에 있어서 유용하다. 그러나 말단의 화학 구조가 뚜렷한 특징(이중 결합과 같은)이 없거나 확실히 검출되는 원소가 존재하지 않을 경우에는 말단기 분석

표 6.5 상대 몰질량이 다른 50mg의 polyester를 중화시키는 데 필요한 0.01M NaOH의 적정량 변화

M_n	부피(0.01M NaOH/cm^3)
1,000	5.0
5,000	1.0
10,000	0.5
100,000	0.05

출처 : H. Batzer and Lohse, 'Introduction to Molecular Chemistry', 2nd Edn., John WIley & Sons, Chichester, 1979)

이 모호해지고 정량적인 산출이 불가능해지는 어려움이 있다.

만약 어떤 특정한 고분자의 말단기 분석이 가능하다면, 그 데이터를 이용하여 수평균 몰질량을 결정할 수 있다. 만약 분자들이 가지 구조(branched structure)인 경우에는 가지화도(degree of branching)를 말단기 분석과 다른 기법으로 구해진 상대 몰질량의 결과들을 조합하여 구할 수 있다.

말단기 분석의 한 가지 주된 결점은 상대 몰질량이 증가할수록 정확도가 떨어진다는 점이다. 왜냐하면, 상대 몰질량이 증가할수록 상대적으로 말단기의 함량이 감소하기 때문에 그 값이 매우 작아 오차 범위 내에 들어갈 수 있기 때문이다. 한 예로서 말단기에 산이 존재하는 polyester를 적정법에 의하여 정량 분석하는 경우를 생각해 보자. 적정으로부터 얻어진 결과가 표 6.5에 주어져 있다.

이 표에 따르면, 말단기의 정량 분석의 정확도는 수평균 몰질량이 10000을 초과하게 될 경우 현저하게 감소하게 됨을 알 수 있다. 그럼에도 불구하고 말단기 분석은 몰질량이 작은 고분자 또는 올리고머(oligomer)에 효과적으로 적용된다.

6.6 젤 투과 크로마토그래피

젤 투과 크로마토그래피(GPC)는 고분자의 몰질량과 몰질량 분포를 결정하기 위하여 널리 사용된다. 원칙적으로 보정이 필요하지만, 적절한 측정 방법을 사용하면 경우에 따라서 절대적인 방법이 될 수 있다.

GPC에서는 일정 크기 이상의 고분자가 컬럼에 충진되어 있는 다공성의 작은 구슬의 기공 속으로 들어가지 못하게 되고, 이러한 원리를

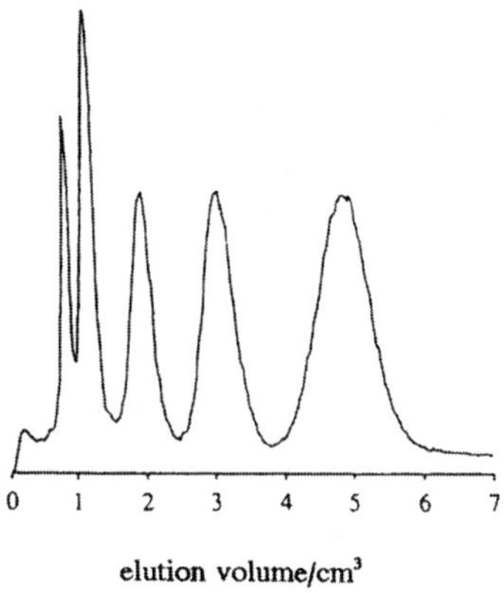

그림 6.4 단분산 poly(styrene) 시료의 젤 투과 크로마토그램

바탕으로 **크기 배제 크로마토그래피**(*size exclusion chromatography*)라고 불리기도 한다. 컬럼 충진에 사용되는 물질은 다공성의 유리 또는 가교된 poly(styrene) 젤이다. 고분자 용액이 컬럼을 통과할 때, 고분자들은 각각의 크기에 따라서 다른 체류 시간을 경험하게 된다. 고분자의 크기가 극단적으로 클 경우에는 충전제의 기공 속으로 전혀 침투 할 수 없고 용매와 함께 가장 먼저 컬럼을 통과하며, 그렇지 않은 다른 분자들은 일부 기공 속으로 침투가 가능하여 천천히 배출되게 된다. 크기가 가장 작은 분자들은 모든 기공 속으로 침투하기 때문에 가장 늦게 배출된다.

이러한 과정을 거치면 결국 고분자들은 크기에 따라 분별되는 것이며, 분별된 고분자들이 컬럼을 통과하여 용출될 때 각 분율 속에 있는 고분자의 농도는 적절한 검출기에 의하여 측정되고 차트 상에 피크로 나타난다. 따라서 크로마토그램(chromatogram)은 다른 용출 부피에 상응하는 일련의 피크들로 구성되며, 용출 부피가 가장 작은 경우가 샘플에 존재하는 고분자들 중에서 가장 몰질량이 큰 분자에 해당된다. 전형적인 젤 투과 크로마토그램이 그림 6.4에 나타나 있으며, 몰질량의 분포는 각 피크의 크기와 개수로부터 알 수 있다.

젤 투과 크로마토그램은 실제로 고분자의 크기에 관한 정보를 제공해 준다. 어떠한 고분자를 막론하고, 고분자의 크기는 몰질량, 이외에도 온도와 용매의 열역학적인 질에 의하여 변하게 된다. 특정한 고분자-용매의 조합에 있어서 크기와 몰질량은 독특한 관계에 놓이게 되므

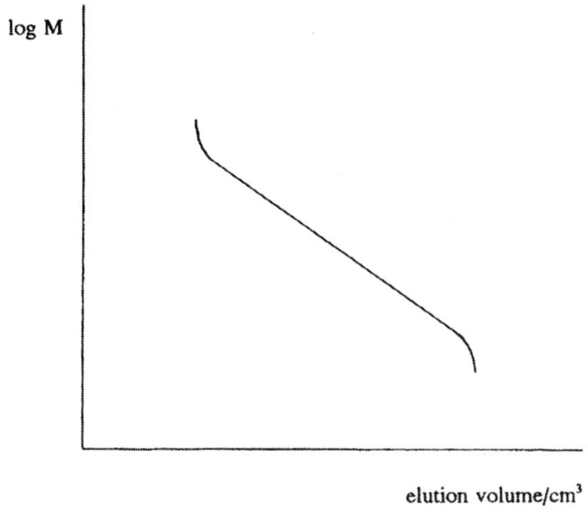

그림 6.5 log M과 용출 부피의 그래프(크기 배제 영역을 보임)

로, 심지어 동일한 용매와 온도 조건에서 측정된 서로 다른 고분자의 피크가 동일한 용출 부피에서 나타나더라도 그 분자들의 몰질량이 동일하다고 간주할 수 없음에 주의해야 한다.

그러므로 GPC로 측정하기에 앞서 알려진 몰질량의 단분산계 고분자를 사용하여 몰질량과 용출 부피의 관계를 보정할 필요가 있으며, 이 결과를 바탕으로 log M과 용출 부피의 그래프를 그리면 직선이 얻어진다(그림 6.5 참고). 몰질량을 알고자 하는 고분자의 크로마토그램이 얻어지면, 보정 그래프에서 시료의 용출 부피에 해당하는 몰질량을 알아낼 수 있다.

보정에 사용되는 단분산 고분자는 상업적으로 구입이 가능하지만, 가격이 비싸고 충분히 좁은 분포를 갖는 고분자의 종류가 제한적인 문제가 있다. 단분산된 poly(styrene)은 다른 고분자들에 비하여 음이온 중합 방법을 통하여 상대적으로 쉽게 얻을 수 있기 때문에 보정에 자주 사용된다. 그러나 poly(styrene)이 아닌 다른 고분자의 용출 부피를 측정하여 poly(styrene)을 사용하여 얻은 보정 그래프로부터 몰질량을 산출하는 것은 다소 문제가 있는 접근 방법이다. 왜냐하면 그것은 어디까지나 poly(styrene)에 관한 보정이고, 그 이외의 다른 고분자의 용출 거동을 정확히 묘사할 수 없기 때문이다.

이러한 보정의 일관성에 대한 문제가 1966년에 Benoit와 공동 연구자들에 의하여 해결되었다. 이 연구자들은 GPC에서는 용액 속에 존재하는 고분자들의 수력학적 부피(hydrodynamic volume)에 준하여 분리된다는 사실을 인식하였다. 고유 점도는 수력학적 부피, V_h와 다음 식에 의하여 관계 된다.

$$[\eta] = 2.5A\ V_h / M \tag{6.24}$$

여기서 A는 아보가드로 수이고 M은 몰질량이며, 이 식을 다시 정돈하면 다음과 같다.

$$M[\eta] = 2.5A\ V_h \tag{6.25}$$

이 식을 바탕으로 $\log M[\eta]$을 용출 부피에 대하여 플롯하면 모든 고분자-용매 조합에 대하여 직선을 얻게 된다. 이 방법의 적절성은 Benoit와 공동 연구자들에 의하여 여러 가지 고분자-용매 조합들을 대상으로 입증된 바 있으며, **만능 보정 곡선**(*universal calibration curve*)으로 알려져 있다(그림 6.6 참조).

실제로 만능 보정 곡선이 모든 고분자에 만족스럽게 적용되는 것은 아니며, 특히 주사슬이 매우 강직한 고분자는 예외적이다. 그렇지만,

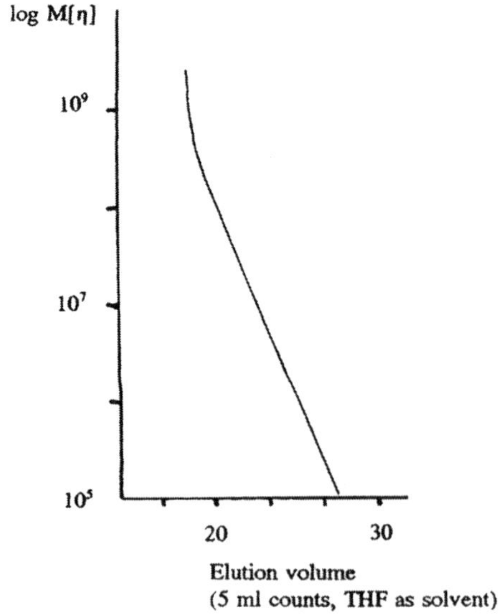

그림 6.6 만능 보정 플롯
(출처 : Z. Grubisic, P. Rempp and H. Benoit, Polymer Letters, 1967, 5, 753)

만능 보정 곡선은 매우 광범위한 종류의 고분자에 적용가능하며, 단지 한 종류의 고분자를 기준으로 하는 보정 작업을 통하여 다양한 고분자의 몰질량을 결정할 수 있다는 유용성이 내포되어 있음을 주목할 필요가 있다.

만능 보정 곡선을 완성하려면 표준 시료와 미지 시료에 대한 고유점도가 측정되어 있어야 한다. 상용화된 GPC는 이러한 개념을 적용하여 데이터를 처리하고 있어서 편리하게 사용할 수 있지만, 한 가지 주의할 점은 분리의 기본 원리는 순수하게 크기에 의한 것이라는 사실이다. 즉, 만약 수용성 고분자들처럼, 고분자와 컬럼의 표면 사이에 수소결합과 같은 특정한 상호작용이 존재하면 만능 보정의 개념은 더 이상 유효하지 않다.

고분자의 기계적 성질

Chapter 07

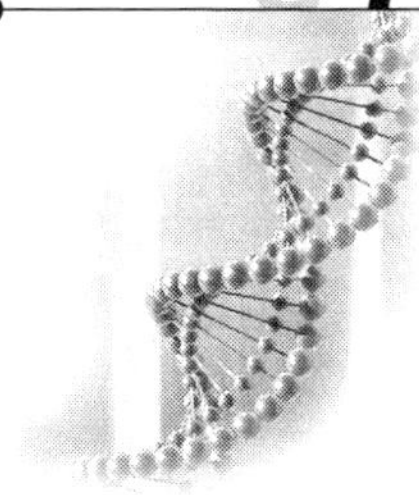

⁂

7.1 서론

상업적으로나 기술적으로 중요한 고분자들은 대부분 유기 물질의 특성을 가지고 있다. 그러나 전통적인 유기화학에서 다루어지는 저분자량의 유기 물질과는 매우 다른 특성을 나타내어, 단순히 액체이거나 저분자량의 결정성 고체 물질로 간주할 수 없다. 대신에 고분자 물질은 액체, 고무, 부서지기 쉬운 유리, 상대적으로 부드럽고 유연한 고체 등의 다양한 물리적인 형태로 표현된다. 이러한 물질들의 물리적인 성질은 대체적으로 그것들의 분자 구조에 의거하여 묘사될 수 있다. 3차원의 그물구조를 갖는 고분자는 그렇지 않은 고분자에 비하여 매우 부서지기 쉬울 수 있으며, 고분자의 일부 영역에 존재하는 결정성은 고분자가 유리 전이 온도 이하에 존재할 경우에 어느 정도의 강직성을 부여할 수도 있다. 아울러, 고분자들의 특정한 방향으로의 배향 여부에 따라서 성질의 이방성(anisotropy)이 존재하기도 한다. 이러한 모든 성질에 관한 연구는 재료 과학의 범주에 속하는 주제이지만, 화학적인 원리들이 고분자 물질의 기계적인 성질에 미치는 영향을 알아보는 것은 이 책의 범주에 적합하다고 판단된다.

7.2 응력, 변형률, 영탄성률

고분자의 기계적 성질을 평가함에 있어서 가장 일반적으로 고려되는 항목은 응력, 변형률, 그리고 영탄성률(Young's modulus)이다. 응력은 단위 면적당 가해지는 힘으로 정의되며, $N\,m^{-2}$ 또는 Pascal(Pa)의 단위를 갖는다. 고분자 시료의 응력을 측정한 결과는 통상적으로 MPa(10^6 Pa)의 형태로 표현된다.

변형률은 원래의 시편 길이 대비 늘어난 길이의 비율로서 단위가 없으며, 응력에 대한 물질의 응답을 표현한다.

변형률에 대한 응력의 비율은 영탄성률로 정의되며, 단위 면적당 힘의 단위를 갖는다. 영탄성률은 응력과 같이 단순히 측정된 값을 나타내는 것이 아니고 물질의 특성을 반영하는 값이다. 영탄성률의 측정에 가장 적합한 물질은 이상적인 탄성체로서, 이러한 물질은 Hooke의 법칙을 따르며 주어진 응력에 대하여 즉시 변형이 발생하는 조건이 충족된다. 이상적인 탄성체에서는 응력이 제거되는 즉시 원래의 상태로 복원된다. 기계적 거동에 관한 이 모델은 용융점 이하에 존재하는 금속에 비교적 잘 적용될 수 있으나, 고분자 물질에 바로 적용함에는 다소 무리가 있다.

7.3 취성과 연성 파괴

아마도 물질의 정보 중에서 알아야 할 가장 기본적인 것은 그 물질의 강도일 것이다. 그러나 강도에 대한 구체적인 정의가 필요하며, 공학도들은 이것을 파괴가 일어나는 동안에 필요한 힘으로 정의한다. 이 주제는 파괴 과정이 불연속성을 내포하고 있기 때문에 이론적인 관점에서 매우 복잡한 문제이며, 따라서 파괴에 도달하기까지 발생한 현상들의 관점에서 쉽게 해석될 수 없다.

파괴 현상은 보통 다음과 같은 두 가지 유형으로 구분된다.

(i) **취성 파괴** : 물질의 파괴가 갑자기 이루어지며 이때 변형은 매우 적게 일어난다.

(ii) **연성 파괴** : 파괴에 도달하기 전에 넥킹(necking) 현상과 같은 현저한 변형이 수반된다.

위와 같은 두 가지 거동은 명확히 구분되지만 경우에 따라서는 취성

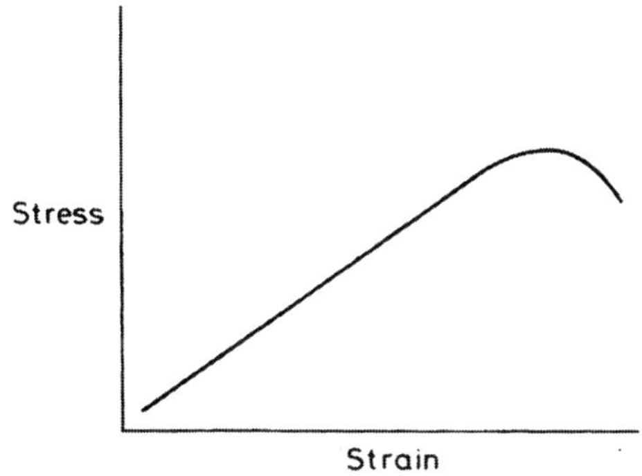

그림 7.1 취성 파괴의 응력-변형률 곡선

과 연성 파괴의 전이 영역에서 파괴되는 경우가 존재하기 때문에 파괴 유형을 명확히 규정하기 어려울 때도 있다.

원칙적으로 취성과 연성 파괴라는 용어는 주의 깊게 설정된 시험 조건하에서 파괴가 일어날 때만 적용될 수 있다. 예를 들어 상온에서 취성 파괴가 일어나는 poly(methyl methacrylate)에 대하여 정확한 시험 조건을 명시해야 한다. 고분자의 기계적 성질을 평가하는 시편의 모양은 대부분의 경우에 아령 모양이며 시편의 양 끝을 고정시킨 상태에서 일정한 속도로 잡아당기면서 측정이 이루어지게 된다.

취성 파괴와 연성 파괴의 현상은 응력-변형률 곡선(stress-strain curve)에 의하여 구분되어 질 수 있다. 취성 파괴는 그림 7.1과 같이 나타나게 되는데, 응력의 증가와 함께 균일한 변형률 증가가 일어나며 약한 항복 거동을 보인 후에 바로 파괴에 도달되는 양상이 관찰된다.

이와는 대조적으로 연성 파괴는 그림 7.2에 나타난 바와 같이 응력-변형률 곡선에서 최대값을 지나 상당한 항복이 진행된 후에 파괴가 일어나게 된다.

항복이 진행되는 동안에 고분자 물질 내부에서 겪게 되는 변화는 분자들이 외부에서 가해진 응력에 대하여 재배치가 이루어지는 것이며, 이러한 현상은 금속 원자들로 이루어진 면들이 서로 미끄러지는 현상과는 다른 것이다. 고분자들의 움직임은 액체 상태의 움직임과 유사한 점이 있기 때문에 분자들의 재배열에는 고분자의 점성도 고려된다. 고분자가 지니고 있는 탄성과 점성의 양면성을 점탄성(viscoelasticity)이라고 하며 이 주제는 이번 장의 후반부에서 다루어지게 된다.

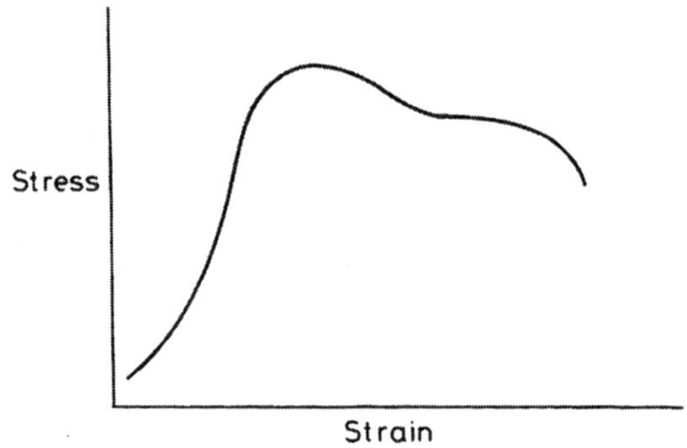

그림 7.2 연성 파괴의 응력-변형률 곡선

앞서 언급되었듯이, 취성 파괴나 연성 파괴는 파괴 거동을 묘사하는 두 가지 극단적인 경우이며 측정 환경에 따라서 취성과 연성이 전이가 일어날 수 있다. 예를 들어, 상온에서 연성 파괴 거동을 보이는 고무가 액체 질소에 담겨져 있을 경우에는 취성 파괴 거동을 보인다. 이 현상을 설명하기 위하여 두 가지의 강도, 즉 취성 강도(brittle strength, σ_b)와 항복 강도(yield strength, σ_y)를 가지고 있는 물질을 고려해 볼 수 있다. 이 물질은 둘 중에 작은 값의 강도에 의하여 파괴 모드가 결정된다. 즉 어떤 물질의 항복 강도가 취성 강도보다 작으면, 그 물질은 파괴에 이르기 전에 상당한 양의 항복이 일어나게 된다.

두 가지 강도 모두 측정 시에 적용되는 변형 속도가 커질수록 증가하게 된다. 항복 강도는 취성 강도에 비하여 변형 속도 변화에 더 민감하게 변하는 것으로 알려져 있으며, 따라서 변형 속도 증가에 따라 빨리 증가한다. 변형 속도가 작을 때 연성 파괴를 보이는 물질은 항복 강도와 취성 강도가 같아지는 점이 존재하며 이것을 일컬어서 연성-취성 전이(tough-brittle transition)라고 한다. 변형 속도를 더 증가시키게 되면 항복 강도가 취성 강도보다 커지게 되어 시료는 취성 파괴 모드를 따르게 된다. 같은 방법으로, 온도도 연성-취성 파괴 전이 현상에 영향을 미치게 되는데, 온도를 낮추게 되면 취성 강도가 감소해 연성 강도보다 작아지게 되어 취성 파괴가 일어난다. 이러한 이유로 인하여 고무가 저온의 액체 질소에 담긴 후에 파괴 거동을 관찰하면 취성 파괴를 보이는 것이다.

고분자의 강도와 파괴 거동은 고분자의 구조, 몰질량, 분산도, 결정화도, 가교도 등의 인자들에 의하여 영향을 받는다. 이와 같은 물질 변수 이외에도 온도 변형 속도, 시편의 모양도 고분자의 파괴 거동을 결정하게 되므로 고분자의 평가에 앞서 이러한 모든 조건들을 정확히 결정하고 적용하여야 한다.

파괴 모드 자체는 취성-연성 전이의 위치를 반영하기 때문에 항복 강도와 취성 강도의 상대적인 크기도 반영하게 된다. 예를 들어 가교도는 취성 강도보다는 항복 강도에 더 영향을 미치기 때문에 가교도를 높이면 항복 강도가 증가되어 시편은 취성 파괴를 따르게 된다. 반면에, 작은 몰질량을 가지는 첨가제의 첨가에 의한 가소화는 취성 강도보다 항복 강도를 더 낮추는 역할을 하기 때문에 시편은 항복 거동과 함께 연성 파괴를 따른다.

7.4 강도의 유형

주어진 물질이 얼마나 강한가에 대한 질문에 대한 정확한 답은 없다. 이 질문에 대한 답은 시편이 어떠한 방법으로 평가되었는가에 의하여 달라지기 때문이다. 예를 들어 시편이 충격을 받았는가 아니면 으깨졌는가 등에 대한 질문이다. 여러 가지 평가 방법에 따라 물질의 강도는 변하게 된다. 건축에 사용되는 돌이나 주철(cast iron) 등은 압축 모드로 응력이 가해질 때는 강하지만 잡아당기는 형태의 인장 모드하에서는 약하다. 이와는 반대로 연철(wrought iron)은 압축 모드에 약하고 인장 모드에는 강하다. 이러한 결과를 바탕으로 산업 혁명이 진행됨에 따라서 새로운 엔지니어링 재료들이 등장하게 되었으며, 이러한 신소재를 바탕으로 대면적 제품의 설계에 있어서도 변화가 일어나기 시작했다. 1780년 Shropshire에 최초의 철교가 건설되었을 때 사용가능한 재료는 주철이었는데, 교량은 주철의 특성을 반영하여 압축 모드에서 하중을 지탱하는 부품들과 함께 돌다리처럼 설계되었다. 그러나 나중에 연철이 등장하자 엔지니어들은 전보다 우아한 모양으로 설계를 수행 할 수 있었으며, 그로 인하여 North Wales의 Menai Straits에 소재한 현수교가 등장하게 되었다. 이 교량은 인장 모드로 하중이 가해지는 형식을 취하였다.

인장 강도와 압축 강도는 결코 같지 않으며, 어느 것 하나가 물질의 강도를 결정하는 유일한 지표로 사용될 수 없다. 더욱이, 인장과 압축

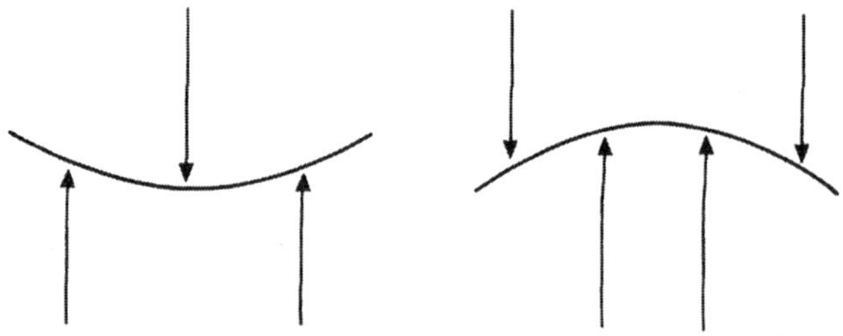

그림 7.3 세 개 또는 네 개의 점에서 하중이 가해지는 굴곡 강도 측정법

모드 이외에 다른 형태의 측정법이 존재한다. 강도 측정에 활용되는 또 다른 방법은 굴곡 강도(flexural strength) 측정법으로서, 단면이 원이나 사각형 모양의 막대가 세 개 내지는 네 개의 하중점을 중심으로 구부러질 때의 강도를 측정하는 것이다(그림 7.3).

굴곡 강도 측정의 결과는 물질이 가지고 있는 근본적인 성질들과 연관되기가 쉽지는 않지만, 실제로 재료가 제품화되어 사용될 때 실용적인 강도의 유용한 지표가 되기도 한다.

어떤 물질들은 전단 모드에서 약한 경향을 보일 수 있는데, 이럴 경우는 비틀림 시험법이 적절할 수 있다. 이러한 시험에서는 시료의 단면이 원형인 막대가 경도 방향을 중심으로 비틀어지게 된다. 비트는 각도는 전단 변형률(shear strain, γ)에 비례하게 되며, 가해진 힘은 전단 응력(shear stress, τ)에 비례한다. 전단 응력과 전단 변형률의 비율은 다음과 같이 전단 탄성률(shear modulus, G)로 정의된다.

$$G = \tau / \gamma \tag{7.1}$$

지금까지 열거된 측정법 이외에도 경도 시험법과 피로 강도 시험법 등의 다양한 측정법이 존재한다. 현실적으로, 이 모든 시험법들은 물질이 가지고 있는 여러 가지 물리적인 속성을 측정하기 때문에 물질의 기계적 성능을 포괄적으로 평가하고자 하면, 가능한 다양한 시험법들을 적용하여 결과를 분석해야 한다.

7.5 표면의 영향

취성 고체의 표면 상태는 분자 구성만큼이나 기계적 거동에 영향을 주는 인자로 확인되었다. 상온에서 poly(methyl methacrylate)와 같은 유리질 고분자(glassy polymer) 시편에 존재하는 미세한 흠집이나 기공은 인장 강도를 급격히 감소시키는 작용을 한다.

1920년대에, Royal Aircraft사에 근무하던 A.A. Griffith는 유리(온전히 무기질로 이루어진 고분자로 간주될 수 있음)와 같은 취성 물질이 왜 낮은 인장 강도를 나타내는지에 대하여 관심을 갖고 연구하였다. 물질 내부에 존재하는 화학 결합의 강도를 고려했을 때, Griffith는 유리의 강도가 약 1000 MPa로서 거의 철의 강도와 유사한 수준으로 평가하였으나 실제로 측정된 유리의 강도는 50 MPa 정도 밖에는 되지 않았다.

이에 대한 이유를 알기 위하여, 지금은 연신된 유리 막대 실험으로 잘 알려져 있는 일련의 실험을 수행하였다. 이 실험으로부터 Griffith는 유리 막대의 직경이 작아질수록 강도는 증가하였으며, 직경을 가장 작게 제조한 시편의 강도는 이론적으로 예측된 화학 결합의 강도에 근접하는 것을 발견하였다. 이러한 결과로부터 얻은 결론은, 두꺼운 막대일수록 표면에는 미세 균열(crack)이 존재하며 이들로 인하여 강도가 현저히 감소한다는 것이었다. 두꺼운 막대와는 달리, 얇은 막대의 경우에는 미세 균열의 수가 적었으며, 가장 얇은 막대에서는 미세 균열이 존재할 수 있는 충분한 공간이 없기 때문에 미세 균열이 거의 존재하지 않았다.

Griffith의 연구에 의하여 그의 이름을 따라 명명된 식을 제안하였고, 그 식은 파괴 응력(σ_b)과 균열 길이의 상관 관계를 정의하였다. 이 식에 따르면, 균열 길이가 $2c$인 취성 물질에 대하여 균열에 수직 방향으로 응력이 가해질 때 파괴 응력은 다음과 같이 주어진다.

$$\sigma_b = \left(\frac{2\gamma E}{\pi c}\right)^{1/2} \tag{7.2}$$

여기서 γ는 균열이 진행됨에 따라서 형성되는 새로운 표면의 단위 길이당 표면 에너지이고, E는 영탄성률이다. 이 식을 사용하여 Griffith는 유리 표면에 존재하는 결함(flaw)의 크기를 계산할 수 있었으며 약 10^{-6} m인 것으로 확인되었다.

시편에 존재하는 작은 균열들의 역할은 응력을 집중시키는 것이며, 이 과정을 그림 7.4에서 응력 분포를 나타내는 선을 사용하여 묘사하였다. 시편에 놋치(notch)가 없을 경우(그림 7.4(a))에 시편 전체에 응력이 균일하게 분포되어 있지만, 놋치가 있는 경우(그림7.4(b))에는 응

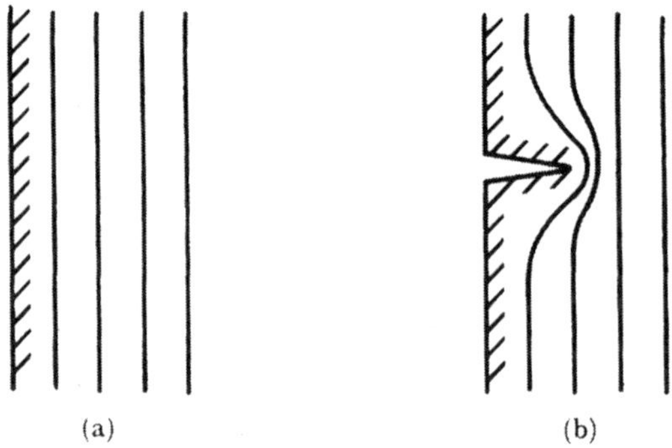

그림 7.4 표면 결함 주변에서의 응력 집중

력이 놋치 끝에 집중되어 국부적으로 가해진 응력보다 높은 응력이 가해지는 것을 볼 수 있다. 이런 현상이 일어나면, 실제로 파괴에 필요한 응력은 감소하게 되어 물질은 화학적인 조성에 근거하여 평가된 파괴강도보다 낮은 값에서 파괴된다.

Griffith 균열 방정식은 약간의 오차는 있지만, poly(methyl methacrylate)와 poly(styrene)과 같은 취성 고분자의 시편에 조절된 크기의 균열을 도입했을 때 잘 적용되는 것으로 확인되었다. 그와 같은 실험에서는 10^2-10^3 J m^{-2}의 비교적 큰 표면 에너지가 얻어지는데, 이 값은 화학 결합 에너지로부터 계산된 이론치보다 약 100배 정도 높은 값에 해당된다. 따라서, γ는 다음과 같이 두 종류의 항으로 구성되는 것으로 표현될 수 있다. 즉,

$$\gamma = \gamma_E + \gamma_v \tag{7.3}$$

여기서 γ_E는 순수한 표면 에너지이며, γ_v는 파괴가 일어나는 시료의 끝단에서 고분자들이 외부 응력에 응답하여 배열되는 전단 흐름과 관련되어 행하여진 일을 나타낸다. γ 값의 크기가 γ_E에 비하여 매우 크다는 사실에 비추어 보면, γ_v가 매우 크다는 것을 알 수 있고, 이는 균열 끝단에 앞선 위치에서 상당량의 플라스틱 흐름(plastic flow)이 발생하는 것으로 간주된다. 이런 거동은 금속의 파괴 거동과 흡사하기 때문에 파괴 작용 기구의 관점에서 poly(methyl methacrylate)를 유리질 고분자라고 명명하는 것이 다소 부적절한 표현이 될 수 있다.

Griffith에 의하여 정의된 열역학적인 표면 에너지 이외에 추가로 발

생하는 일의 결과로 말미암아 파괴 응력과 균열 크기의 상관식인 식 (7.2)을 다음과 같이 다시 쓸 필요가 있다.

$$\sigma_{\mathrm{b}} = \left(\frac{K_1}{\pi c}\right)^{1/2} \tag{7.4}$$

여기서 K_1은 **파괴 강인성**(*fracture toughness*)이다. 앞서 기술한 바와 마찬가지로, 식(7.4)는 이미 존재하는 균열의 성장과 관련된 식이다. 파괴 강인성은 물질의 강인성을 나타내는 인자로서 K_1값이 클수록 그 물질은 강인(tough)하다고 할 수 있다.

5장에서 우리는 de Gennes의 사행운동 모델을 근거로 하여 물질의 파괴 강인성과 몰질량의 상관관계를 다음과 같이 나타낸 바가 있다.

$$K_1 \propto M^2 \tag{7.5}$$

몰질량에 대한 실험값으로서 지수 값은 2에 가까운 것으로 확인되었는데, 예로서 poly(methyl methacrylate)의 경우 2.45인 것으로 나타났다(P. Prentice, *Polymer*, 1983, 24, 344-350 참고). 자기 확산 계수의 값과 더불어, 몰질량에 대한 지수값은 2에 가까운 값을 가지므로 균열 끝단에서의 분자들의 거동은 섭동 모델을 잘 따르는 것으로 인정되어 왔다.

7.6 점탄성

어떠한 물질도 Hooke의 법칙을 따르는 완전한 탄성체는 아니며, 특히 유리 전이 온도 이상에서는 고분자의 경우도 마찬가지이다. 이러한 거대분자의 경우에 외부 응력에 대응함에 있어서 물질의 내부에 흐름 성분을 포함하고 있으며, 흐름의 정도는 시간에 따라 변한다. 그러한 거동은 완전한 탄성과 순수한 점성 흐름이 조합된 형태로 묘사가 가능하며, 이렇게 혼합된 형태의 성질을 점탄성(viscoelasticity)이라고 한다.

점탄성을 수학적으로 표현하기 위하여, 물질이 탄성을 나타내는 스프링과 점성을 나타내는 Newton 액체로 채워진 대시포트(dashpot)로 구성되는 것으로 설정한다. Newton 액체란 가해진 응력에 비례하고, 점도(viscosity, μ)에 반비례하여 변형되는 액체를 말한다. 주어진 스프링과 대시포트를 연결하는 조합의 수는 많으며, 다양한 조합에 따라 응력-변형률의 상관관계를 이루는 요소인 탄성과 점성에 대한 수학적인 상관식들이 만들어진다. 여러 가지 조합 중에 가장 간단한 형태로서 그림 7.5에 나타난 바와 같이 스프링과 대시포트의 병렬 연결을 생각해 볼 수 있으며, 이렇게 연결된 조합을 Kelvin또는 Voigt 모델이라고 한다. 이 모델에서 시스템의 총 변형률은 두 성분 중 어느 한 성분의 변형률과 같게 되며, 그 크기는 응력에 대하여 저항이 큰 성분에 의하여 결정된다. 일정한 외부 응력에 대하여, 초기에 응력을 지탱하는 성분은 대시포트에 있는 액체로서 약간 변형되고, 이어서 스프링이 전체 응력의 일부분을 지탱하게 된다. 시간이 진행됨에 따라서, 이 과정은 계속되어 결국 응력은 오로지 스프링에 의해서만 지탱되기에 이른다.

실제로 어떤 물질에 대하여 이 모델을 적용했을 경우, 응력이 가해지는 초기에 비가역적인 변형이 발생한다. 비가역적인 변형은 결국 종료되며, 이후에는 물질이 탄성이 있는 고체처럼 거동하게 된다. 응력을 제거하게 되면 스프링의 작용에 의하여 어느 정도 덜 변형된 상태로 즉시 되돌아가게 되지만, 대시포트의 변형은 비가역적이기 때문에 완전히 원래 상태로 복구되지는 못한다.

응력(σ)과 변형률(ϵ)의 상관관계는 다음과 같이 주어진다.

스프링에 대하여, Hooke의 법칙은

$$\sigma_s = E\epsilon \tag{7.6}$$

이고 여기서 E는 영탄성률이다.

대시포트에 대하여,

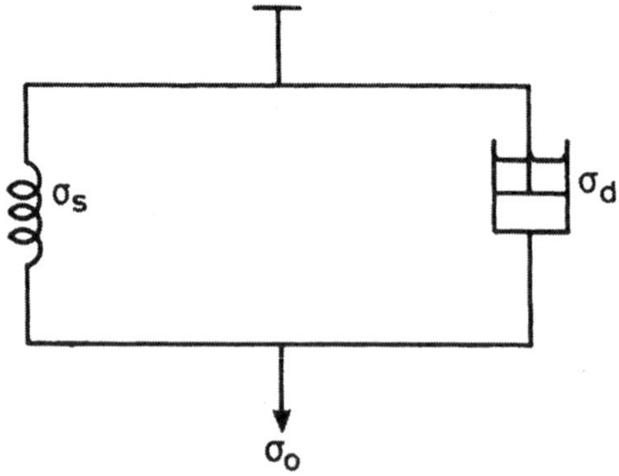

그림 7.5 점탄성을 묘사하기 위하여 설정된 스프링과 대시포트의 병렬 조합

$$\sigma_d = \eta \frac{d\epsilon}{dt} \tag{7.7}$$

Kelvin(또는 Voight) 모델에서 가해진 응력(σ_0)는 각 성분의 응력의 합으로 간단히 표현된다.

$$\begin{aligned}\sigma_0 &= \sigma_s + \sigma_d \\ &= E\epsilon + \eta \frac{d\epsilon}{dt}\end{aligned} \tag{7.8}$$

이상 설명한 모델이 스프링과 대시포트를 조합한 가장 간단한 경우이며 이외에도 더 복잡하고 다양한 모델들이 존재한다. 예를 들어, Maxwell 모델은 스프링과 대시포트가 직렬로 연결된 경우이며, 표준 선형 고체(standard linear solid)에서는 병렬과 직렬 조합 모두를 포함한다. 이러한 모든 접근 방법이 수학적으로는 유용하지만, 실제로 스프링이나 대시포트가 존재하지 않기 때문에 물리적인 근거는 부족한 측면이 있다. 실제로 분자 수준에서 일어나는 현상은 매우 복잡하며, 응력을 받지 않은 상태에서 고분자들은 단순히 열에너지만으로도 움직이고 있다. 응력이 가해질 경우, 분자들은 위에서 언급한 방법으로 변형되기 시작한다. 어떤 응답은 순간적이고 매우 빨라 스프링에 의하여 묘사될 수 있고, 긴 거리의 상호작용 또는 고분자의 배위나 배향이 변하는 광범위한 움직임은 상대적으로 느리게 일어나므로 점성을 가지는 요소에 의하여 묘사될 수 있을 것이다.

7.7 크리프와 응력 완화

크리프(creep)와 응력 완화(stress relaxation) 실험은 점탄성을 지닌 고분자의 기계적 성질에 대한 정보를 얻을 수 있는 유용한 측정 방법이다. 크리프 시험에서는 일정한 하중이 시편에 가해지는 동안 발생하는 변형량을 시간의 함수로 측정한다. 응력 완화 실험에서는 시편에 일정한 양의 변형을 가한 이후에 그 변형률을 유지하는 데 필요한 응력을 시간의 함수로 측정한다.

크리프 시험에서 관심 있게 다루어지는 인자는 크리프 순응률(creep compliance)로서 크리프 변형률과 가해진 응력의 비율로 다음과 같이 정의된다.

$$J = \epsilon / \sigma \tag{7.9}$$

크리프 시험에서 쉽게 변형되는 고분자의 J값은 큰 반면에, 잘 변형되지 않는 고분자의 J값은 작다. 유리 전이 온도 이하에 존재하는 점탄성 고분자에 대하여, 그림 7.6에 나타난 바와 같은 크리프 특성 곡선이 존재한다.

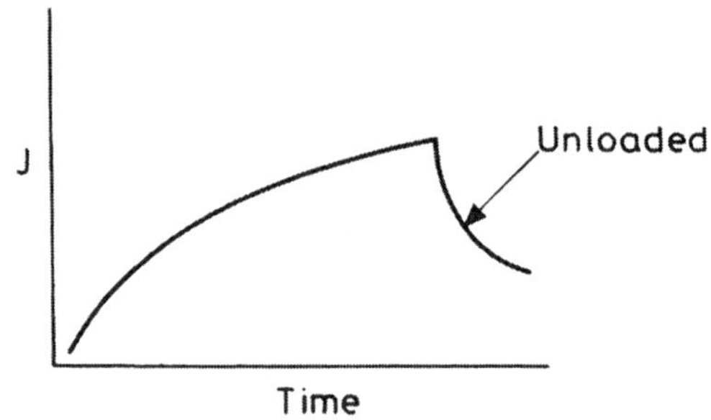

그림 7.6 점탄성 고분자에 대한 전형적인 크리프 곡선

하중이 가해지는 즉시, 시료는 순간 탄성률에 상응하는 변형을 경험한다. 이때는 상대적으로 빠른 속도로 변형이 이루어지지만, 이후에는 그 변형 속도가 느려져서 일정한 크리프 속도에 도달한다. 열가소성 수지에 있어서, 전형적으로 일정한 크리프가 일어나는 영역은 점성 흐름에 해당된다. 스프링과 대시포트 모델의 관점에서, 지연(retardation)은 대시포트의 점성 액체에 의하여 지배되는 것으로 생각될 수 있다. 앞에서 나왔듯이,

$$\sigma = \eta \frac{d\epsilon}{dt} \tag{7.10}$$

응력이 일정하기 때문에, 크리프 속도 또한 일정하다. 어떤 시간 t에서의 크리프 순응률, J_t는 식(7.11)과 같이 표현될 수 있다.

$$J_t = J_0 + \psi(t) + t/\eta \tag{7.11}$$

여기서 J_0는 순간 순응률이며, $\psi(t)$는 여러 가지 지연 과정을 포함하는 항, t/η는 점성을 나타내는 항이다. 특히 마지막 항은 하중이 제거된 이후에도 복원되지 않는 영구적인 변형과 관련이 있다.

고분자의 특성에 따라 다양한 형태의 크리프 거동을 보인다. 유리 전이 온도 이하에 존재하는 무정형 고분자는 거의 크리프가 발생하지 않는다. 그러나 온도가 상승하여 유리 전이 온도 이상이 되면, 고무와 같은 거동을 보이며 크리프 속도가 증가한다. 후자의 경우에 크리프 속도는 고분자의 몰질량에 의하여 영향을 받게 되는데, 몰질량이 높을수록 크리프가 잘 일어나지 않는다. 약간의 결정성을 지니는 고분자 물질은 유리 전이 온도 이상의 온도에 도달할 때까지는 거의 크리프를 나타내지 않는다. 왜냐하면 결정 영역들이 가교 구조처럼 작용하여 고분자들의 움직임을 제한하기 때문이다.

응력 완화 시험법은 가해진 응력에 대한 시간 의존적인 응답 특성을 보여주는 크리프 시험과 마찬가지로, 점탄성 고분자의 기본적인 현상을 측정하는 또 다른 방법이며 그러한 고분자들의 거동을 이해하는 데 중요한 정보를 제공해 준다. 주어진 응력에 대하여 변형률은 시간에 따라서 증가하게 되는데, 만약 응력이 시간에 따라 조절된 방법으로 감소하면(응력이 완화되면) 일정한 변형률이 유지되는 조건에 도달할 수 있다. 이것이 응력 완화 시험의 핵심이며, 일정한 변형량에 대하여 시간 t에서의 응력 완화 탄성률, $G(t)$를 구할 수 있다. 여기서 $G(t) = \sigma(t)/\epsilon$와 같이 정의된다.

7.8 냉연신

열가소성 고분자가 항복점(yield point) 이상에서 지속적인 응력을 받으면 냉연신(cold drawing) 현상을 경험하게 된다. 항복점에서 고분자는 시편의 특정한 위치가 좁아져서 목(neck)이 형성된다. 고분자가 계속 늘어나면, 그림 7.7에 나타난 바와 같이 목의 영역도 늘어난다.

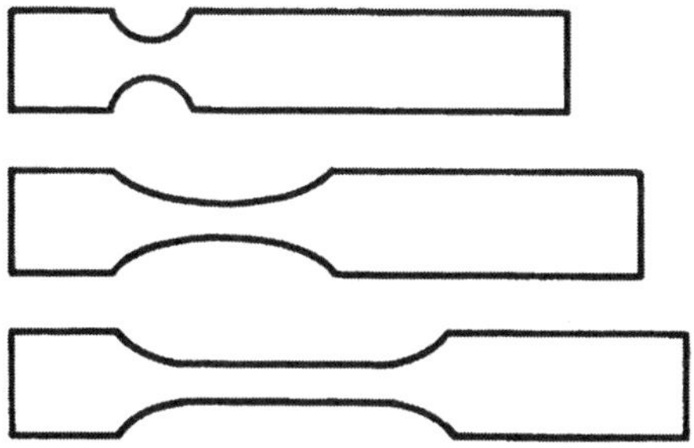

그림 7.7 냉연신 현상의 단계적인 변화

변형이 지속됨에 따라 목의 영역은 시편 전체의 단면적이 초기에 발생한 목의 단면적과 같아질 때까지 길어진다. 일단 고분자가 완전히 냉연신되면, 목이 성장하는 상태보다 더 강하게 되어 응력-변형률 곡선에서 최종 상승을 나타낸다(그림 7.8). 냉연신에 의한 고분자의 강도 증가는 응력이 가해지는 방향으로 분자들이 배향되기 때문이다.

무정형 고분자는 유리 전이 온도 이하의 조건에서 냉연신이 가능하며, 그 이상의 온도에서는 잘 발달된 목 영역이 없이 늘어나기만 한다. 이에 반하여 결정성 고분자는 용융 온도에 도달하기까지 모든 온도에서 냉연신이 가능하다.

7.9 동적 시험

동적 시험(dynamic test)은 고분자 물질의 응력 완화와 크리프 거동의 평가에 있어서 대단히 효과적이다. 보편적으로, 동적 시험은 시편을 고정한 후 여러 가지 주파수를 가지는 진동을 가하여 이루어지게 된다. 시편에 가해지는 진동의 주파수가 변함에 따라 시편이 진동하는 주파수가 바뀌게 되는데, 이러한 과정은 고분자 내부에서 일어나는 완화 과정의 특성 및 완화 정도와 밀접한 관련이 있다. 이러한 종류의 시험에서는 0.01~ 300 Hz 범위의 주파수를 적용하여 점탄성 고분자의 기계적 성질에 대한 상당히 자세한 정보를 알아낼 수 있다.

동적 시험에서 적용되는 조작의 모드는 일반적으로 사인 함수의 응력을 주기적으로 부여하는 것이다. 점성의 요소가 Newtonian 액체인 점탄성 고체는 사인 형태의 응력에 대하여 동일한 주파수를 가지는 사인 형태의 변형을 나타낸다. 그러나 물질 내부에서 일어나는 완화 거동

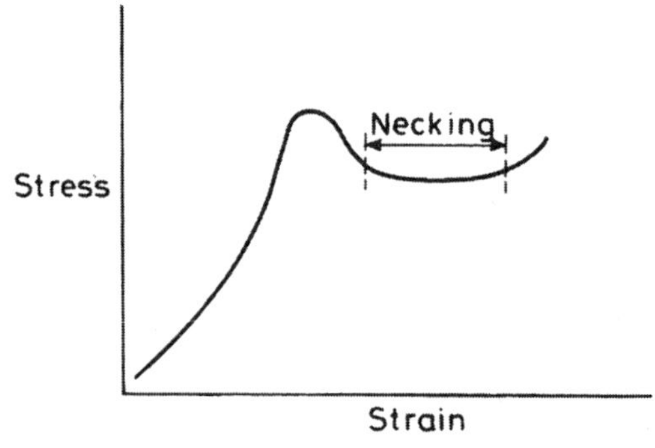

그림 7.8 냉연신이 발생하는 고분자에 대한 응력-변형률 곡선

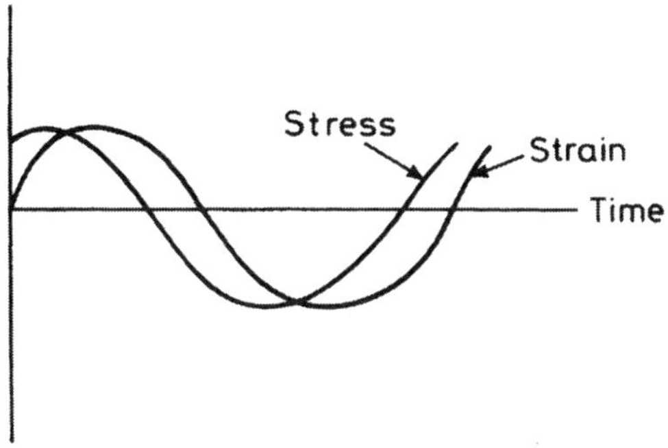

그림 7.9 동적 시험에서 나타나는 변형의 지연

의 시간 의존성으로 인하여 변형은 가해진 응력보다 지연되어 나타난다(그림 7.9).

진동의 주파수가 $\omega/2\pi$ Hz일때, 주어진 시간 t에서 응력 σ는 다음과 같이 주어진다.

$$\sigma = \sigma_0 \sin \omega t \tag{7.12}$$

여기서 σ_0는 최대 응력값이다.

주어진 응력에 상응하는 변형률은 다음과 같다.

$$\epsilon = \epsilon_0 \sin(\omega t - \delta) \tag{7.13}$$

여기서 δ는 위상각(phase angle)으로서, 응력에 대한 변형의 응답 지연 정도를 나타낸다.

응력은 두 부분으로 나누어 생각해 볼 수 있는데, 하나는 변형과 동일상(in phase)이고 다른 하나는 변형과 90° 다른 위상(out of phase)인 성분이다.

이러한 조건들을 비틀림 실험에 적용하면, 두 가지 전단 탄성률 G_1, G_2를 정의할 수 있다. G_1은 변형률과 동일상에 있는 응력을 변형률로 나눈 것으로 다음과 같이 표현된다.

$$G_1 = \sigma_1/\epsilon_0 \tag{7.14}$$

두 번째 전단 탄성률, G_2는 전단률과 90°의 위상차를 가지는 최대 응력을 최대 변형률로 나눈 것으로 식(7.15)와 같이 표현된다.

$$G_2 = \sigma_2/\epsilon_0 = \frac{\sigma_1 \tan\delta}{\epsilon_0} \tag{7.15}$$

G_2의 값은 주기당 열로써 손실되는 에너지에 비례하기 때문에 손실 탄성률(loss modulus)이라고 부르며, G_1은 회복 가능한 에너지에 비례하는 저장 탄성률(storage modulus)이라고 부른다. 이 두 가지 탄성률은 조합되어 복소 탄성률, G^*로 다음과 같이 나타낼 수 있다.

$$G^* = G_1 + \mathrm{i}\, G_2 \tag{7.16}$$

여기서 $\mathrm{i} = \sqrt{-1}$ 이다.

G_1과 G_2의 상대적인 크기는 고분자 물질의 상태에 따라서 변한다. 유리 상태에서는 탄성이 강하므로 G_1 값이 크게 되며, 고무 상태에서는 점성의 성질이 강하므로 G_1 값이 작게 된다.

유리 상태에서 고분자들의 움직임은 매우 제한되어 있기 때문에 탄성이 강하며, 따라서 시편에 가해진 진동의 감쇠(damping)은 거의 일어나지 않는다. 본질적으로 변형 에너지가 열로써 손실되는 양은 거의 없다. 유리 전이 영역에서는 고분자의 일부가 자유롭게 움직일 수 있기 때문에 가해진 응력에 대한 시간적인 지연은 있지만, 변형 에너지의 상당 부분이 열로써 손실된다.

유리 전이 영역을 넘어 고무 상태에 도달하면, 모든 분자들이 자유롭게 움직이는 상태가 되어 가해진 응력에 대한 시간 지연도 거의 없다. 이 상황에서는 변형 에너지가 열로써 손실되는 것이 아니고 엔트로피의 감소로 나타난다. 소모된 열과는 달리, 엔트로피의 감소는 다시 회복될 수 있으며, 그 결과로 감쇠는 다시 감소한다. 따라서 동적 시험은 유리 전이를 판단할 수 있는 기준을 제공해 주며, 그것은 적절한 동적 시험조건에서 발생하는 최대 감쇠점에 해당된다.

7.10 시간/온도 상관관계

무정형 고분자의 점탄성을 충분히 특성화하기 위해서는 100년 내지 150년에 걸쳐서 측정된 완화 거동에 대한 데이터가 필요하다. 이러한 작업은 매우 지루할 뿐만 아니라, 현실적이지 못하기 때문에 시간의 변화에 상응하는 온도 변화를 주어 고분자의 성질을 평가하는 방법이 사용되고 있다. 시간과 온도의 상관성은 한 온도에서 짧은 시간 동안에 일어나는 변형은 더 낮은 온도에서 긴 시간 동안에 일어나는 변형과 동등하다는 원칙에 근거를 둔다. 본질적으로 소요되는 시간만 다를 뿐, 동등한 완화 거동이 일어날 수 있는 것이다. 따라서, 동일한 시간대에서의 실험을 여러 온도에서 시행한 데이터를 통합하면 시간에 대한 완화 탄성률(relaxation modulus), $G(t)$의 '마스터 곡선(master-curve)'을 얻을 수 있게 된다. 전형적인 마스터 곡선이 그림 7.10에 주어져 있다.

그림에서 나타난 마스터 곡선을 얻기 위하여 각 부분은 $10^{-1}-10^{4}$s의 고정된 시간대에서 다른 온도에 대하여 측정되어야 한다. 측정이 완료된 부분들은 합쳐져서 마스터 곡선을 이루게 된다.

주어진 실험 온도 T에서 얻어진 데이터를 기준 온도 T_0로 전환하기 위하여 다음과 같이 정의되는 이동 인자(shift factor, a_T)가 필요하다.

$$a_T = t_T / t_{T_0} \tag{7.17}$$

여기서 t_T는 온도 T에서의 응력 완화 시간이고, t_{T_0}는 기준 온도 T_0에서의 응력 완화 시간이다.

이동 인자의 값은 1955년에 Williams, Landel, Ferry에 의하여 제안된 WLF 식에 의하여 구할 수 있다(식 7.18).

$$\log a_t = \frac{-17.44(T - T_0)}{51.6 - (T - T_0)} \tag{7.18}$$

기준 온도에 대하여 Williams, Landel, Ferry는 유리 전이 온도보다 약간 높은 온도를 선택하였으나, 통상적으로는 유리 전이 온도를 사용

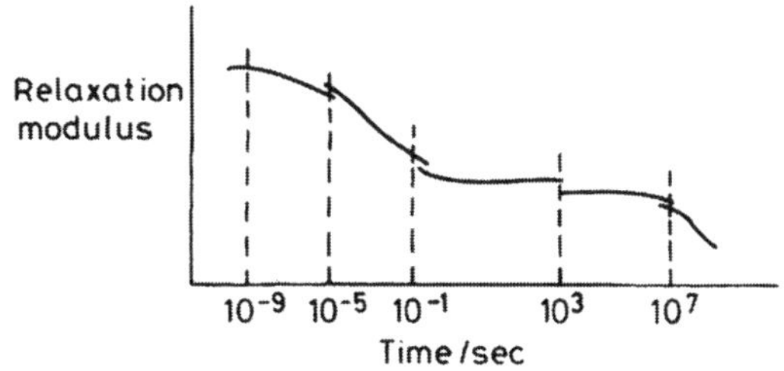

그림 7.10 주어진 온도에서 응력 완화 마스터 곡선

한다. 완화 시간을 결정하기 위하여 동적 시험, 응력 완화 또는 점도 측정법이 사용될 수 있다.

WLF 식은 무정형 고분자의 기계적인 완화 거동에 대한 시간과 온도의 등가성, 즉 시간-온도 중첩 원리를 설명해 준다. 이 식은 유리 전이 온도보다 100° 정도 높은 온도까지는 적용될 수 있으나 그 이상에서는 잘 맞지 않는다.

7.11 고무 탄성

가황 처리된 천연 고무가 상온에서 탄성을 나타내는 것은 잘 알려진 사실이다. 그러한 물질이 응력을 받으면, 즉각적인 변형이 발생하고 응력이 제거되는 순간 변형은 사라지고 원래 상태로 복원된다. 더욱이, 가황 처리된 천연 고무에서는 응력이 가해지는 동안은 원래 길이의 1500%가 넘는 길이로 늘어나는 상당한 변형이 일어날 수 있으며 이러한 거동이 고무 탄성(rubber elasticity)의 요체이다. 앞서 언급되었던 스프링과 대시포트 모델의 관점에서 보면, 이러한 물질은 거의 스프링처럼 거동하며 대시 포트에서의 점성 흐름은 무시된다.

실제로 이상적인 탄성 고무는 존재하지 않으며, 실제 고무는 기계적 거동이 탄성 요소에 의하여 지배되지만 어느 정도의 점성 효과도 나타난다. 그럼에도 불구하고, 실제 고무는 변형률이 작은 경우에는 순간적인 변형률이 가해진 응력에 비례하는 탄성체의 거동을 보인다.

그러한 고무 같은 탄성은 소량의 가교가 존재하는 거대분자에서만 발현될 수 있다. 예를 들어 생고무는 가교 처리되기 전까지는 탄성을 나타내지 않는다. 그러나 소량의 황과 촉진제를 첨가하고 가열하는 가황 처리를 통하여 그물구조를 형성시키면 탄성을 가지는 고무로 변환된다. 몇 가지 다른 고분자들도 이런 식으로 탄성을 부여할 수 있으며 그것들을 합성 고무 또는 탄성체라고 부른다. 물질의 기계적인 본성에 혼돈을 주지 않기 위하여 탄성체라는 표현이 선호된다.

응력이 가해지지 않은 상태에서 탄성체의 분자들은 다소 임의적인 코일 형태로 존재한다. 응력이 가해지면, 분자들이 연신된 배위를 갖기 때문에 탄성체는 상당한 변형을 경험하게 된다. 응력이 제거되면, 전과 마찬가지로 평형 상태의 배위로 전환되고 변형되지 않은 원래의 모양으로 돌아간다.

정밀한 방법은 아니지만, 가황된 천연 고무의 탄성과 관련된 현상을 열역적으로 설명할 수 있다. 고무가 늘어나는 동안 수반된 엔탈피(열) 변화를 측정하는 것은 쉽지 않지만, 정성적으로는 평가가 가능하다. 고무 조각을 늘어뜨린 상태에서 입술에 대보면 늘어나는 동안 온도가 상승했음을 느낄 수 있다. 다시 말해서 연신 과정은 엔탈피 값이 음이 되는 발열 과정에 해당된다. 그러나 응력을 제거하면 응력을 받기 전 상태로 되돌아가며, 시편의 온도도 감소된다. 따라서 늘어나는 과정에 대한 자유 에너지 변화, ΔG_{ext}는 비우호적이며 양의 값을 갖게 된다. 잘 알려진 Gibbs 식은 다음과 같다.

$$\Delta G_{\text{ext}} = \Delta H_{\text{ext}} - T\Delta S_{\text{ext}} \tag{7.19}$$

위 식에서 알 수 있듯이 자유 에너지가 양의 값을 가지려면 $T\Delta S_{\text{ext}}$항 (따라서 ΔS 자체)이 음의 값을 가져야 하며 절대값이 ΔH_{ext}보다 커야 한다. 이러한 조건이 충족되려면 최종 상태(즉, 완전히 늘어난 상태)의 엔트로피는 초기 상태보다 작아야 한다는 결론을 얻게 된다. 따라서 연신된 고무의 분자들은 연신되기 전 상태보다 더 정렬된 상태로 존재하게 되고, 응력의 제거와 동시에 원래 상태로 복원되려는 유인력은 엔트로피를 최대화하려는 효과에 기인한다.

이러한 열역학적인 거동은 고무 분자들의 연신 과정 중에 응력에 의하여 야기된 결정화와 일치하는 현상이다. 임의적으로 꼬여 있던 분자들이 잘 정돈된 결정 영역을 형성하기 때문에 그러한 결정화는 엔트로피 감소의 원인이 된다. *X*-선 회절 실험으로부터 결정화가 일어나며, 결정체의 한 축은 연신 방향과 일치하는 것이 확인되었다. 응력을 받은 고무가 완전히 결정화되는 것은 아니며, 대신 결정체들이 무정형 고무의 연속상에 묻혀있는 구조를 가진다. 응력이 가해진 고무에서 결정체의 크기는 보통 10 내지 100 nm이고, 고무 분자들의 길이는 대략 2000 nm 정도인 것을 고려하면 분자들이 여러 결정 영역과 비결정 영역에 걸쳐서 존재해야 한다.

이러한 변형에 의하여 야기된 결정화의 효과는 천연 고무에 대한 응력-변형률 곡선에서 나타나는데, 파괴가 일어나기 전까지 지속적인 상승 곡선의 형태를 보인다는 것이다(그림 7.11).

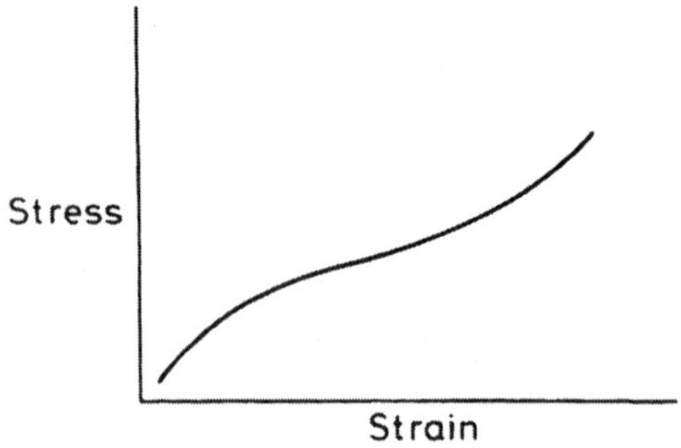

그림 7.11 가황된 고무의 응력-변형률 곡선

특정 영역에서의 밀도 증가도 확인되어 결정화에 대한 추가 증거를 제공한다. 몇몇 합성 탄성체들에서는 변형에 의하여 야기된 결정화가 일어나지 않는다. 예를 들어 스타이렌-뷰타다이엔(styrene-butadiene)은 불규칙 공중합체(random copolymer)로서 연신 중에 발생하는 결정화에 적합한 분자들의 규칙성이 부족하다. 이러한 경우의 응력-변형률 곡선은 그림 7.12에 나타난 바와 같이 이전의 경우와 많이 다른 것을 알 수 있다.

고무의 파괴는 찢어지는 형태로 나나난다. Griffith 식으로부터 구한 표면 에너지는 10^3 J m^{-2}정도인 반면 진정한 표면 에너지는 0.1 내지 1.0 J m^{-2}에 불과하다. 이러한 사실에 비추어 볼 때 파괴 과정에는 단지 새로운 표면 형성에 필요한 에너지 이외의 추가 에너지가 소요된다는 것을 알 수 있으며, 이는 분자들이 변형되고 흐르는 동안 점성에 의하여 소비되는 에너지와 관련이 있다.

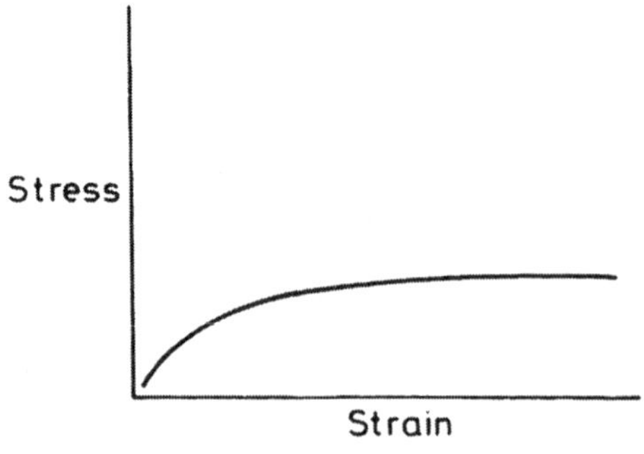

그림 7.12 스타이렌-뷰타다이엔 고무의 응력-변형률 곡선

7.12 강화된 고분자

순수한 고분자 물질의 기계적 성질은 어떤 특정한 분야에 응용되기에 부족한 경우가 종종 있으며, 이러한 문제를 극복하기 위하여 어떤 식으로든지 강화시킬 필요가 있다. 고분자를 강화시키는 가장 보편적인 방법은 고분자에 입자, 막대, 섬유상의 강직한 충전제(filler)를 일정량 첨가하는 것이다. 경우에 따라서, 탄성체 입자를 첨가하는 경우도 있으며, 이렇게 하면 고분자 물질의 취성을 보완할 수 있다.

강화된 고분자는 충전제의 종류에 상관없이 고분자 연속상에 충전제가 분산상으로 존재하는 복합체(composite)가 된다. 충전제는 표 7.1에 요약된 바와 같이 고분자 복합체의 성질에 지대한 영향을 미친다. 이 표로부터 충전제의 종류에 따라 복합체의 기계적 성질이 달라지기 때문에 충전제의 성질을 잘 이해하고 선택하는 것이 중요하다는 것을 알 수 있다.

유리 섬유는 가장 중요한 충전제 중 하나이며 주로 불포화 polyester의 강화에 사용된다. 유리 섬유에 의하여 강화된 polyester 수지는 선박과 욕실 시설물을 포함하여 광범위하게 사용되는 중요한 산업 소재이다. 이러한 재료에서는 유리 섬유가 잘라진 가닥(strand) 상태로 존재하며, 가닥들은 서로 엮여서 매트 형태가 된다. 복합체는 불포화 polyester와 스타이렌 가교제를 매트와 혼합한 다음, 스타이렌이 중합됨과 동시에 polyester의 이중 결합과 반응하여 고체 상태의 연속상을 형성함으로써 완성된다.

열경화성 수지이며, 스타이렌으로 가교된 polyester는 대부분의 시험 조건에서 취성 파괴를 나타낸다. 충전되지 않은 수지의 인장 강도는

표 7.1 충전제로 강화된 poly(ethylene)의 인장 물성
(고분자 100 중량부에 대하여 충전제 25 중량부를 첨가한 경우)

충전제	항복점 응력/MPa	항복점 신장률/%
없음	22.2	21
고령토	25.5	26
카본 블랙	27.1	19
황산 바륨	20.9	24

출처 : 'Composite Materials', ed. L. Holliday, Elsevier Publishing Company, Amsterdam, 1966

40과 90 MPa 사이의 값을 가지며, 충전제가 포함될 경우는 인장 강도가 향상된다. 유리 섬유 자체의 인장 강도는 3000 MPa이 넘는 매우 높은 값을 가진다. 그러나 고분자 연속상에 투입되기 전에 유리 섬유의 표면은 접합제로 코팅되고, 이어서 액체 상태의 반응물과 혼합되면서 기계적인 손상을 입게 되어 유리 섬유의 인장 강도는 감소된다. 그럼에도 불구하고, 일단 유리 섬유가 강화된 복합체가 완성되면 충전제는 연속상이 견딜 수 있는 응력의 20배 이상을 지탱할 수 있으며, 이것이 섬유상 충전제에 의한 강화 효과의 근본이 되는 것이다.

가황 처리된 천연 고무와 같은 탄성체도 입자 형태의 고체가 충진될 경우에 기계적 성질이 급격하게 변한다. 충전제가 존재하는 탄성체의 시스템은 자동차 타이어 제조 기술의 발전과 더불어 개발되어 왔다.

카본 블랙(carbon black)은 탄성체에 가장 널리 사용되는 충전제이며, 특히 가황 처리된 천연 고무에 효과적이다. 카본 블랙은 강직도, 인장 강도, 내마모성 등을 향상시키는 역할을 한다. 금속 산화물, 카보네이트, 실리케이트 등의 다른 충전제들도 사용이 가능하지만 카본 블랙만큼 효과적이지는 않은 것으로 알려져 있다. 여러 종류의 카본 블랙이 존재하는데, 유기 물질을 열처리하여 얻어지며 입자의 크기는 15~100 nm 정도이다. 이러한 입자들은 고무 분자와 반응할 수 있기 때문에 최종 물질의 가교 구조 형성에 기여할 수 있다.

합성 탄성체에 충전제를 첨가할 경우에도 인장 강도가 현저히 증가될 수 있는데, 예를 들어 뷰타다이엔(butadiene) 또는 네오프렌(neoprene) 고무에 충전제가 첨가되면 인장 강도가 약 10배 정도 향상되어 3.5에서 35 MPa 사이의 값을 나타낸다.

그러나 충전제에 의하여 모든 성질이 다 향상되는 것은 아니다. 충진된 탄성체의 기계적인 거동 중에서 한 가지 현저한 특징은 응력 유연화(stress-softening) 현상이다. 복합체 물질을 잡아당긴 후에 하중을 제거하면 강직도가 감소하게 되는 거동을 보이게 되는데, 인장 시험을 실시한 시료에 다시 응력을 가하여 얻어지는 응력-변형률 곡선은 원래 곡선보다 아래에 위치하게 된다(그림 7.13). 이런 결과는 금속과는 정 반대의 현상이며, 그 이유는 아직 완전히 이해되지 않고 있다.

Poly(styrene)과 같은 열가소성 수지의 충격 강도는 탄성체 입자의 충

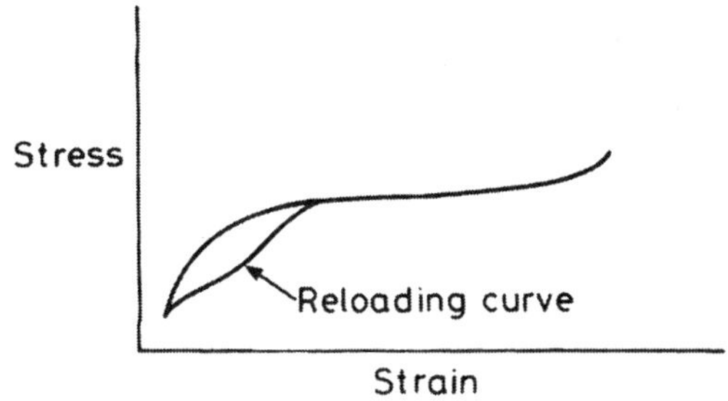

그림 7.13 충전된 탄성체의 응력-변형률 곡선

진에 의하여 향상될 수 있다. 보편적으로 선택되는 탄성체는 butadiene-styrene이며, 고분자 연속상과 탄성체의 화학적인 구조가 비슷할 경우에 두 성분 간의 계면 접착력이 우수하다. 전형적인 충전계의 경우에 탄성체 함량이 부피 비율로 50%일 때 모체가 되는 취성 고분자의 충격 강도는 5에서 10배 정도 증가된다.

탄성체 입자의 첨가에 의한 충격 강도 향상은 다음과 같이 이해될 수 있다. 충격 강도는 기본적으로 연속상에서 균열이 어떻게 전파되는지와 밀접한 관련이 있다. 탄성체 입자가 충전제로 존재할 경우에, 균열이 지나갈 때 입자들이 연신되면서 균열 성장에 필요한 에너지의 상당 부분이 소모된다. 이러한 작용을 하는 입자수가 많을수록 전체적으로 상당량의 에너지가 소모되어 균열의 성장이 더욱 어려워지고 결과적으로 충격 강도가 상승하게 된다.

한 가지 주의해야 할 점은 고분자의 모든 강도가 탄성체 입자의 첨가에 의하여 상승되는 것이 아니라는 점이다. 충전제의 함량이 증가할수록 충격 강도는 증가하지만 인장 강도는 감소하게 된다. 불행하게도 이러한 경향은 복합체에 항상 나타나기 때문에 충격 강도와 인장 강도의 균형을 고려하여 충전제의 종류와 함량을 결정할 필요가 있다.

7.13 기계적 성질의 실용적인 측정

고분자의 기계적 성질을 평가하기 위하여, 시편에 한 방향의 힘 또는 진동하는 힘이 가해진다. 전자의 경우는 인장 강도, 압축 강도 또는 크리프 거동을 측정하는 형식이며, 후자의 경우는 동적 시험(dynamic test)으로서 고분자의 점탄성, 즉 저장 탄성률과 손실 탄성률을 측정하는 형식이며, 최대 감쇠점의 위치로부터 유리 전이 온도를 알아낼 수 있다.

첫 번째 그룹의 시험은 아령 모양의 시편을 제작하고 한 방향의 힘을 가하면서 이루어진다. 시험에 사용되는 장치에는 한 쌍의 집게가 달려있으며, 이 집게에 시편을 고정시킨 후 조절된 변형이 일어나도록 조작한다. 시험의 결과는 챠트 기록기에 나타나고 파괴 시점에서의 힘이 결정된다. 집게의 이동 모드에 따라서 인장, 압축, 굴곡 강도를 측정할 수 있다.

이러한 모든 시험에서는 충분한 수의 시편들에 대하여 반복적으로 시행되어 얻은 결과를 통계적으로 처리하여야 한다. 물리학자인 Lord Rutherford는 만약 통계적인 처리가 필요하다면, 좀 더 정확한 실험을 수행할 필요가 있다고 하였지만, 그의 견해는 고분자의 기계적 성질의 평가에는 적용되기 어렵다. 고분자의 기계적 성질은 시편 표면의 결함, 내부의 기공, 잘 분산되지 못한 충전제, 또는 시편의 균일성을 방해하는 다른 형태의 불완전성 등의 다양한 인자들에 의하여 영향을 받는다. 그렇기 때문에 여러 시편에 대한 측정을 반복한 후에 평균값과 분산도를 결정할 수 있어야 한다. 이러한 단계를 통하여 측정된 값들의 차이가 시편의 준비 과정 또는 화학적인 조성의 차이에서 비롯된 것인지를 판단할 수 있게 된다.

이와는 대조적으로, 동적 시험에서는 시험 결과가 위에서 언급한 시편의 상태에 대하여 변하는 정도가 적고 시험에 소요되는 시편의 개수도 적다.

동적 시험에서는 물질이 진동 모드의 하중이나 변형에 대하여 어떠한 형태의 기계적인 응답 특성을 보이는지를 측정하며, 온도와 주파수의 영향도 평가할 수 있다. 동적 시험법에서 주로 사용되는 시스템은 비틀림 진자(torsion pendulum)와 동적 기계적 열분석(dynamic mechanical thermal analysis, DMTA)이다. 이러한 동적 시험법에 대한 기본적인 원리는 앞에서 설명하였다. 그러한 시험법들은 고분자의 점탄성, 유리 전이 온도, 열경화성 수지의 경화 거동 그리고 고분자 블렌드의 상용성 등을 상대적으로 신속하게 특성화할 수 있다. 비동적인 시험법과는 달리 동적 시험법은 본질적으로 비파괴 모드로 진행되며, 고분자 물질의 연속적인 성질에 관한 데이터를 제공해 준다.

전체적으로, 고분자 물질을 완벽하게 특성화하고자 하면, 동적 시험법과 비동적 시험법들을 조합하는 것이 필요하다.

7.14 참고 문헌

자세한 사항에 대한 참고 문헌들은 이 책의 끝 부분에 있는 참고 문헌 목록에 포함되어 있으나 특별히 이 장에서 다룬 주제들을 자세히 다룬 문헌들을 아래에 요약하였다.

E. Gillam, 'Materials Under Stress', Newnes-Butterworths, London, 1969.

L. R. G. Treloar, 'The Physics of Rubber Elasticity', Clarendon Press, Oxford, 1958.

M.L. Williams, R.F. Landel, and J.D. Ferry, 'The Temperature Dependence of Relaxation Mechanisms in Amorphous Polymers and Other Glass-forming Liquids', *J. Am. Chem. Soc.*, 1955, 77, 3701-3707.

고분자 분해

Chapter 08

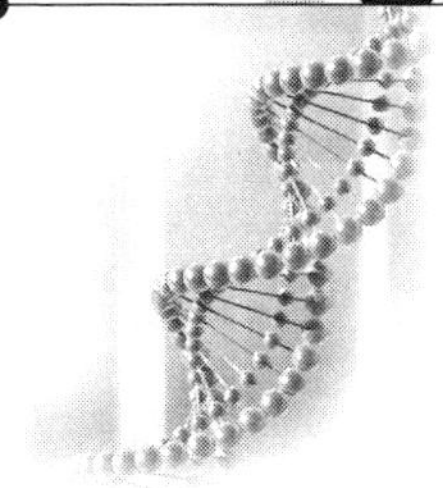

8.1 개요

유기계 고분자는 모든 환경에서 영원히 안정한 것은 아니다. 특별히 불이나 실외 조건, 특히 태양광에 노출되는 경우 반응이 진행되어, 특별한 용도에 사용이 적합했던 고분자가 갖고 있던 성질을 잃게 된다. 산소와 반응하거나 분자량의 감소가 일어나는 반응을 포함한 이런 현상을 분해(degradation)라고 한다. 불이나 풍화(weathering)에 의해 고분자가 분해되는 것과 이러한 조건에서 일어나는 손상을 감소시키기 위한 기술이 이 장의 중요 내용이다.

8.2 불속에서 고분자의 거동

불속이라는 조건은 강한 열에서의 거동으로 특징지을 수 있다. 불이 난 초기에는 산소가 다량 존재하지만, 불이 계속되면 산소의 양은 급격히 감소하게 된다. 그 양은 불이 난 조건에서 얼마나 통풍(ventilate)이 잘 되는가에 따라 결정된다. 하나의 예로, 가구, 침구용 소재, 긴 의자, 소파 등의 다양한 고분자들을 포함한 물건들을 불에 태워 실제 화재가 발생하는 경우를 실험해 보았다. 이 실험은 10명의 인명이 사망하는 정도의 백화점에서 일어날 수 있는 화재에 최대한 가깝게 설정하고 실시하였다. 여러 물건들을 백화점 안에 들여놓고 쌓은 후, 점화하였다.

화재가 처음 시작되고 나서 1분 후에 가연성 더미(stack)의 온도는 1000℃까지 도달하였고, 산소 농도는 2분 후에 6.5%였으며, 연소가 진행되며 3%까지 내려갔다.

이 예는 실제 화재가 일어났을 때 산소 농도와 온도의 범위를 알 수 있게 해 주지만, 실제 화재 사고가 일어난 경우 각 사고마다 특유의 화학적·물리적 반응이 일어나므로, 이 실험은 단지 가정일 뿐이다. 실제 화재와 같은 표준 조건은 없다고 봐야 한다.

가정이나 직장에서 고분자 사용이 늘고 있기 때문에 불의 특성에 대해서도 변화가 있을 것이다. 최근 화재는 전에 비해 매우 강하고 빨리 연소되는 특징이 있다고 소방대에서 보고하고 있다. 전보다도 더 많은 연기가 나고, 독성 기체가 매우 많이 발생하고 있다. 이러한 배경을 일상 생활에 많이 사용되고 있는 고분자가 갖는 특성 때문으로 보고 있기도 하다.

고분자의 연소는 크게 두 단계로 일어난다. 첫 번째 단계는 열의 시발점 근처에서 발화가 일어나면 화학 결합이 깨질 정도의 온도로 올라가게 된다. 이 결과 낮은 분자량의 생성물이 생기고, 이는 고분자 내부나 기체상으로 빠져나가게 된다. 거기서 산화가 일어나게 되어 고분자가 타게 되는 것이다. 두 번째 단계는 기체상 산화 반응이다. 이 단계에서 생성되는 열은 남아있는 고분자에 영향을 미치게 되어 고분자의 화학결합이 깨지고, 더 많은 휘발성 물질을 연소 단계의 연료로 제공하게 된다. 대부분의 고분자는 이 전 사이클이 스스로 일어나고, 고분자로부터 휘발성 물질이 더 이상 나오지 않을 때까지 계속 연소된다.

열경화성 수지와 열가소성 수지는 불속에서 서로 다른 거동을 보인다. 열경화성 수지는 열이 가해져도 녹지 않고, 가교를 더 많이 형성한다. 이러한 부가적인 가교 반응은 고분자 매트릭스에서부터 휘발성 분해 생성 물질이 발생되는 것을 막는 역할을 하게 된다. 그러므로 연소되는 영역에서는 연료가 고갈되게 되고, 이 이유 때문에 열경화성 수지는 상대적으로 불연성(non-flammable)으로 간주되고 있다.

반대로 열가소성 수지는 열이 가해지면 녹고, 이 과정에서 연소에 의해 생성된 휘발성 소재가 수지 소재를 통해 이동하게 된다. 그러므로 연소되는 영역으로 연료 공급이 원활하게 되어, 대부분의 열가소성 수지는 적절하게 처리되지 않으면 매우 가연성이 높은 물질로 간주된다.

고분자는 탄소, 수소, 어느 경우에는 산소 등으로 구성되어 있음에도 완벽한 효율로 연소되지는 않는다. 대신 고분자는 다량의 연기나 고체상 잔유물인 숯(char)을 남긴다. 생성되는 연기나 불에 타서 남은 숯의 양은 연소 조건이나 고분자 소재 성분에 따라 달라진다. 연기는 액체상과 고체상 탄화수소 화합물, 산화된 유기물, 탄소 입자, 물방울들의 복합체이며, 숯은 비록 높은 탄소 함유량을 갖고 있지만 다양한 조성의 부서지기 쉬운 고체상 물질이다.

8.2.1 개별 고분자의 거동

다양한 열가소성 수지들은 열에 의해 해중합(depolymerization, 解重合)된다. 대표적으로 poly(styrene), poly(methyl methacrylate), poly(oxymethylene) 등이 있다. 이러한 해중합은 산소 농도가 많고 적음에 상관없이 잘 일어나며, 공기가 있는 조건에서는 연소가 계속 될 수 있도록 연료로 바로 공급될 수 있는 연료원이 만들어진다.

PVC는 불에서 다르게 거동한다. PVC는 주사슬에서부터 HCl을 방출하고, 이것은 자체촉매 역할을 한다. 공액(conjugated) 구조의 매우 짙은 오렌지-붉은 색 또는 검은색 생성물을 남기게 되고, 이 생성물은 부서지기 매우 쉽다. 물론 방출된 HCl은 타지 않으므로, PVC는 자기 스스로 타는 연소를 하지 않는다.

일반 생산 공정의 공정 온도에서 PVC로부터 HCl이 빠져나가는데, 이 현상은 대량 생산되는 고분자 중에서 PVC를 열적으로 가장 불안정하게 만든다. 이러한 이유로 PVC는 안정화제를 항상 함유하며, 어떤 안정화제를 첨가하는가는 특별히 PVC의 최종 용도에 따라 최종 사용자의 요구에 맞춰 결정된다. 열에 의한 손상을 방지하기 위해 넣어주는 안정화제는 공정에서 분해를 방지하기 위해 넣어주는 것과는 다르다. 아직까지도 광에 의해 분해되어 일어나는 HCl 방출을 억제하기 위해서는 다른 안정화제를 넣어주고 있다. 안정화제의 양은 다른 고려사항들에 의해서 결정된다. 예를 들어 음식 포장에 사용되는 용도로서의 PVC 필름은 음식이나 접촉에 의해 감염되지 않는 첨가제로 안정화되어야 한다.

8.3 연소 거동의 평가

고분자 연소 거동을 평가하기 위한 중요한 기술 중 하나는 소재의 한계 산소 지수(Limiting Oxygen Index, LOI)를 결정하는 일이다. 1966년 Fenimore와 Martin에 의해 처음으로 개발된 LOI를 사용하는 것은 준정량적 방법으로, 처음에는 고분자가 아니라 유기 물질 재료에 대해 평가하기 위해 개발되었다. 표준 크기의 고분자 시료가 사용되는데, 산소-질소 혼합물에서 산소의 농도를 바꿔가며 실험을 진행해 적어도 3분 동안 계속 연소가 되는 최소한의 산소 양으로 결정한다. 이 값은 백분율로 표시되며, 한계 산소 지수라고 알려져 있다. 일반적인 값은 표 8.1에 나타내었다.

LOI의 값은 무리 없이 재현 가능하며, 가연성을 잘 나타낸다. 그러나 실제 화재가 일어나는 환경은 LOI 조건과 다르기 때문에 LOI의 사용은 제한된다. 예를 들어, 실제 화재는 상당한 크기의 공기 속도를 변화시켜, 분해된 생성물을 날려버리게 된다. 공기 속도가 크게 변하지 않으면 연소를 막을 수도 있을 것이다. 두 번째로 실제 화재에서 공기 온도는 매우 높은 온도까지 빠르게 올라간다. 그러므로 LOI 실험에서 사용되는 기체 혼합물보다 뜨겁고, 산소와 잘 화합된 공기가 유기계 고분자에 상당한 손상을 유도하게 된다. 임의적으로 낮은 온도를 사용하는 것은 측정된 LOI의 가연성을 낮추는 결과가 되고, 결과적으로 주어진 고분자의 화재에 대한 안정성을 과장되게 평가하게 되는 것이다. LOI의 이러한 제한적인 한계 때문에 다른 실험 방법과 연계한 보조적인 지표가 개발되어야 한다.

표 8.1 대표 고분자의 LOI 값

고분자	*LOI*/%
poly(methyl methacrylate)	17.3
poly(propylene)	17.4
poly(ethylene)	17.4
poly(styrene)	18.1
poly(vinyl alcohol)	22.5
poly(vinyl chloride)	45.0
poly(vinylidene chloride)	60.0
PTFE	95.0

8.4 화재에서 고분자의 안정성 증가

불에 대한 고분자의 거동 측면에서 가장 중요한 발전은 가연성(flammability)의 감소이다. 다른 응용을 위해서는 연기 발생의 감소가 요구되나 이 두 목적은 상호 모순적이다. 가연성을 감소시키기 위해서는 연소 과정을 덜 효과적으로 하는 방법에서 찾고 있고, 불완전 연소에서 오는 불이익(penalty)으로, 연기 발생이 증가하게 된다. 연기 발생을 감소시키는 비슷한 방법으로 연소의 효율을 증가시키는 방법이 있는데, 이는 다른 말로 하면 가연성을 증가시키는 것이다.

가연성을 감소시키는 방법으로 불에 저항성이 있는 성분을 고분자 내부에 첨가하는 방법이 있다. 두 개의 접근 방법이 있는데, 공정 중에 고분자에 섞여 있는 첨가제를 사용하는 방법(첨가 방식)과 최종 생성물에 가연성을 감소시키는 다른 단량체를 사용하는 방법(반응 방식)이 있다. 고분자에 난연성을 증가시키는 데 도움을 주는 많은 원소들이 발견되었고, 주된 원소로는 브롬, 염소, 질소, 인이 있다.

자연에는 일반적으로 무기 물질의 다양한 재료가 있어, 첨가 방식용 난연제로 사용되고 있는데, 수화된 알루미나(hydrated alumina)와 산화 안티모니(antimony oxide)가 가장 중요한 재료이다.

방염제(retardant)는 자기 스스로 연소하는 중요 과정 중 하나 이상의 단계에서 방해 작용을 하는 것이다. 예를 들어 높은 열 전도성을 가진 무기 물질 소재는 고분자를 통해 열의 이동 속도를 증가시킨다. 이는 발화점에 가까운 표면의 부분 온도를 감소시켜, 결과적으로 고분자 내부에서 일어나는 분해 반응의 정도와 속도를 감소시키는 역할을 한다. 금속 붕산염(metal borate)과 같은 유리 고체의 사용은 불침투성(impervious) 유리층을 형성하여, 연소 위치에서부터의 휘발성물질의 방출을 막는 역할을 한다. 끝으로 염소나 브로민 첨가제는 휘발성분 속에 할로젠 기체나 hydrogen halide의 양을 많이 발생시켜 연소 지점에서 기체상 산화 반응을 정지시켜 버린다.

가연성이 낮은 고분자는 안티모니-할로젠 상승작용(antimony-halogen synergism)을 통해 만들어진다. 상승작용(synergism)은 개개의 효과를 단순히 더한 것보다 더 큰 복합 효과를 나타내는 상황에 쓰는 단어이며, 안티모니-할로젠 상승작용에서는 Sb_2O_3의 첨가나 브로민, 염소 등을 함유한 공-단량체를 도입해서 효과를 얻는 것으로, 단독으로 첨가하는 각각의 양보다 적은 양을 사용하여도 동일한 효과를 볼 수 있다.

안티모니-할로젠 상승작용의 메커니즘은 다음과 같다.

(i) 연소 조건에서 고분자는 HCl이나 HBr을 방출한다.
(ii) HCl이나 HBr이 Sb_2O_3와 반응해서 SbOX를 생성한다.
(iii) SiOX는 스스로 반응해서 SbX_3 기체와 Sb_2O_3를 생성한다.
(iv) SbX_3는 라디칼 트랩 역할과 산소의 접근을 막아 연소를 중지시킨다. 이렇게 해서 hydrogen halide이나 할로젠이 연소를 저지할 때 사용되었던 것보다 더 높은 효과를 발휘하게 된다.

이 안티모니-할로젠 상승작용의 메커니즘에 대해 매우 중요한 실험적 증거가 있다. 안티모니와 할로젠을 1:3으로 함유한 고분자의 경우 화재 진화 시간이 가장 짧게 걸린다는 것이다.

8.5 고분자의 풍화

풍화(weathering)는 고분자가 외부 환경에 노출되었을 때 변하는 현상을 포괄적으로 의미한다. 풍화의 주된 원인은 햇빛(특히 자외선 복사), 온도, 열 사이클링(thermal cycling), 여러 형태의 습기, 바람 등이다. 주로 풍화는 전자기 스펙트럼(electromagnetic spectrum)의 가시광과 근적외선(near-infrared) 부분을 함유한 자외선에 의해 일어나게 된다. 특별히 근적외선 복사는 온도 상승에 의한 풍화를 가속시키는 것으로 알려져 있다.

햇빛의 세기까지 포함한 풍화의 모든 요소들은 계절과 위치에 따라 다르다. 이를 충분히 이해하고 고분자에 미치는 영향을 조사하기 위해서는 정확히 어떻게 이런 요소들이 변하고, 전체 풍화 과정 중에 어떠한 영향을 미치는가에 대한 연구가 진행되어야 한다.

지구 표면에서 고분자가 받는 태양 복사는 두 가지가 있다. 태양으로부터 받는 직접적 복사(radiation)와 하늘에서부터 받는 간접적 복사가 있다. 실제 강도는 지리학적 위치에 따라 다르다. 왜냐하면 고분자가 노출되어 있는 위치에서의 대기 오염이나 수증기의 양이 지리적 위치에 따라 다르고 대기의 투명성 또한 다르기 때문이다.

태양광이 매우 센 지역 중 하나가 미국의 Florida이다. 높은 온도, 직접적인 햇빛에 노출, 상대적으로 낮은 오염도 때문에 매우 강한 태양광에 노출되어, Florida의 여러 위치에서 고분자의 풍화도를 측정하는 연구가 진행되고 있다. 일반적으로 고분자나 페인트 시료를 고정하고 있는 틀들을 45도 기울이고 수개월에서 심지어 몇 년 동안 광에 노출시킨다. 이 방법에 의해 광분해가 결정되며, 이렇게 높은 Florida의 햇빛 노출 조건에서 안정성을 보인 고분자는 이 세상 어디에서도 햇빛에 안정하다고 인정받고 있다.

햇빛만이 고분자 분해에 영향을 미치는 요소는 아니다. 산소가 존재하는 조건에서 일어나기 때문에 광산화도 일어난다. 산소는 다양한 방법으로 태양 복사 속에서 고분자를 분해한다. 광분해에 의해 고분자에서 생성된 자유 라디칼은 산소와 반응해서 과산화 라디칼을 형성하는데, 이는 연속적 라디칼 연쇄 반응을 유도한다. 이 과정은 바닥 상태(ground state)에서 산소와 반응해 일어난다. 그러나 들뜬 상태의 염료에서의 반응처럼 바닥 상태 산소와 감광제(sensitizer)등과의 반응은 들뜬 상태의 산소를 발생시키게 된다. 전자 스핀 상태(electronic spin state)의 관점에서, 이 들뜬 상태 산소는 반응성이 낮은 삼중항(triplet) 산소로부터 반응성이 높은 단일항 산소를 생성시킨다. 단일항(singlet) 산소는 천연 고무나 합성 탄성체와 같이 불포화된 고분자 소재를 햇빛에 의해 분해시키는 원인이 된다.

외장용 고분자는 고분자 자체만으로 응용되기 보다는 염료나 충전제들이 혼합되어져 사용되고 있다. 염료나 충전제들은 광산화 분해 과정에 영향을 미친다. 예를 들어 titanium dioxide의 루틸(rutile)형은 고분자나 페인트에 광범위하게 사용되는 흰색 염료인데, 이는 분해를 일으키거나 방해하는 역할을 한다. TiO_2는 광센서로서의 역할을 하기 때문에 분해를 촉진시키며, 다음과 같은 메커니즘으로 일어난다.

$$TiO_2 \rightarrow \text{(electron-positive hole pair)}$$
$$\text{(electron-positive hole pair)} + Ti^{4+} \rightarrow Ti^{3+} + \text{positive hole}$$
$$O_2 + e^- \rightarrow O_2^-$$
$$O_2^- + \text{positive hole} \rightarrow \text{단일항 } O_2 \text{ 또는 } 2O$$

그러므로 반응성이 높은 단일항 산소 분자나 산소 원자들이 생성된다. 이들은 라디칼 연쇄 반응을 개시시켜 분해를 유도하게 된다.

한편, 백색광을 반사시키거나 UV에서 흡수하는 정도 때문에, 광분해를 막을 수도 있다. 이 두 가능성 중에 어느 것이 주로 일어나는가는 사용된 TiO_2 염료의 농도를 포함하여 표면 처리 특성, 고분자 자체의 광분해에 대한 저항 정도와 같은 다양한 요소들에 의해 결정된다.

고분자 풍화도를 실험하는 것은 어렵다. Florida처럼 높은 태양광을 받는 위치에 고분자 시료를 놓고 실험하지 않아도, 실험실에서 다양한 방법의 인공적인 풍화 장치를 이용할 수 있다. 그러나 이들은 **인공적**(*artificial*)인 풍화 장치임을 잊지 말아야 한다. 이들은 풍화를 촉진시킬 수는 없다. 왜냐하면 실제 풍화를 야기하는 요소는 복잡하고, 서로 연관이 되어 있기 때문이다.

인공적으로 풍화시킨 결과와 실제 외부에 노출되어 있는 고분자의 분해 결과와의 상관 관계를 찾는 것은 매우 어렵다. 태양 복사를 완벽하게 재현할 수 없다는 데 부분적인 문제점이 있다. 다양한 파장으로 이루어져 있는 태양 복사는 각 파장에 따라 에너지도 각각 다르다. 아크 등(arc lamp)을 이용한 인공 풍화는 스펙트럼 편차와 강도에 있어서 변화를 완벽하게 재현해 낼 수 없고, 심지어 열이나, 자외선 빛, 습도와 같은 기본적인 요소들도 재현해 낼 수가 없다.

실험을 하는 데 있어 또 다른 어려움은 Florida와 같은 곳에 시료를 노출하여도 입사광이 낮은 위치에 놓인 시료의 분해 패턴이 다르다는 것이다. 인공적이든 천연적이든, 어떠한 풍화 실험 결과의 해석도 주의와 경험이 요구된다. 결과적으로 사용될 조건에 노출시켜서 고분자가 어떻게 되는가를 측정하는 것이 가장 좋은 방법일 것이다.

8.6 광산화로부터 고분자 보호

고분자에 첨가된 다양한 첨가제 중 산화를 막는 산화방지제(antioxidant)가 많이 사용되고 있다. 이러한 첨가제 중 몇 개를 표 8.2에 가장 적합한 고분자들과 같이 소개하였다.

표 8.2에 명시한 화합물 목록이 산화방지제의 주된 종류이다. 이 표에서 산화방지제들이 다른 많은 고분자에 효과적임을 명확히 볼 수 있다. 즉, 첨가해준 산화방지제들은 광산화 반응을 방해하여 산화를 막는 것이지, 특정 고분자와 특별한 상호작용에 의해서 광산화를 막는 것은

아니라는 것을 알 수 있다.

산화방지제가 고분자 분해를 막는 일반적인 메커니즘 중 하나는 과산화(peroxy) 라디칼과의 반응에 의해서이다. 고분자들과 산화방지제가 경쟁을 하게 되어, 과산화 라디칼에 의해 일어나는 분해 정도가 감소하게 된다. 적절한 수소-주기 산화방지제인 과산화 라디칼 존재하에서 두 개의 전파(propagation) 단계 중 하나가 영향을 받게 된다(반응 8.1이나 8.2)

$$ROO\bullet + AH \longrightarrow ROOH + A\bullet \quad (8.1)$$

$$ROO\bullet + RH \longrightarrow ROOH + R\bullet \quad (8.2)$$

반응 8.1의 속도 상수는 반응 8.2의 속도 상수보다 매우 크고, 이는 이러한 형태의 산화방지제가 매우 소량 첨가되어도 좋은 효과를 발휘함을 보여준다. 일반 열가소성 수지는 이러한 산화방지제를 약 0.01~0.5% 정도 함유하고 있다. 이 메커니즘에 의해 일어나는 일반적 화합물은 치환된 페놀이나 2차 방향족 아민이 있다.

첨가제가 고분자의 광산화 반응을 막는 다른 메커니즘으로 라디칼 트랩(trapping)이 있다. 이 메커니즘을 일으키는 첨가제는 실제 산화방지제라기보다 엄격하게는 광안정화제이다. 가장 일반적인 예는 부자유(hindered)한 아민으로, poly(ethylene)과 poly(propylene)을 보호하

표 8.2 고분자에 사용되는 산화방지제

화합물	고분자
2,6-Di-t-butyl-4-methyl phenol	polyamide, poly(esters), poly(alkenes), PVC, polyurethane, 고무
2,5-Di-t-phenyl hydroquinone	poly(esters), 고무
N,N'-Diphenylphenylenediamine	poly(alkenes), 고무
Didodecyl 3,3'-thiopropionate	Cellulosic polymers, ethylene-vinyl acetate copolymers, poly(alkenes), PVC, 고무, poly(styrene)
Tris(nonylphenyl) phosphite	Cellulosic polymers, poly(esters), poly(alkenes), polyurethane, PVC, 고무, poly(styrene)

기 위해 일반적으로 넣어주는 첨가제이다. 이러한 안정화제의 역할은 반응 8.3~8.5에 나타내었다.

$$>NH \xrightarrow{\text{라디칼}, O_2} >NO\cdot \tag{8.3}$$

$$>NO\cdot + R\cdot \longrightarrow >NOR \tag{8.4}$$

$$>NOR + ROO\cdot \longrightarrow >NO\cdot + ROOR \tag{8.5}$$

이러한 첨가제들은 알킬과 과산화 라디칼을 모두 트랩할 수 있다. 이 방법으로 이들은 분해 공정의 전파 단계를 방해한다. 전체적으로 나이트록실(nitroxyl) 라디칼들은 이 반응 메커니즘에서 사용되지 않으며, 고분자 속에서 매우 낮은 농도가 존재하여도 효과적인 역할을 한다.

산화방지제의 마지막으로 가능한 반응 모드는 과산화물 분해자(peroxide decomposer)로서의 역할이다. 고분자 광분해 반응을 일으키는 연속 반응 중에서 자유 라디칼로 변하게 되는 과산화수소(hydroperoxide)기를 미리 분해시키는 것은 중요한 단계이다. 만약에 과산화물이 다른 분해 반응의 영향을 받아 이 단계가 간섭을 받게 된다면, 광분해를 일으키는 개시 반응의 주원인이 제거되는 것이다. 과산화수소기를 분해하는 첨가제는 2가의 황이나 3가의 인을 함유하고 있다. 메커니즘은 반응 8.6과 8.7에서 보이듯이 주된 원소들의 원자가 상태를 산소와 결합시켜 확장시키는 것이다.

$$R_2S + ROOH \longrightarrow R_2S{=}O \tag{8.6}$$

$$R_3P + ROOH \longrightarrow R_3P{=}O \tag{8.7}$$

사용한 황이나 인 화합물들의 성질에 의지하여, $R_2S{=}O$나 $R_3P{=}O$의 생성물은 ROOH와 더 반응을 하게 되고, 모든 과산화수소기를 알코올로 바꾸게 된다. 이 화합물들은 단지 약한 효과를 보여, 일반적으로 상승 촉진제(synergistic promoter)들과 같이 사용된다. 적절한 혼합물들은 poly(alkene), ABS, poly(styrene)과 같은 다양한 고분자들을 안정화시키는 데 사용된다.

산화방지제로 사용되는 화합물들은 고분자를 안정화시키는 데 효과적이어야 할 뿐 아니라 다양한 요구를 만족시켜야 한다. 예를 들어 독성이 낮아야 하고, 가격이 비싸서는 안 된다. 또한 선택한 고분자와 완전히 잘 섞여야 한다. 그렇지 않다면 표면으로 첨가제가 이동하여 표면의 외관에 영향을 미치게 된다. 이러한 이동은 벌크(bulk)에서의 농도가 낮아지므로 고분자를 제대로 보호하지 못하게 된다.

8.7 고분자의 생분해

상업적으로 중요한 고분자는 polyolefin, poly(ethylene), poly(propylene)이 있으며 이들은 생물학적 분해에 매우 강하다. 어느 정도 생분해성을 얻으려면 주된 단량체를 에스터와 같이 극성이 큰 단량체와 공중합 반응을 통해야 한다. 다른 방법으로는 polyolefin과 전분과 같은 생분해성이 높은 고분자와 혼합(blending)하는 방법이 있다. 이러한 혼합 소재를 구성하는 polyolefin은 생분해가 거의 되지 않으므로 완전히 분해되지는 않는다. 그러나 분해된 생성물이 고분자 파편이 아니라 매우 고운 분말 형태이므로, 환경에 크게 영향을 미치지 않을 것으로 기대된다.

합성 polyester는 미생물(microorganism)에 의해 분해되는데, 지방족 주사슬을 가진 polyester가 방향족 주사슬을 가진 polyester에 비해 분해가 더 잘된다. 낮은 분자량의 polyamide 역시 미생물에 의해 분해된다. 그러나 상업화된 polyamide, 즉 nylon은 분자량이 매우 높아서 생물학적 공격에 안정한 특성을 갖고 있다.

한편 특정 조건하에서 분해된 고분자는 매우 낮은 분자량을 갖게 되는데, 이 낮은 분자량의 분해된 고분자는 살아 있는 유기체에 의해 안전하게 대사되는 경우도 있다. 이러한 형태의 고분자는 상대적으로 극성인 치환기와 함께 주로 에스터기나 하이드록실기를 갖고 있다. 기술적으로 개발 성공된 고분자로, 생분해성 포장재인 poly(hydroxybutyrate)(PHB)가 있다.

생분해성은 효소가 촉매를 하는 공정으로, 주로 두 단계로 일어난다. 첫 번째 단계에서는 효소가 고분자에 결합하고, 두 번째 단계에서는 가수분해가 일어나게 된다. 일반적으로 고분자가 친수성인 경우, 가수분해가 더 잘 일어난다. 그러나 분자량, 결정화도와 같은 다른 요소들도 가수분해에 영향을 미치게 된다. 낮은 분자량의 고분자가 높은 분자량의 고분자보다 빨리 분해되고, 준결정성 고분자(semicrystalline polymer)

의 무정형 부분이 결정성 부분보다 더 빨리 분해된다.

자연에는 PHB를 가수분해하는 데 촉매로 작용하는 효소의 공급원이 있다. 고분자 그 자체는 박테리아에 의해 마치 분리된 봉입체(inclusion bodies)처럼 셀 안에서 박테리아에 의해 합성된다. 이 봉입체 안에는 고분자를 분해하는 데 필요한 효소가 들어 있어, 세포 내에서 성장하는 것을 막는다. 이처럼 자연에는 특히 토양에 많은 박테리아와 균들이 있는데, 이들은 세포 벽 밖으로 필요한 효소를 분비할 수 있는 것들로, PHB의 분해를 개시시킬 수 있다.

생분해성 봉합사(suture)처럼 수술에 사용되는 여러 고분자들을 포함한 다른 종류의 생분해성 고분자에는 poly(lactic acid)와 이들의 다양한 이성질체, 그리고 poly(glycollic acid)가 있다. 이들은 몸속에서 쉽게 분해되어, 낮은 분자량의 단량체 파편들을 만들며, 대사 등을 통해 빠르게 몸의 위치에서부터 떨어져 나간다. 토양 속 PHB에서처럼 분해는 효소에 의해 일어나는데, 효소 반응은 여러 반응 단계 중 하나일 뿐이다. phagocytosing macrophage의 활성에 의해 생성된 부 생성물인 반응성이 있는 하이드록시 라디칼 HO·이 poly(lactic acid)의 DL-이성질체의 가수분해를 야기하는 것이 실험적으로 증명되었다.

생분해성 고분자는 매우 유망한 미래 소재로, 의약, 농업, 제약 부분에 다양한 응용을 찾고 있는 중이다. 포장과 같은 응용에서는 아직까지는 고가인 문제점이 있다. 그러나 환경오염에 대한 소비자의 태도 여하에 따라 단지 비싸기 때문에 사용하지 않는다는 생각은 바뀌게 될 것이고, 앞으로 그 응용은 점점 커질 것이다.

8.8 고분자 분해의 이용

이 장의 앞부분에 고분자 분해는 바람직하지 않다고 서술한 내용은 어느 정도 사실이다. 그러나 고분자 분해 특성을 이용하는 기술에 관련된 두 영역이 있는데, 리소그래피(lithography)와 마이크로리소그래피(microlithography)가 있다. 이 경우 고분자는 광에 의해서 쉽게 분해되는 것으로 설계된다.

빛에 민감한 고분자는 한동안 리소그래피에 사용되었다. 고분자 필름에 기초한 리소그래피 판은 신문과 잡지를 인쇄하는 데 사용되었다. 이러한 고분자 필름들은 노광(exposed)되고 현상되어서 프린트할 수 있는 문서의 이미지를 만드는 데 사용되었다. 잉크가 이러한 이미지를 형성하고 있는 필름에 도입되고, 빛에 노출에 의해 야기된 잉크의 친화도 차이 때문에 잉크가 판에 선택적으로 빨아올려졌다. 이렇게 선택적인 잉크 흡수는 마치 종이에 잉크가 사용된 것처럼 이미지를 형성하게 되는 것이다.

이러한 기술과 관련되어 마이크로리소그래피라는 기술이 있다. 이 최근 기술은 마이크로칩 이미지를 만드는 데 사용되는 것으로, 집적 회로(integrated circuit)를 구성한다. 고분자의 광분해가 이 공정에서 중요한 역할을 하는데, 일반 리소그래피에 비해 매우 높은 정확성이 요구되며, 이는 현재 random access memory칩이 1 μm 크기 범위를 갖고 있기 때문이다(일반적인 페인트 코팅은 25 μm이고, 사람 머리카락의 직경은 70 μm인 것과 비교해보자).

마이크로리소그래피 공정으로 집적 회로의 사용에 필요한 이미지를 만들기 위해서 실리콘 웨이퍼를 빛에 민감한 고분자로 코팅한다. 실리콘 웨이퍼 위에 만들고자 하는 이미지 패턴이 되어 있는 마스크를 그 위에 올려놓고 적당한 파장과 적당한 시간 동안 노광을 한다. 이 노광 과정에서 마스크에 의해 가려진 부분은 변화가 없지만 노출된 고분자의 어떤 영역은 분해나 가교와 같은 화학적 변화가 일어나게 된다.

다음 단계는 현상(development)이라는 단계이다. 이 단계에서 고분자를 용매로 처리하여 마스크의 이미지가 고분자에 현상되는데, 정확한 현상 모드는 사용한 광반응성 고분자에 따라 결정된다. 포지티브 포토레지스트(positive photoresist)는 빛에 노출되어 분해되어, 마스크에 의해 커버되지 않은 부분이 이 단계에서 녹아 나가게 된다. 이 경우에는 마스크의 형태가 고분자에 그대로 남게 되는 것이다. 이어 실리콘 웨이퍼의 에칭 단계가 있는데, 이 단계에서는 마스크 이미지가 실리콘 웨이퍼 표면에 남게 된다. 고분자 포토레지스트를 제거하면 포지티브 이미지가 실리콘 웨이퍼 위에 남게 된다.

한편 포토폴리머(photopolymer)에 빛의 노출에 의한 가교 반응이 일어나는 경우는 용해도가 감소하게 된다. 이 고분자는 네거티브 포토레지스트라고 하는데, 적절한 용매를 사용하면 마스크에 의해 처음부터 보호되지 않은 부분만 용매에 녹아 제거된다. 실리콘을 에칭 용액에

담가 표면 물질을 제거하게 되는데, 이 과정에서 주 표면 아래에 마스크의 이미지를 얻게 된다. 고분자를 제거해서 공정이 끝나게 되면, 실리콘 웨이퍼 위에 마스크의 네거티브 이미지가 형성된다.

이 두 가능한 마이크로리소그래피 공정에 대한 아웃라인(outline)을 그림 8.1에 나타내었다.

포토레지스트로 사용가능한 고분자는 다음과 같은 세 가지의 특성을 가져야 한다.

1. 현재 공정에서 사용되는 436 nm 파장에 맞게 요구되는 빛의 파

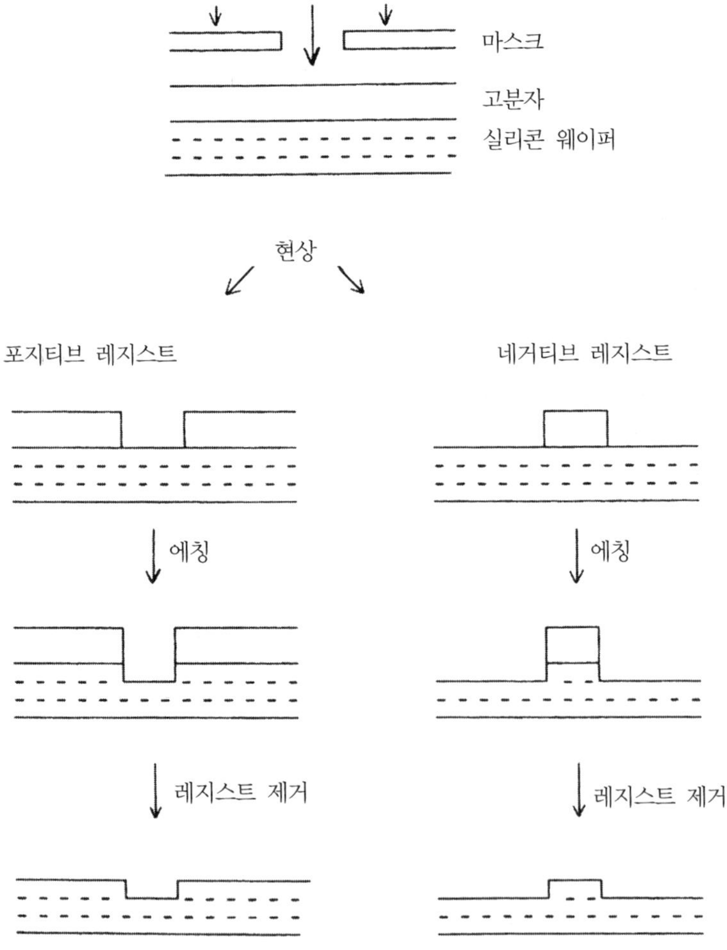

그림 8.1 마이크로리소그래피의 원리

장에 민감해야 한다. 고분자에서의 반응이 millisecond 안에 이루어져야 하므로, 노광되었을 때 반응 속도 면에서 민감도가 매우 높아야 한다.

2. 높은 민감도에 더해서, 고분자가 고분해능 이미지(high-resolution image)를 줄 수 있는 특성이 있어야 한다.
3. 이미지가 마이크로칩으로 전사되기 위해서 고분자 실리콘 웨이퍼의 원하지 않는 표면층을 제거하는 에칭 용액 속에서 안정해야 한다.

이러한 요구 조건을 만족하는 다양한 고분자가 있다. 전형적인 네거티브 포토레지스트는 고리화 poly(1,4-isoprene)에 기초한 고분자들이다. 적절한 용매 속에 poly(1,4-isoprene)을 녹인 후 열적으로 분해시킨다. 이어 산과 반응시켜 고리화(cyclised) 소재를 만든다(반응 8.8).

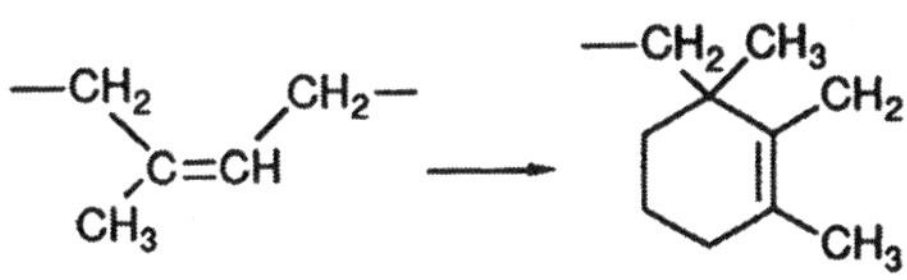

(8.8)

이러한 고분자들이 포토레지스트로 사용되기 위해서는 광에 민감해야 한다. 이를 위해 bisazide 감응제 등을 넣어 준다. 비스아자이드가 빛에 노출되면 광화학 반응이 일어나 고분자 내에서 빠르게 가교 반응이 일어나게 되어 현상액에 녹지 않게 된다.

포지티브 포토레지스트는 반대로 물에 잘 녹는 novolak 수지에 기반을 두고 있다. naphthalene diazoquinone sulfonate(NDS)가 감광제로 사용된다. NDS의 광분해에 의해 고분자에서 재배열이 일어나서 질소 기체와 indene carboxylic acid를 얻는다. 이 indene carboxylic acid가 고분자의 용해도를 현저히 증가시켜, 빛에 노출된 표면에서 고분자의 이 부분이 녹아 나가게 되는 것이다.

이 두 예는 상대적으로 잘 체계화되어 있고, 아직까지도 이 분야 연구는 매우 활성화되어 있어 포토레지스트로 사용되는 새로운 물질들이 계속 개발되고 있는 중이다.

Dendrimer

Chapter 09

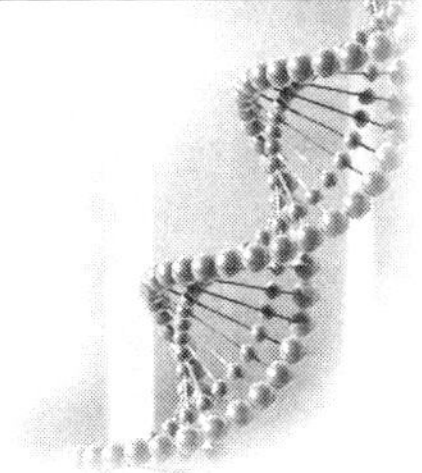

9.1 개요

Dendrimer의 합성 및 연구는 고분자화학 분야에서 비교적 새로운 영역에 해당된다. 1985년 발표된 두 편의 선구적인 논문(D. A. Tomalia, H. Baker, J. Dewald, J. M. Hall, G. Kallos, R. Martin and J. Ryder, *Polymer J.*, 1985, 17, 117-132와 G. R. Newkome, Z. Yao, G. R. Baker and V. K. Gupta, J. *Org. Chem.*, 1985, 50, 2003~2004)과 함께 급속히 발전하는 연구 분야가 되었다. dendrimer는 그리스어로 '나무'라는 뜻을 가진 '*dendra*'로부터 유래되었으며 Tomalia 등에 의해 처음 사용된 명칭이다. 반면에 Newkome 등은 마찬가지로 '나무'라는 뜻의 라틴어인 '*arbor*'로부터 유래된 '*arborols*'이란 명칭을 사용하였다. 초기에는 *cascade molecule*라는 명칭도 사용되었으나 다양한 문헌에서 dendrimer라는 용어가 정착하게 되었으며 이 장에서도 *dendrimer*라는 명칭을 이용하게 되었다.

Dendrimer는 중심에서부터 방사상으로 많은 수의 가지가 성장되어 있는 고분자이다. 분자의 중심으로부터 일정 거리까지의 규칙적인 가지를 가지고 있으므로 구형의 구조를 유지하며, 분자량 분포를 거의 가지지 않는다(분자량 분포도는 1.02~1.04 정도 또는 1.001보다도 낮을 수 있다). 각각의 dendrimer는 중심, 가지, 말단기의 세 부분으로 나눌 수 있다.

Dendrimer는 중심부에 작은 분자를 내포할 수 있으며, 용액상에서 매우 낮은 고유 점도를 가지고 있는 등 매우 특징적인 성질을 가지고 있다. 중심으로부터 방사상으로 가지가 성장되어 있다고 해서 모든 분자가 이러한 성질을 가지는 것은 아니며, 특정 크기 이상으로 가지가 성장되어야만 dendrimer로서의 성질을 가지게 된다. 가지를 형성하고 있지만 작은 크기의 분자들을 *dendron*이라 부르며 고분자화학의 올리고머에 해당한다고 볼 수 있다.

용액상에서 dendrimer의 고유 점도가 상대적으로 낮은 것은 그 형상이 잘 밀집된 구상의 구조를 갖기 때문이다. 이러한 점은 부드러운 사슬 구조를 형성하는 선형 고분자와는 매우 다른 점이다. 이러한 차이점으로 인해 선형 고분자 용액이 매우 높은 점도를 가지는 반면에 dendrimer 용액은 낮은 점도를 가지게 된다. 실제로, dendrimer의 합성 과정에서 네 번째 단량체(monomer)가 성장 말단에 부가될 때까지 (4세대라고 부름) 점도는 증가하게 되지만, 4세대에서 최대에 이르며, 이후 성장에 따라서 점도는 감소하게 된다.

표면에 존재하는 많은 수의 사슬 말단에 의해 dendrimer는 뛰어난 용해도를 가지며, 다른 종류의 dendrimer 용액과 매우 높은 상용성을 가지게 된다. 용해도는 말단기의 성질에 따라서 조절이 가능하다. 즉 표면에 하이드록실, carboxylic acid 등과 같이 친수성 말단기가 존재하면 극성 용매에 잘 녹게 되며, 반대로 소수성 말단기가 존재하게 되면 비극성 용매에 잘 녹게 된다. 선형 고분자에 비해 dendrimer의 표면에 존재하는 말단기의 높은 밀도가 용해도에 상대적으로 보다 큰 영향을 미치게 된다. 따라서 선형 polyester에 비해 dendritic polyester가 THF에 보다 뛰어난 용해도를 보이게 된다.

Dendrimer는 scheme 9.1에 보인 다음의 두 가지 합성전략에 의해서 합성된다.

(i) 중심에서부터 성장시키는 발산형 접근법(divergent approach). dendrimer의 중심이 먼저 합성되며 적절한 합성 방법을 통해 바깥쪽으로 가지를 성장시키는 방법.

발산형 합성법

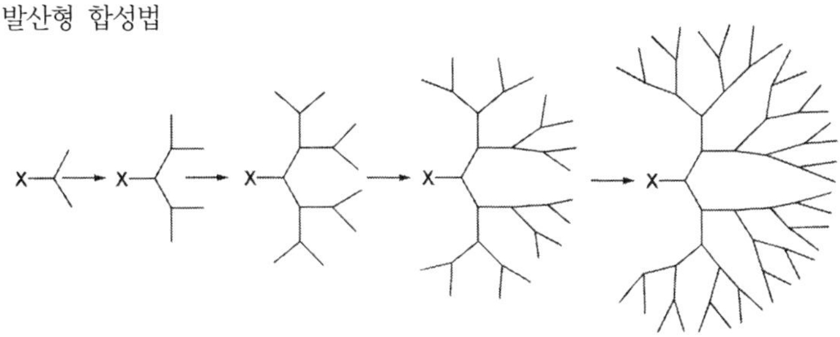

중심(X)에서부터 주변으로 확장하는 합성법

수렴형 합성법

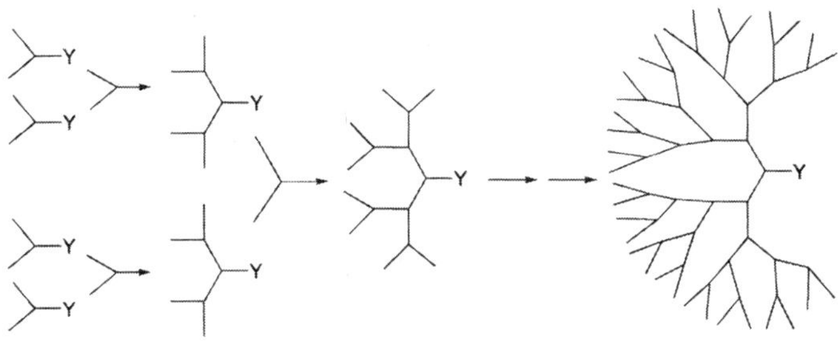

분자 조각들을 초점 Y에 축합 결합시키는 합성법

Scheme 9.1

(ii) 말단기에서부터 안쪽으로 성장시키는 수렴형 접근법(convergent approach). 표면에 해당되는 분자를 먼저 준비한 다음 단계적으로 안쪽으로 성장시켜 마지막으로 중심 구조를 완성시키는 방법.

목표로 하는 dendrimer 분자의 형상, 가지를 형성하기 위해 사용가능한 합성법, dendrimer의 골격에 특별히 도입되어야 할 화학 작용기 등 몇 가지 조건에 의해서 합성 방법이 선택된다. 수렴형 접근법이 dendrimer 구조의 확립을 조절하기에는 보다 적절한 방법이다. 이 방법은 말단기와 dendrimer 성장에 이용되는 내부의 작용기가 다르며, 반응 중간체 화학종의 정제가 상대적으로 용이하기 때문에 매우 균일한 구조의 dendrimer를 얻을 수 있다. 반면에 발산형 접근법을 통해서 합성하는 경우에는 단계를 거듭할수록 성장 반응에 필요한 반응의 수가 급수적으로 증가하며, 반응을 완결시키기 위해 상당히 많은 양의 반응물을 필요로 하게 되므로 구조적 균일성 및 순도를 유지하기가 상대적으로 어렵다.

Dendrimer는 상대적으로 매우 균일한 물질로 간주된다. 하지만 어떠한 방법으로 합성되었는가에 따라 균일성도 달라진다. 발산형 합성의 경우에는 가끔 불순물과 구조적 결함을 포함하기도 한다. 발산형 접근법에서 구조적 결함이 생성되는 이유는 간단하다. 반응해야 할 작용기가 96개인 5세대 dendrimer를 이용해서 99%의 순도를 가진 6세대 dendrimer를 얻기 위해서는 짝지움 반응(coupling reaction)이 99.99%의 전환율로 이루어져야 한다. 이러한 관점에서 극소수의 dendrimer가 높은 순도를 가지게 된다.

수렴형 접근법은 이러한 문제를 극복할 수 있지만, 반응물의 순도 또는 사용하는 반응의 효율성에 따라서는 결함을 만들기도 한다.

1985년 이래 대부분의 dendrimer가 공유 결합을 기본 구조로 만들어져 왔다. 하지만 일부는 2차 결합 즉, 수소 결합, 배위 화학을 통해 만들어지기도 한다. 이러한 형태의 dendrimer는 초분자화학에서 최근 주목받고 있는 분야로 자체조립화 과정을 통해서 형성되게 된다.

9.2 유기 dendrimer

최초의 dendrimer는 유기 dendrimer이다. dendrimer를 합성하게 된 동기는 주인-손님 화학(host-guest chemistry) 또는 초분자화학에서 한꺼번에 많은 수의 기질-선택적 리간드가 도입된 'tentacle' 또는 'octopus' 화합물을 얻기 위한 노력이었다. 이름에서 알 수 있듯이 이러한 분자들은 중앙에서부터 방사상으로 성장된 긴 가지를 가지고 있지만, 이들 중의 일부만이 dendrimer와 비교되고 있다.

1970년대 말 Voglte에 의해 개발된 연속 단계(cascade) 반응에 의해 합성된 'octopus' 화합물은 dendrimer의 원형으로 볼 수 있지만, 완전한 dendrimer이기 보다는 dendron에 가까운 것으로 인식되고 있다. 이 반응은 아민에 아크릴로나이트릴을 부가한 후에 나이트릴을 환원시켜 아민을 얻는 반응으로부터 시작된다. 계속적으로 아크릴로나이트릴을 부가한 후에 환원시켜 아민을 얻는 과정을 수차례 반복하여 매우 많은 가지를 가진 고분자를 얻을 수 있다. 초기에는 환원단계에 문제점이 있었지만, 이러한 문제점이 극복되어 poly(propylene imine) dendrimer로 시판되고 있다.

Dendrimer의 합성에 있어서 이러한 연속적인 성장 및 가지의 생성은 실제적으로 dendrimer가 합성되기 수년 전에 이미 Flory에 의해서 검토된 바가 있다. Flory는 AB_2 형태의 분자가 중합이 일어나는 과정들을 이해하기 위한 이론을 개발하였으며, 그 대부분이 최근의 연구 결과에 의해 증명되었다. 특히, 성장의 한계가 존재한다는 사실이 예측되었다. 이러한 한계는 **starburst limit**로 잘 알려져 있으며, 이것이 잘 합성된 dendrimer가 단분산(monodisperse)이 되는 이유가 되기도 한다.

이러한 현상은 다음과 같이 풀이된다. dendrimer의 합성 과정에서 합성 반응의 숫자는 가지의 말단 수에 따라 급수적으로 증가한다. 각각 다음 세대의 가지에 대해 dendrimer 분자의 표면적은 세대의 제곱에 비례하여 증가하지만 부피는 세대의 세제곱에 비례하여 증가하게 된다. 한계에 이를 때까지 표면에서의 밀도는 점점 증가하게 되며 더 이상의 단량체가 가지 말단에 도입될 수 없게 된다. 이러한 현상이 나타나게 되면 입체적인 효과에 의해 dendrimer는 더 이상 성장할 수 없게 된다. 어떠한 dendrimer 시스템에 있어서도 그 크기는 일정하기 때문에, dendrimer 분자는 일정한 크기에 이르게 되며 더 이상 성장할 수 없게 된다. 분자간의 미세한 차이를 제외하면 (거의 단분산에 가까운) 매우 균일한 크기의 분자 시스템을 형성하게 된다.

(a) 중심(core)의 작용기, (b) 가지의 숫자, (c) 가지의 길이에 의존하여 각 dendrimer는 잘 정의된 성장 한계를 보이게 된다. 하지만, 중심의 자체 크기, 가지를 이루는 단량체의 길이 등도 영향을 미칠 수 있다. 말단기는 대부분 dendrimer의 표면에 위치하게 되지만, 경우에 따라 안쪽으로 가지를 형성하여 말단기가 dendrimer 내부에 위치할 수도 있다. 아직까지 이러한 현상에 대해서 완전한 해석이 이루어져 있지는 않지만, 용매의 성질 및 dendrimer 가지에 대한 세부적인 화학적 현상이 이를 결정하게 된다.

최초로 합성된 진정한 dendrimer는 polyamidoamine (PAMAMs) dendrimer이다. 이 dendrimer는 starburst dendrimer로도 잘 알려져 있는데 *starburst*는 이 물질을 다양한 응용 범위로 상용화한 Dow Chemical 회사의 상품명이다. 이 dendrimer는 중심분자로 암모니아

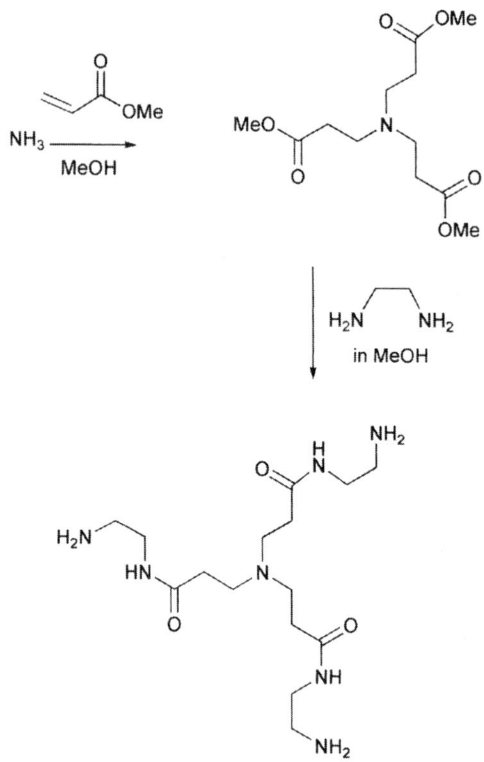

Scheme 9.2

를 이용하고 있으며, 메탄올 존재하에서 methyl acrylate와 반응시킨 후에 ethylenediamine과 반응시킨다. 이 과정을 Scheme 9.2에 나타내었다.

Scheme 9.2에 나타난 연속된 반응의 마지막에는 각 가지의 말단에 아민기가 도입된 물질이 합성된다. 이들 아민기는 다시 methyl acrylate와 반응하며 2분자의 ethylenediamine과 반응하게 된다. 연속된 두 과정을 거치면서 더 많은 가지를 가진 분자가 형성된다. 각각의 아민 말단은 세대로 표현되며, 아민 말단을 가진 분자가 되면 1세대가, 에스

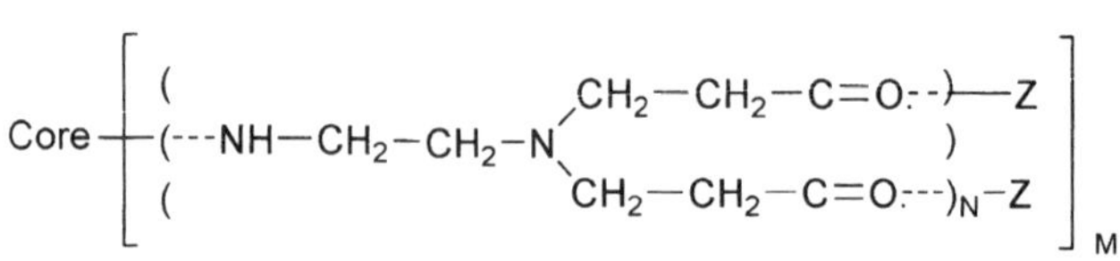

그림 9.1 PAMAM dendrimer의 또 다른 표현 방법

터 말단을 가진 상태가 되면 0.5세대가 성장되는 것이다. dendrimer를 표현하는 또 다른 방법을 그림 9.1에 나타내었다.

PAMAM dendrimer의 성질을 표 9.1에 정리하였다.

낮은 세대의 dendrimer는 높은 세대의 물질에 비해서 비대칭 형태의 상대적으로 개방된 구조를 가지게 된다. dendrimer 분자가 star-burst 한계에 이를수록, dendrimer는 구형에 가까워지며 말단기들은 밀집된 분자막처럼 표면을 덮게 된다. PAMAM dendrimer에 대해서 성장 한계는 10 세대이다. 이러한 관점에서 더 이상 성장할 수 없는 상태의 완전한 dendrimer는 6141개의 단량체를 포함하며 1240 nm정도의 직경을 형성한다.

9.3 초분자 dendrimer

Dendrimer는 완전한 유기 단량체가 아닌 화학종으로부터도 형성된다. 예를 들면, 루테늄(ruthenium), 오스뮴(osmium)과 같은 금속 이온과 여러가지 리간드 분자를 통해서도 형성이 가능하다. 이러한 dendrimer를 metallodendrimer라 한다. 이러한 분자는 그 구조를 착물화 형성, 수소 결합, 이온성 상호작용 등 다양한 형태의 메커니즘에 의해서 유지할 수 있다.

2,3-bis(2-pyridyl)pyrazine 및 바이피리딘을 각각 가지를 이루는 리간드 및 말단 리간드로 이용하고 Ru(II)와 Os(II)를 중심 금속으로 배위시킨 다핵종 화합물은 이러한 dendrimer의 한 예이다.

이러한 다핵 dendrimer 화합물은 중심 금속을 이용하여 산화환원 반응을 일으킬 수 있으며, 발광성을 띠게 된다.

초분자 dendrimer를 형성하는 방법으로 배위 화학 외에도 다른 방법을 적용할 수 있다. 수소 결합을 이용한 dendrimer가 그 예로 네 개

표 9.1 암모니아 중심을 포함한 PAMAM dendrimer의 성질

세대	상대 몰질량	NH 말단기의 수
0	359	3
1	1043	6
2	2411	12
5	21563	96
10	700091	3072

의 carboxylic acid을 가진 분자를 이용하여 dendrimer를 형성할 수 있으며, 멜라민과 사이아누르(cyanuric)산을 사용하여 (즉, 수렴형 합성 설계를 통해) 중심을 형성한 예가 있다.

이온성 상호작용을 통해서 란타나이드를 중심으로 가진 dendrimer가 합성되었다. 이 dendrimer는 수렴형 합성되었으며, 중심에 carboxylic acid을 가진 polyether dendron이 란타나이드 양이온과 이온성 상호작용을 이루고 있다. dendrimer의 중심에 란타나이드를 도입하기 위해서는 $Er(OAc)_3$, $Tb(OAc)_3$, $Eu(OAc)_3$ 등과 dendron의 상호교환 반응을 이용하게 된다.

9.4 Dendrimer의 형상 및 구조

Dendrimer의 형상과 구조와 관련된 논의의 쟁점으로 사슬-말단기의 위치를 들 수 있다. 앞에서 이미 논의된 바와 같이 구형의 dendrimer의 내부를 향하거나 최외곽 표면을 구성하게 된다. 어떠한 형태를 취할 것인가는 가지의 경직성에 의해 결정된다. 가지가 성장하여 dendrimer의 성장 한계에 이르게 되면 매우 단단한 구형의 구조를 가지게 된다. 가지의 숫자가 적으면서 가지 사이의 길이가 긴 경우에는 상대적으로 유연한 형태를 가지거나 평면 구조를 형성할 수 있으며 사슬의 접힘 현상이 나타나게 된다.

Dendrimer는 내부에 비어 있는 공간을 가질 수 있으며 저분자 물질이나 나노입자 등을 내포할 수 있다. 초기의 이론 연구에 따르면 dendrimer는 단단한 표면과 내부의 비어 있는 상당히 큰 공간을 가질 것으로 예상되었다. 최근의 이론 연구에 의해 그 공간이 초기의 예상과는 달리 크지 않을 것으로 예상되었으며 X-선 회절에 의해서 증명된 바 있다. NMR 연구에 의해 dendrimer 내부에 적당한 공간이 존재함이 밝혀졌으며, 실험적인 방법을 통해 용매의 열역학적 성질에 의해서 내부의 공간이 변화함이 밝혀졌다. 이는 적절한 용매 또는 혼합 용매를 사용함으로써 내부의 자유 공간을 제어할 수 있음을 의미한다.

Dendrimer의 내부 공간은 영구적인 것이 아니며 유연성을 가진 가지의 움직임에 따라서 형태가 바뀔 수 있다. 손님(guest)분자가 dendrimer에 내포되는 것은 가지의 움직임에 의한 결과이며, dendrimer의 구조 내부에 일시적으로 손님 분자를 내포할 수 있음을 의미한다. 용액상에서는 용매 분자가 dendrimer의 가지 사이를 쉽게 이동하거나 거의 장애가 없이 매 순간 생성되는 공간 사이를 자유롭게 돌아다니게 된다. 용매가 제거되면 dendrimer는 극도로 수축된 찌그러진 형상을 만들게 될 것이다.

이미 논의된 바와 같이 dendrimer는 일반적인 고분자와 마찬가지로 용매의 열역학적 성질에 따라 그 구조를 변화하게 된다. 모든 경우에 있어서 가장 중요한 필수 추진력으로 자유 에너지를 최소화하는 것이다. 양용매에서 dendrimer는 펼쳐진 형태를 만들며 최대 부피와 구형의 구조를 형성하게 된다. 용매가 제거되면 dendrimer는 수축하며 최종 형태는 구성 요소 즉, 중심(core), 가지, 말단기의 전체적인 경직성에 의해 결정된다.

자유 에너지는 사슬-말단기의 위치 결정에서도 고려의 대상이 된다. 그 구조가 매우 경직된 구조인 경우에는 용매의 성질과는 관계없이 최외곽에 위치하게 될 것이다. 보다 유연한 계의 경우, 양용매 중에서는 말단기를 최외곽에 유지하여 용매와의 상호작용을 극대화하고자 할 것이다. 반대로 빈용매 중에서는 말단기의 접힘 현상이 유도되게 될 것이다. 특히, 용매 분자와 사슬-말단기의 상호작용보다 가지 부분과 용매의 상호작용이 크거나 비슷하다면 이러한 현상은 두드러지게 될 것이다. 상호작용의 자유 에너지는 수소 결합이나 강한 극성 상호작용이 일어날 때에는 엔탈피 항과 밀접한 관련을 가진다. 만일 강한 엔탈피 변화를 동반하는 상호작용이 없는 경우에는 엔트로피가 중요한 요소로 등장하게 되므로 구조 단위 간의 혼합이 일어나는 방향으로 변화가 진행된다. 즉, 사슬-말단기가 내부 구조로 접히게 되어 서로 섞이게 된다.

9.5 Dendrimer 마이셀

Dendrimer는 소수성 내부와 친수성 외부로 구성할 수 있다. 이러한 dendrimer는 일반적인 계면활성제와 비슷하게 피리딘과 같은 소수성 분자를 내부에 포함하여 가용화할 수 있게 된다. 따라서 이러한 분자를 **단분자 마이셀**(*unimolecular micelle*)이라 한다.

Dendrimer는 친수성 표면과 소수성 내부 구조를 가진 형태로 설계될 수 있다. 실제로 상대적으로 비극성의 가지를 갖는 유기 dendrimer

가 이러한 구조를 가진다. 이들은 계면활성제 분자들이 형성하는 마이셀과 같은 거동을 보이며 소수성 분자들을 녹일 수 있도록 한다. 이러한 단분자 마이셀은 저분자 계면활성제와 달리 임계 마이셀 농도를 가지지 않는 장점을 가진다. 일반적인 저분자로 구성된 마이셀과는 달리 매우 묽은 농도에서도 그 본래의 일분자 마이셀 구조를 유지하게 된다.

이러한 dendrimer 마이셀은 약물 전달체로 응용될 수 있다. 인도메타신(indomethacin)과 같은 소수성 약물을 소수성 내부 구조를 가진 dendrimer 내부에 포함시킨 예가 있다. 이러한 약물들은 에틸렌 글리콜기를 가진 친수성 표면의 내부에 분자의 확산이 차단된 상태로 담지되며 내부 구조가 붕괴됨에 따라 서서히 방출되게 된다.

Dendrimer는 소수성과 친수성의 관계가 반전된, 즉 소수성 표면과 친수성 내부로 구성된 상태로도 합성될 수 있다. 이들은 역마이셀의 형태로 거동하며 비극성 용매로부터 극성 분자를 내부에 농축시킬 수 있다. 이들 dendrimer 분자들의 표면 소수성과 용매의 소수성 특성이 일치하게 되면 말단은 용매를 향해 펼쳐지게 되며 구형의 구조를 유지하게 된다. 극성의 내부 구조는 최소의 부피로 수축되며 용매와의 불리한 상호작용 때문에 용매 분자의 통과는 최소화된다.

9.6 Dendrimer의 분석

Dendrimer는 분석화학에 응용되는 일반적인 분석 방법과 dendrimer에 적합한 특수한 분석 방법으로 분석된다. 다음 절에서는 dendrimer에 적용되는 이들 분석기법에 대해서 논의하고자 한다. 보다 자세한 내용에 대해서는 “참고 문헌”에 명시되어 있는 책을 참조하기 바란다.

9.6.1 질량 분석법

질량 분석법은 상대적인 분자량을 알 수 있기 때문에 dendrimer의 분석에 매우 유용한 수단이다. 토막내기 방식(fragmentation pattern)을 통해서 각 가지에서의 단량체 복합체의 구조를 판단할 수도 있다. 이를 위해서 EI, FAB, MALDI 등의 다양한 질량 분석법이 사용되고 있다.

일반적으로 dendrimer는 예측되는 분자량에 예리한 M^+ 신호를 보이게 된다. 이를 통해 dendrimer 전체 구조를 알 수 있다. 질량 스펙트럼은 두 분자 또는 세 분자가 한 개의 전하를 가진 집합체의 작은 피크(peak)가 나타나면서 복잡해질 수 있다. 이러한 현상은 특히 전기분무법을 이용한 음이온 검출에서 2량체나 3량체가 한 개의 음전하를 띠면서 자주 나타나게 된다.

낮은 질량/전하 비의 피크 또한 질량 스펙트럼에서 조금씩 나타날 수 있다. 단량체 구조의 토막내기(fragmentation)에 유래하는 것으로 기능성 dendrimer의 경우 기능화의 정도를 결정하는 데 매우 유리하다. 예를 들면, 3차 뷰틸 에스터로 구성된 dendrimer를 carboxylic acid으로 가수분해한 경우에 남아 있는 3차 뷰틸기의 수를 질량 분석기로 결정할 수 있게 된다. 이때에 저분자량의 물질로부터 유래되는 토막내기 방식과 소량의 하전을 띤 dendrimer로부터 유래되는 피크가 포함될 수 있으므로 조심스럽게 검토하여야 한다.

9.6.2 젤 투과 크래마토그래피

일반적인 선형 고분자에 대해서와 마찬가지로 젤 투과 크래마토그래피(Gel Permeation Chromatography, GPC)는 다분산도를 포함한 dendrimer의 구성에 대한 정보를 얻기 위해 사용된다. 상대 몰질량과 다분산도를 알고 있는 표준 물질을 얻는 것이 문제인데, 6장에서 논의한 바와 같이 주로 poly(styrene)을 표준 물질로 사용하게 된다.

이러한 기술을 이용할 경우 dendrimer는 1.02~1.04 사이의 매우 낮은 다분산도를 가지고 있음을 알 수 있다.

9.6.3 고성능 액체 크로마토그래피

고성능 액체 크로마토그래피(HPLC)는 dendrimer와 dendron의 균일성에 대한 유용한 정보를 제공한다. 정상 HPLC, 즉 코팅된 실리카와 같은 극성 크로마토그래피 칼럼에 헥세인 또는 헥세인이 풍부한 혼합 용매와 같이 상대적으로 비극성인 용매를 사용하는 방법이 주로 사용된다. HPLC 사용의 이점은 원소 분석으로부터 얻어지는 화합물의 순도에 대한 추가적인 정보를 줄 수 있다는 점이다. 겉보기에는 순수한 dendron의 경우에도 3차 뷰틸 에스터기의 일부가 2-methylethyl (isopropyl)에스터로 치환되는 경우와 같이 불순물을 포함하는 경우가 있을 수 있다.

HPLC의 사용은 분자량 3,000 이하의 저분자 화합물에 제한된다. 완전하게 형성된 dendrimer보다는 dendron에 사용이 제한되는 경향이 있다. 하지만 dendrimer 합성의 각 단계에 있어서 높은 분석 순도를 유지해야 된다는 중요성을 보여 주는 분석 기술이다.

9.6.4 NMR 분광법

비교적 단순한 NMR 기술이 dendrimer에 대한 유용한 정보를 얻기 위해 사용되어 왔다. 예를 들면 NH기를 가진 전구체로부터의 세대 성장 반응을 ^{1}H NMR 측정을 통해 추적할 수 있다. 결합 반응이 진행됨에 따라 NH기의 수소 원자는 저자장(고주파)영역으로 이동되며, 이러한 이동은 가지에 포함된 NH기의 화학 이동도와 일치하게 된다.

Dendron으로부터 초분자 dendrimer의 자발적인 형성 또한 ^{1}H NMR을 통해 확인될 수 있다. 용액상에서 dendron의 가지 부분은 다양한 구조를 가지므로 폭이 넓은 신호(broad signal)를 나타내게 된다. dendrimer가 형성됨에 따라 말단기의 최대 밀집이 이루어지고 NMR 신호는 날카로워지게(sharp) 된다. 이러한 현상은 구조 변화의 자유도를 더 이상 유지할 수 없게 되면서 나타나게 되지만 매우 높은 충전 밀도를 가진 경우만 이에 해당된다.

9.6.5 X-선 회절

X-선 회절은 고체의 원자 배열을 결정하기 위해 사용되는 일반적인 기술이다. 선형 고분자의 구조적 정보를 얻기 위해 사용되며 결정성과 비결정성 구조 모두에 대한 정보를 제공해 준다. 최근에 dendrimer에도 이러한 기술이 적용되고 있다.

Dendrimer의 X-선 회절 패턴은 비정질의 선형 고분자의 경우와 같이 명확하고 날카로운 피크를 보여 주지는 않는다. 이러한 결과는 dendrimer 내의 분자 배열이 매우 불규칙함을 나타낸다. 또 다른 문제점으로 dendrimer는 에너지적으로 등가의 다양한 구조가 공존하게 되며 용액상에서 이들간에 빠른 교환을 나타내게 된다. 이러한 특성은 dendrimer 전체의 비결정성에 기여하게 된다.

X-선 회절은 경우에 따라 매우 유용한 정보를 제공한다. 회절 결과의 세부적인 해석을 통해 단위체 가지의 배열이 준규칙적인 그물구조

를 유지하고 있으며 직경 0.5~1.5 nm정도의 공간을 가지 있음을 보여준다. 이러한 공간은 dendrimer 분자 내에 균일하게 배치되어 있으며 표면에서 중심까지 상대적으로 잘 조직화된 채널을 제공하게 된다. 얼핏 보기에는 분자 내의 가지는 전체 중심을 향해 잘 배열되어 있지는 않지만 그물구조는 일정 정도의 규칙성을 띠고 있음을 알 수 있다.

9.6.6 적정

Carboxylic acid 말단을 가진 dendrimer에 대한 정보를 얻기 위해 적정이 사용되었다. 이러한 dendrimer를 이용한 한 연구에서 다양한 세대의 dendron을 NaOH 수용액에 용해시켜 에탄올에서 침전시켰다. 침전물에 잔존하는 NaOH를 제거하기 위해 에탄올로 잘 씻은 후에 건조하였다. 그리고 증류수에 용해시켜 0.01 M의 염산을 사용하여 적정을 통해 pH 변화를 기록하였다.

Dendrimer는 pH 3.1과 4.0 사이에서 침전되었다. 하지만 적정 곡선은 전체적으로 동일하지 않았으며 세대에 따라서 변화하였다. 낮은 세대의 dendrimer는 약염기를 강산으로 적정할 때 나타나는 전형적인 s-모양의 곡선을 보여 주었다. 반면에 높은 세대의 dendrimer는 종말점이 점진적으로 명확하지 않았으며 모든 경우에 있어서 당량의 산이 첨가되기 이전에 침전이 일어났다. 후자의 경우, dendrimer의 모든 carboxylic acid이 염의 형태로 변화되지 않았음을 보여 주는 중요한 정보이다.

pH 13에서 일반적인 조건이라면 모든 carboxylic acid은 완벽히 이온화가 될 것으로 예상된다. 하지만 dendrimer의 경우 표면기의 밀도가 매우 높으며, 각각의 이온화를 통해 전체 dendrimer 표면에 전하를 도입하기 위해서는 매우 높은 에너지 장벽을 통과해야만 하기 때문에 이러한 현상이 나타난 것으로 해석된다. 이러한 관점에서, 이론적으로 가장 높은 범위까지의 이온화가 이루어지지 못하게 되는 것으로, 결국 dendrimer는 NaOH에 의해 완전히 중화되지 못하게 되는 것이다. 반대로 이온화되지 않은 carboxylic acid으로부터 전하를 띠는 sodium carbo- xylate 기를 형성하는 데에는 한계가 있는 것으로 0.01 M HCl을 이용한 적정에 있어서 빠른 종말점을 보이며 겉보기에 빠른 침전을 나타내게 된다. 이러한 결과는 dendrimer에 도입된 작용기의 화학 작용이 크게 변화됨을 시사하는 것이다.

9.6.7 소각 중성자 산란

소각 중성자 산란(SANS)은 시료(sample)에 중성자를 충돌시켜 산란된 각도를 측정하는 것이 요구된다. 이로부터 전달 운동량(Q)를 다음 식에 의해서 결정하게 된다.

$$Q = \frac{4\pi}{\lambda}\sin\frac{\theta}{2}$$

여기서 θ는 산란각을 나타낸다. SANS 데이터는 Q에 대한 강도의 값으로 표현된다.

SANS는 고분자와 dendrimer의 1~10 nm 범위의 분자구조에 있어서 크기와 모양에 대한 정보를 제공하는 매우 중요한 연구 기술이다. 중성자는 원자핵과 상호작용을 일으키며 원자가 어떤 배열을 하고 있는가 뿐만 아니라 다른 동위원소의 존재 여부까지도 알 수 있게 된다.

SANS의 시설은 영국의 Didcot이나 프랑스의 Grenoble과 같은 국립센터에 위치한다. 연구자들은 적절한 양의 빔 시간을 예약하여 실험을 수행하게 된다.

다양한 종류의 dendrimer가 SANS를 통해서 연구되었으며 구조에 대한 자세한 정보가 얻어졌다. 예를 들면 PAMAM dendrimer에 있어서 말단 아민기들이 dendrimer의 표면보다는 내부에 분산되어 있다는 것이 밝혀졌다. 또한 dendrimer의 회전 반지름(radius of gyration)이 $N^{1/3}$에 비례한다는 것이 밝혀졌다. 여기서 N은 단위체의 숫자를 나타내며 이러한 상관 관계 dendrimer의 세대와는 무관함이 밝혀졌다. 끝으로 SANS를 이용하여 세대수가 증가함에 따라 dendrimer 분자가 완벽한 구형에 가까워짐이 증명되었다.

SANS를 이용한 말단기의 위치를 분석하기 위한 방법으로 중수소화를 이용하였다. 이는 특정 핵의 SANS에 대한 감도를 이용한 것이다. 이러한 방법을 이용하여 아민 말단을 가진 poly(propylene imine) dendrimer의 pH 응답성에 대해서 검토하였다. 높은 pH 조건에서는 아민기는 이온화되지 않은 상태로 가지들이 확장되어 있으며 밀도가 높은 구형의 dendrimer 구조를 보였다. pH가 낮아짐에 따라 아민기들이 이온화되면서 중공의 밀도가 낮아지는 구조를 보였다.

9.6.8 원자힘 현미경법

원자힘 현미경법(AFM)이 실리카와 같은 기반 위에 흡착된 dendrimer를 분석하기 위해서 응용되었다. AFM은 표면의 요철을 따라 매우 가는 바늘을 횡단시켜 팁의 끝부분의 운동을 관찰하는 것을 필요로 한다. 흡착된 dendrimer를 연구할 때 시료는 반복적으로 다양한 각도로 조사하는 것이 가능하다. 이러한 조사를 하였을 때 모든 각도에서 동일한 영상이 얻어졌다. 완전한 dendrimer는 한 가지의 크기만을 가진다는 것이다.

다양한 세대의 dendrimer를 흡착시켜 AFM을 통해 구조에 대한 연구가 진행되었다. 이때에 흡착된 dendrimer의 직경은 규칙적으로 세대수에 따라서 증가하는 것을 알 수 있었으며 각각의 세대는 모두 매우 균일한 크기를 유지하는 것을 알 수 있었다.

9.7 Dendrimer의 응용

Dendrimer는 매우 다양한 성질을 가진 분자로, 표면 내부, 중심을 다양한 형태로 변화시켜 폭넓은 기술적 분야에서 응용이 가능하다. 많은 응용 분야에서 dendrimer가 다기능의 표면을 소유할 수 있고 내부에 공간을 가진다는 점에 초점을 맞추어 개발이 진행되고 있다. 응용 분야의 예를 나음에 나타내었다.

(a) **MRI 조영제** : dendrimer에 상자기성 이온을 결합시켜 자기 공명 영상(MRI)의 조영제로 사용할 수 있다. 예를 들면, dendrimer를 이용한 MRI용 혈관 조영제는 현재 임상개발이 진행 중이다. 이는 polylysine을 기본 골격으로 말단기에 가돌리늄(Gd) 착물이 결합되어 있다. 착물을 변화시키는 것이 가능하며 한 개의 dendrimer에 24개의 착물을 결합시킬 수 있다. 이러한 특성은 매우 뛰어난 신호 대 잡음의 비를 얻게 해 준다. dendrimer의 주된 기능은 목표로 하는 영역에서 가돌리늄 착물의 확산을 막아주어 MRI 사진에서 매우 뛰어난 조영효과를 보여주게 되며 의학적으로 매우 유용한 가치를 지닌다.

(b) **약물 전달** : 1994년에 Meijer에 의해 dendrimer가 외부 분자의

용기로 사용될 수 있는 가능성이 최초로 제시되었다. 그는 Bengal Rose와 같은 작은 분자가 수용성 dendrimer 내부에 내포될 수 있음을 밝혔다. 그는 64개의 작용기를 가진 5세대의 poly(propylene imine) dendrimer를 사용하였으며 이를 'dendrimer box'라 명명하였다. 작은 분자들은 분자 상자 안에 안정적으로 갇혀 있으며 시스템을 장시간 동안 가열하지 않는 한 외부로 확산되지 않았다. dendrimer 상자에 갇혀 있는 분자들은 dendrimer 상자가 열리게 되면 외부로 방출된다. 이러한 특징은 dendrimer 상자가 약물 전달의 매체로 사용될 수 있는 가능성을 제시하게 된다. Meijer 그룹은 상자를 효소나 광화학적인 방법으로 열릴 수 있도록 고안하였다. 다른 연구 그룹 또한 이러한 가능성에 대해서 연구하였는데, 예를 들면 dendrimer가 암 치료의 화학치료제 제어방출의 기구로서의 응용이 검토되었다. 화학치료제는 dendrimer의 표면에 약한 결합으로 결합되어 있으며 또한 수용성을 높이기 위한 작용기가 도입되어 있다. dendrimer가 몸속의 표적 조직에 도착하게 되면 dendrimer와 약물 사이의 결합은 효소 또는 광화학적인 방법으로 절단되고 약물이 방출된다. dendrimer는 안정하며 활성이 낮기 때문에 인체에 무해하며 신장을 통해 체외로 방출되게 된다.

(c) **유전자 요법용 벡터** : 유전자 요법은 치료 목적으로 프로그램된 유전자를 세포로 전달하는 치료법이다. 치료용 유전자는 상처를 입은 세포의 성장 또는 해로운 작용을 억제하거나 치료용 물질을 생산할 수 있도록 프로그램되어 있다. PAMAM dendrimer는 다양한 세포주에 대해서 매우 유용한 유전자 전달용 물질로 연구되어 왔다. 이들 dendrimer를 이용하여 올리고뉴클레이타이드 또는 DNA를 세포 내로 전달시켜 왔다. dendrimer의 사용은 면역반응이 없다는 점, 독성이 낮은 점, 핵산을 핵산분해효소의 공격으로부터 안정화시킬 수 있다는 점 등의 이점을 가지고 있다.

(d) **산업적 촉매** : dendrimer는 넓은 표면적과 뛰어난 용해도를 보인다는 점에서 나노크기의 촉매로 사용될 수 있는 가능성이 있다. dendrimer의 중심 또는 표면에 도입된 활성 부위에 쉽게 접

근이 가능하다는 특성 때문에 효율적이며, 한외여과(ultrafiltration)를 통해 쉽게 회수가 가능하다는 장점을 지닌다. dendrimer를 이용한 촉매에서 dendrimer의 중심 또는 표면에 각각 촉매 부위를 도입할 수 있으며 화학 공정에서 다양한 기술적 유용성을 가진다는 점이 밝혀 졌다. dendrimer는 또한 거울상이성질 합성 촉매로서 매우 유용하다는 점이 밝혀졌으며, benzaldehyde의 거울상이성질 환원 반응에서 성공적으로 거울상이성질 현상을 제어할 수 있었나. 많은 학자들이 촉매로서 dendrimer의 가능성에 대해서 검토하고 있으며, 가까운 미래에 상업적으로 이용될 것을 기대해 본다.

Manganese porphyrin과 iodobenzene을 dendrimer 내부에 내포시키고 이를 이용하여 알켄의 형태 선택적인 에폭시화 반응을 유도한 예가 있다. 이 촉매의 매우 중요한 특성으로 반응물이 빠르게 촉매 부위로 이동할 수 있으며 생성물이 반응 중심으로부터 빠르게 제거되어 dendrimer 외부로 방출된다는 점이다.

Dendrimer의 내부와 외부의 성질을 다르게 만들어 줌으로써 화학 반응을 촉진시킬 수 있다. 비극성의 지방족 표면을 가지면서 매우 극성이 높은 가지 구조를 갖는 dendrimer를 이용하여 비극성 지방족 용매 중에서 3차 할로젠화 알킬의 제거 반응에 사용할 수 있다. 할로젠화 알킬의 경우 극성이 상대적으로 높기 때문에 극성의 dendrimer 가지에 상대적으로 농축된다. 이러한 극성 환경은 극성의 전이 상태와 중간체를 거쳐 알켄을 형성하도록 하는 경향이 있다. 따라서 형성된 비극성의 알켄은 극성의 영역인 dendrimer의 내부로부터 빠르게 방출되어 비극성의 용매로 이동하게 된다. 이러한 과정은 매우 효율적으로 이루어지며 potassium carbonate와 같은 보조 염기의 존재하에서 0.01% 정도의 dendrimer만으로도 제거 반응은 완결되게 된다.

9.8 Megamer

Dendrimer는 소위 *megamer*라고 불리는 다분자 조립체를 형성할 수 있다. 경우에 따라서 dendrimer의 자연적인 클러스터화(clustering)로 초분자 조립체를 형성하게 된다. 또 다른 경우에 있어서는 dendrimer

합성 과정에서 두 개 또는 그 이상의 dendrimer가 공유 결합을 형성하여 만들어지기도 한다.

Megamer를 형성하기 위한 계획적인 실험도 이루어진 바 있다. 서로 다른 세대의 poly(amido amine) dendrimer를 이용하여 구조적으로 잘 제어된 core-shell megamer가 만들어졌다. 이 dendrimer는 크기가 큰 dendrimer가 중심에 위치하며 크기가 작은 dendrimer들이 표면을 형성하고 있다.

이는 매우 새로운 연구 분야로 dendrimer 화학뿐만 아니라 초분자 화학에서도 관심을 모으고 있는 분야이다. 불명확한 클러스터화보다는 명확한 분자 집합체를 형성시키고자 하는 관점은 매우 매력적이며, 분자 집합체의 구조에서 얻어지는 새로운 특성으로의 접근 방법을 제시해 주기도 한다. 이러한 화학의 성장으로 새롭고 유용한 재료들이 만들어지고 사용되는 시대가 올 것으로 기대한다.

참고 문헌

J.M.J. Frechet and D. Tomalia, *dendrimers and Other Dendritic Polymers*, Wiley, Chichester, 2001.

G. Newkome, C.N. Moorefield, F. Vogtle and N.C. Moorefield, *dendrimers and Dendrons: Concepts, Synthesis, Applications*, Wiley-VCH, Weinheim, Berlin, 2001.

C.A. Schalley and F. Vogtle (eds), dendrimers: *Functional and Hypervranched Building Blocks, Photophysical Properities, Applications in Materials and Life Sciences*, Vol 5, Springer-Verlag GmbH, Berlin and Heidelbery, 2003.

고분자화학의 특별 주제

Chapter 10

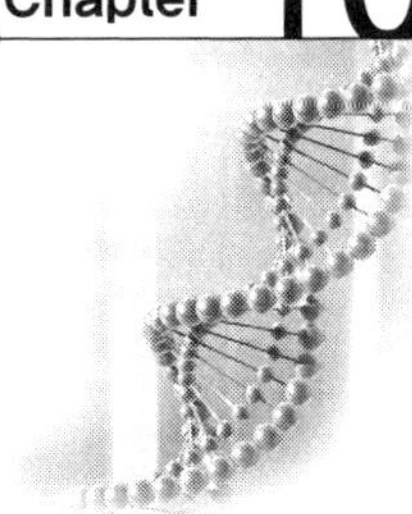

⁂

10.1 개요

모든 과학 분야와 같이 고분자화학은 계속 진보하고 있다. 고분자화학의 새로운 주제로, 새로운 개념과 세계 각 연구실에서 연구되고 있는 새로운 고분자 및 기존 물질의 새로운 사용 영역이 포함된다. 이 장에서는 의료용 고분자, 전기 전도성 고분자, 고분자 액정에 대한 중요한 개발이 설명된다.

10.2 의료용 고분자

의료 분야는 지난 50여 년 동안 환자의 건강을 개선하기 위한 다양한 기구들을 사용하여 눈부신 성장을 보여 왔다. 이러한 기구로 인공 심장, 심폐 조절기, 인공 신장 투석기, 인공 관절, 인공 무릎, 인공 손가락, 안구내 렌즈 등이 있다. 이러한 기구들은 혈액 및 생체 조직과의 장시간 접촉에서도 안전해야 한다.

의료용 기구로서 성공적으로 사용되기 위해 고분자는 환자의 몸으로부터의 생리적 거부 및 분해의 문제점이 해결되어야 한다. 인체는 환경에 대해서 매우 적대적임과 동시에 민감하기 때문에 재료의 선택에는 매우 신중해야 한다. 생체의 일부를 대체하기 위해서 가장 중요한 요구사항으로 생체 적합성이 요구된다. 고분자의 성질과 대체해야 될 위치에 따라 요구되는 생체 적합성이 결정되어야 한다. 예를 들면 혈액의 응고는 다양한 물질에 의해 개시되므로 혈액 적합성은 매우 중요한 요소가 된다. 반면에 정형외과 수술에 사용되는 관절을 대체하는 물질의 경우 요구 사항이 상대적으로 낮으며 생체로부터의 부작용이 가장 작은 poly(methyl methacrylate)와 스테인레스 강이 사용될 수 있다.

의료 분야에서 사용 가능한 고분자 및 적용 분야를 표 10.1에 정리하였다. 표에서 보는 바와 같이 다양한 종류의 고분자가 의료 분야에 적용되고 있다. poly(methyl methacrylate)(PMMA)는 그 중에서 중요한 고분자이다. 초기에는 틀니의 재료로 사용이 되었으나 현재에는 다양한 분야에 응용되고 있다. 예를 들어 고관절 교환 수술에 있어 접착제로서 세계적으로 응용되고 있다.

고관절 교환 수술은 관절염 환자의 운동성 유지와 통증 완화를 위해 사용되고 있다. 관절염은 뼈의 표면이 관절 내의 다른 부분과 마찰되어 닳아서 윤활 연골 조직이 파괴되어 나타나며, 관절의 움직임이 어려워지고 고통스러워진다. 고관절을 인공 관절로 교체하여 고통이 사라지고 관절이 쉽게 움직이게 된다.

고관절 교환 수술의 전형적인 예로, 대퇴골의 윗부분을 제거하고 남아 있는 뼈의 긴 축을 따라 홈을 파게 된다. 보철물을 홈에 삽입하고 PMMA 시멘트로 고정하게 된다. 그리고 새로운 고관절로 플라스틱으로 만들어진 컵을 골반에 고정시키고 삽입된 보철물을 끼워 넣게 된다. 이 컵은 초고분자량 poly(ethylene)으로 구성되며 마찬가지로 PMMA 시멘트를 이용하여 고정하게 된다. 인공 고관절의 구조를 그림 10.1에

표 10.1 고분자의 의료 분야 응용

고분자	용도
PVC	투석관, 카데터, 수혈 봉지
Polyurethanes	속도 조정자, 수혈 봉지, 관
Poly(hydroxyethyl methacrylate)	소프트렌즈, 화상용 처치용품
Poly(glycolic acid)	생분해성 수술용 실
Nylons	수술용 실, 혈액 여과 막
Poly(methyl methacrylate)	소프트렌즈, 하드렌즈 인공 관절용 접착제 안구 내 렌즈, 틀니

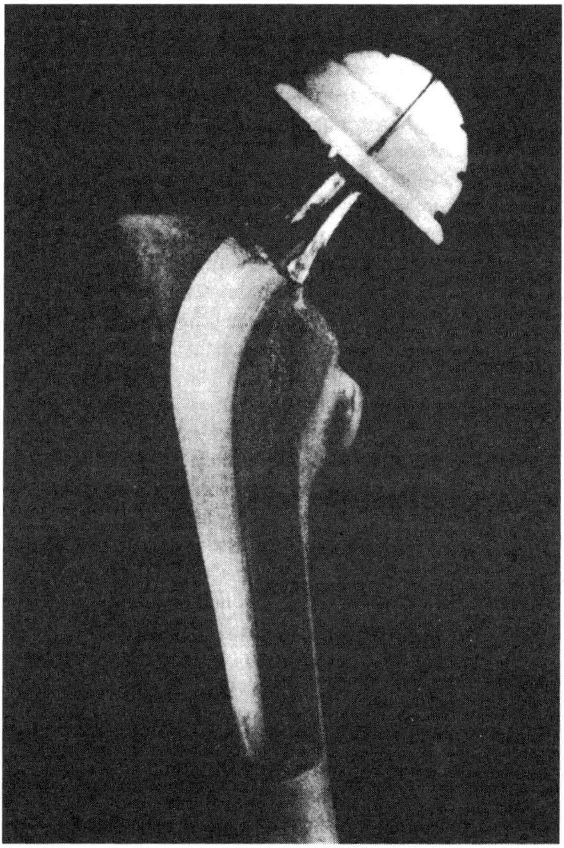

그림 10.1 보철 고관절의 구조

나타내었다.

또 다른 수술로 무릎 관절 교환이 있다. 이 수술에서는 무릎 관절을 초고분자량 poly(ethylene)으로 구성된 경골판과 금속으로 구성된 대퇴골로 대체시킨다. 고관절 교환 수술보다 수요는 적지만 현재 무릎 관절의 수술 또한 수요가 점차 증가되고 있다.

이들 수술에 있어서 문제점으로 poly(ethylene)이 인공 관절 내부에서 닳는다는 점이다. 금속과 고분자의 지속적인 마찰을 통해서 고분자는 닳아서 생기는 작은 파편들을 만들게 되고 이들이 관절 주변에 모이게 된다. 심한 경우에는 이러한 파편들이 남아 있는 뼈의 대사 작용을 방해하고 뼈의 재흡수로 인해 결과적으로 관절이 느슨해지게 만든다. 현재 관절 이식 분야에서는 인공 관절의 마모에 대한 연구 및 poly (ethylene)의 마모 특성의 개선에 대한 연구가 가장 중요한 과제이다.

PMMA 뼈시멘트는 자유 라디칼 개시제가 포함되어 있는 PMMA 예비중합체 분말의 혼합물과 액체 MMA 단량체로 구성되어 있다. 수술실에서 분말과 액체가 섞이고 개시제가 녹아서 단량체 성분이 중합된다. 분말상의 예비중합체는 단량체에는 녹지 않지만 새롭게 형성되는 고분자 물질 내부에 강화 충전제로서 남게 된다.

중합 반응이 완료되면 고관절의 구성 요소들이 서로 간에 연결되어 수술이 완료된다. 지난 30여 년 동안 이러한 수술법이 성공적으로 발달되어 왔으며, 현재에는 영국에서만 매년 약 45,000여 명의 환자가 수술을 받고 있다. 비록 고관절 수술보다 일반적이지는 않지만 비슷한 방법으로 무릎과 손가락 관절염의 수술에 적용되고 있다. 매년 상당량의 뼈시멘트로 PMMA가 수술에 사용되고 있다.

10.3 Ionomer

Nylon과 마찬가지로 'ionomer'란 단어는 미국의 Du Pont사에 의해서 개발되었다. ionomer는 유기 고분자 주사슬(backbone)의 일부가 이온화가 가능한 작용기로 구성되어 있다. 유기 주사슬은 탄화수소와 불화탄소로 구성된 고분자이며 이온화 가능한 작용기로는 일반적으로 carboxylic acid 또는 sulfonic acid기가 사용된다. 이들 작용기는 약 10% 이하의 단량체에 사용되며 소듐이나 아연 이온으로 중화되어 있다.

이러한 이온성기의 존재는 고분자의 기계적 강도 및 화학적 저항을 증가시켜 준다. 실제로 ionomer는 비극성 용매에 대해서는 너무 이온성이며, 극성 용매에 대해서는 너무 많은 유기 성분이 포함되어 있는 독특한 특성으로 인해 대부분의 용매에 녹지 않게 된다.

논문을 통해서 (a)스타이렌과 acrylic acid, (b)ethyl acrylate와 methacrylic acid, (c)에틸렌과 methacrylic acid 공중합체와 같은 몇몇 종류의 ionomer를 살펴볼 수 있다. 비교적 최근에 개발된 불소화된 설포네이트 ionomer는 Du Pont사의 상품명인 Nafion으로 잘 알려져 있다. 이러한 ionomer는 10.1에 표현된 구조로 막(membrane)으로 상용화되어 있으며, 적절한 산 또는 에스터를 갖는 소량의 탄화수소 또는 불화탄소 단량체의 공중합으로 얻어지게 된다. 공중합 후에 중화 반응 또는 가수분해 반응을 용액 상태 또는 용융 상태에서 진행하게 된다.

유기 매트릭스 내에서의 이온의 존재는 열역학적으로 안정하지 못하다. 따라서 이러한 물질들은 이온들이 모여서 클러스터(cluster)를 형성하고 있는 미세한 상분리 현상을 동반하게 된다. 이러한 이온 클러스터들은 매우 안정하며 각각의 금속 이온 사이에 몇 개의 물분자를 포함할 수 있게 된다. 이들은 부분적으로 가교제와 강화제로 작용하여 ionomer의 기계적 강도를 증가시키게 된다.

$$(CF_2CF_2)_n\,(CF_2CF)_y\text{—}O\text{—}CF_2CF(CF_3)OCF_2CF_2SO_3^-M^+ \quad (10.1)$$

Ionomer는 결정성 영역을 형성할 수 있으며, 형성 후에는 독특한 결정성을 보이게 된다. 용융 상태로부터 냉각을 하게 되면 상대적으로 두꺼운 결정을 형성하게 되지만, 상온에서도 결정화는 계속 진행되어 며칠간에 걸쳐 2차적인 얇은 결정을 형성하게 된다. 다시 말하면 상온에서의 2차적 결정 성장을 통해서 ionomer의 물성은 계속 변화됨을 의미한다. 이러한 특성은 가열시에 2차 결정이 먼저 녹게 되면서 두 개의 뚜렷한 용융점을 보이는 독특한 용융 거동을 제공한다.

Ionomer는 투석막, 반삼투압막, 염수 전기분해 산업(chlor-alkali industry) 등의 다양한 응용 분야에서 사용되고 있다. 염수 전기분해 산업에 응용하기 위해서는 뛰어난 화학적 강도가 필요하며, 뛰어난 이온 교환 특성을 보이는 불소화된 고분자 주사슬과 소량의 sulfonic acid 또는 carboxylic acid을 포함하고 있는 ionomer가 이상적이다.

*Chlor-alkali*란 염수를 전기분해하여 얻어지는 생성물에 해당된다. 염소, sodium hydroxide, sodium carbonate이 여기에 해당된다. 전기분해를 통해서 염소와 sodium hydroxide이 동시에 생성되지만, 같은 용도로 많이 응용되는 소량의 sodium carbonate가 함께 얻어지므로 분해산물에 같이 포함된다. 불소화 ionomer 막은 소듐 이온은 통과시키지만 염소 이온은 통과시키지 않으므로 전기분해 전지에 유용하게 사용된다. 그림 10.2에 전기분해 막전지의 구조를 보여주고 있다.

Ionomer 막은 뛰어난 이온 선택성을 보인다. 이온의 크기, 하전에 따른 구별이 가능하며 이러한 특성은 실험용 이온 선택성 전극의 재료로도 응용되고 있다. 하지만 가장 큰 수요로 응용되고 있는 것은 역시

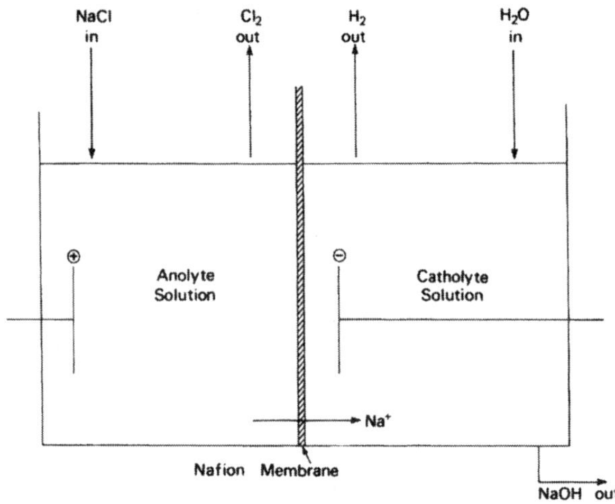

그림 10.2 chlor-alkali 전해 셀의 전형적인 구성

염수 전기분해 산업이다.

10.4 전기 전도성 고분자

최근 활발히 연구되고 있는 분야로 전도성 고분자가 있다. poly(ethylene)과 같은 일반적인 유기 고분자는 낮은 전기 전도성으로 인해서 절연체로 많이 사용되고 있다. 하지만 poly(acetylene)과 poly(pyrrole)과 같은 몇몇 고분자는 뛰어난 공액 구조(conjugated structure)를 가지고 있다. 따라서 이들 물질은 도핑을 통해 금속에 가까운 뛰어난 전도성을 보이기도 한다. 이러한 특징 때문에 합성 금속이라 불리기도 한다. 1979년에 개발된 poly(*p*-phenylene)의 경우에도 도핑을 통해서 뛰어난 전도성을 보이게 되는데 이러한 물질의 개발을 통해 방향족 고리를 포함하는 다양한 전도성 고분자 물질이 개발되고 있다.

이러한 고분자 합성 금속의 전도성은 실제 금속보다 뛰어나지는 않지만 금속과 가장 뛰어난 전도도를 가진 물질의 경우 금속에 매우 근접해 있음을 알 수 있다. 몇몇 고분자와 금속의 전도도를 표 10.2에 나타내었다. 합성 금속의 실제 전도도의 값은 고분자의 구조와 도판트(dopant)의 양과 관련이 있다. AsF_5, I_2, SbF_5, $AlCl_3$, $ZrCl_4$, IF_5, $MoCl_5$, WCl_5 등과 같은 다양한 종류의 화합물들이 이들 고분자의 도판트로 사용되고 있다. 이들 도판트는 유기 물질의 산화와 환원을 용이하게 도와주는 성질을 가지고 있으나 명확한 구동 원리에 대해서는 아직까지 불확실

표 10.2 다양한 물질의 전도도 값

물질	전도도/S cm^{-1}
구리	8×10^5
철	10^5
수은	10^4
poly(acetylene)	10^{-6} to 10^3
poly(*p*-phenylene)	10^{-15} to 5×10^2

한 상황이다.

도핑된 poly(acetylene), poly(*p*-phenylene), poly(*p*-phenylene sulfide)와 같은 대부분의 전도성 고분자는 공기중에서 안정하지 못하다. 이들의 전기 전도성은 산소 또는 물과의 반응에 의해서 떨어지게 된다. 반면에 poly(pyrrole)의 경우에는 상대적으로 안정한 전도성 도핑 상태를 유지할 수 있다.

이러한 전도성 고분자는 Ziegler-Natta 중합 또는 친핵성 교환 반응과 같은 다양한 반응을 통해서 합성될 수 있다. 분자는 확장된 공액 구조를 가져야 하므로 단단해지는 경향이 있다. 분자 구조 내의 탄소-탄소 결합의 자유 회전이 크게 제약되어 있으며 용매화에 대한 에너지 장벽이 높아서 용액 상태로 만드는 것이 매우 어려운 단점이 있다. 이러한 단점으로 인해 이들 고분자의 분석은 매우 어려우며 전도성 고분자의 분자량 및 중합도에 대한 정보는 명확히 알려져 있지 않은 경향이 있다.

전도성 고분자를 분석하는 것과 구조와 성질 사이의 상관 관계에 대한 정보를 얻는 것은 매우 어렵다. 이들 재료는 평판 디스플레이, 정전기 방지 포장, 충전식 배터리를 포함한 여러가지 용도에 이미 상용화되어 있으며 장래에 보다 많은 분야에서의 응용이 기대된다.

합성 금속이 되기 위해서는 대부분의 경우 고분자 성분이 공액 구조를 가지지만 이것이 필수적인 조건은 아니다. 1988년에 AT&T Bell 연구소의 M. K. Thakur에 의해서 천연고무를 요소로 도핑한 전도성 고분자 복합체가 개발되었다. 도핑된 고무는 전도성을 부과하지 않은 고무보다 100억 배 이상 전도성이 증가하였다. 이러한 시스템의 전도성은 다른 고분자 사슬 간의 전자 및 전공이 이동하는 현상에 의해서 나타나는 것이다. poly(isoprene)의 *trans*-이성질체와 같은 고분자를 요소로 도핑하였을 때 동일한 현상이 나타나지만, 치환기를 가지지 않는 poly(butadiene)에서는 이러한 현상이 나타나지 않는다. 즉, 전기 전도성을 얻기 위해서는 전자를 방출하는 작용기의 역할이 매우 중요함을 시사하는 것이다.

유기 고분자 물질로 구성된 합성 금속은 강자성의 특성을 가질 수 있다. 이러한 종류의 유기 재료는 Moscow(모스크바) 화학물리학연구소의 Ovchinnikov와 동료들에 의해서 1987년에 최초로 개발되었다. 그들이 사용한 고분자는 polydiacetylene 주사슬을 가지고 있으며, 분자 내의 탄소 원자 사이에 교대로 단일 결합과 이중 결합, 단일 결합과 삼중 결합이 존재하는 구조를 가진다(10.2).

$$(—C{\equiv}C—C{=}C—C{\equiv}C—)_n$$

(10.2)

높은 공액 구조를 가진 이 분자는 nitroxyl biradical 곁사슬 구조에 의해 안정화되어 있다. 따라서 생성된 재료는 나침반의 바늘로 사용이 가능할 만큼의 강한 자기장을 가지고 있다. 이러한 성공에도 불구하고 유기 강자성에는 많은 의문점이 남아 있다. 가까운 미래에도 이러한 고분자가 강자성 재료로 사용되는 금속을 대체하는 일은 일어나지 않을 것으로 예측된다.

10.5 상호침투 고분자 그물구조

상호침투 고분자 그물구조(IPN)는 두 가지 종류 이상의 그물구조가 분자 단위에서 공유 결합이 아닌 형태로 서로 뒤엉켜 있는 물질을 말한다. 이러한 그물구조는 공유 결합을 깨뜨리지 않고는 분리할 수 없다. 이러한 구조를 얻기 위해서는 다음의 두 가지 방법이 있다.

(i) 2단계의 과정을 포함하고 있으며, 첫 번째 그물구조를 단량체를 포함하는 용매로 팽윤시킨 후에 두 번째 그물구조를 형성하기 위해 중합을 시키는 방법.

(ii) 1단계 반응으로 두 가지 다른 단량체를 혼합하여 동시에 중합하여 합성하는 방법.

IPN은 공중합체 또는 고분자 혼합물과는 다른 특성을 나타낸다. 용

표 10.3 혼합물, 단일중합체와 polyurethane/acrylic IPN의 특성 비교

고분자	인장 강도/*Mpa*	파괴 신장률/%
IPN 80/20	49.0	780
IPN 60/40	45.0	540
선형 혼합물 80/20	12.6	640
선형 혼합물 60/40	24.9	357
단일중합체 polyurethane	42.1	640
단일중합체 polyacrylate	17.7	15

매에 의해 팽윤되지만 용해되지는 않는다. 공중합체 또는 고분자 혼합물에 비해 응력에 대한 강한 저항을 보여주게 된다. 고분자 혼합물과 IPN 사이의 몇몇 물리적 특성의 차이를 표 10.3에 나타내었다. 고분자 혼합물과 IPN 사이의 차이점 중 가장 큰 원인은 고분자 사이의 접촉 면적이 크며 서로 잘 혼합되어 있음에 기인한다.

일반적인 두 가지 종류의 열가소성 고분자를 IPN 형태로 상호결합시키게 되면 열경화성 수지로 거동하게 된다. 이러한 특성은 다른 고분자 사이의 뒤엉킴(entanglement)에 유래한다. 뒤엉킴은 낮은 온도에서는 가교의 역할을 하지만 높은 온도가 되면 끊어질 수 있다.

IPN이란 말은 1960년에 divinylbenzene으로 가교된 스타이렌으로부터 얻어진 균일한 생성물을 묘사하기 위해 사용되었다. 가교된 poly(styrene) 그물구조에 일정량의 스타이렌과 개시제를 포함하는 50% divinylbenzene-toluene 용액을 흡수시키는 방법으로 이러한 IPN들을 합성하였다. 두 번째 사용된 구성요소의 중합을 통하여 IPN을 합성할 수 있으며, 형성된 IPN의 밀도는 원래의 고분자보다 높아지게 된다. 이러한 물질은 이온 교환 수지의 모델로 사용되었다.

이러한 선구적인 업적 이후로 다양한 종류의 IPN들이 합성되었다. Poly(styrene)이 IPN을 형성하기 위한 두 번째 그물구조 고분자로 poly(ethyl acrylate), poly(n-butyl acrylate), 스타이렌-뷰타다이엔, 캐스터 오일과 같은 다른 고분자들과 함께 많이 사용되었다. polyurethane이 poly(methyl methacrylate), 기타 아크릴계 고분자, epoxy 수지 등과 함께 IPN을 형성하기 위해 사용되었다.

특히, 고분자 성분의 혼화성도에 따라서 IPN들은 일정 정도의 상분리 구조를 나타내게 된다. 하지만 그물구조가 서로 연결되어 있어서 상

분리는 매우 국한된 형태로 나타나게 되며 이러한 특징은 일반적인 고분자 혼합물과는 크게 다른 점이 된다. 고분자 혼합물은 열가소성 플라스틱만으로 구성되지만 IPN의 경우에는 열경화성 수지를 포함할 수 있다.

IPN은 일반적으로 잘 알려져 있지는 않지만 매우 다양한 용도로 사용되고 있다. 예를 들면 가교된 polyester 수지는 불포화 polyester와 스타이렌의 공중합에 의해서 가교가 이루어진 것으로 상호침투 고분자 그물구조의 정의에 해당된다. 표면의 코팅 재료로 사용되는 실험용 고분자 또한 epoxy-urethane-acrylic 그물구조에 의한 IPN으로 구성되어 있으며 유용한 성질을 가지고 있음이 알려져 있다.

10.6 무기 고분자

주사슬에 무기 원소를 포함하면서 유기 작용기까지 포함하는 다양한 고분자가 있다. 가장 잘 알려진 예로 1장에서 기술한 바와 같이 실리콘으로 구성된 고분자가 있다. 이 고분자는 실리콘과 산소 원자가 교대로 배열되어 있으며 Si-O-Si의 가교 구조 또는 유기 작용기가 실리콘 원자에 결합되어 있다.

비슷하게 poly(phosphazene)은 질소와 인 원자에 의해 주사슬이 구성되어 있으며 무기 고분자에 해당된다. poly(phosphazene)은 이중결합과 단일 결합이 교대로 배열되어 있으며 인 원자에 유기 작용기가 결합되어 있다(10.3).

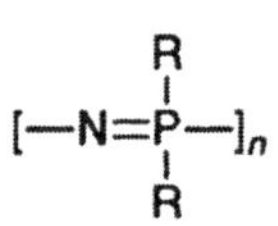

(10.3)

Poly(phosphazene)의 인 원자에 결합되어 있는 작용기를 염소 원자로 치환하여 poly(dichlorophosphazene)과 같은 완전한 무기 고분자로 변환시키는 것이 가능하다. 하지만 poly(dichlorophosphazene)은 반응성이 높아 일반적으로 부분적인 유기 poly(phosphazene)의 제조 원료로 사용된다.

이들 고분자는 다양한 의학 분야에 응용되고 있다. 마취용 프로카인 또는 벤조카인으로부터 유래된 유기 곁사슬을 포함하는 poly(phosphazene)은 전구 물질보다 약 10배 이상의 마취작용의 연장 효과를 얻을 수 있다. 또한 약물 전달용 생분해성 매트릭스로 응용되기도 한다.

앞서 논의한 바와 같이 완전한 무기 고분자는 쉽게 찾아 보기 어렵다. 하지만 반드시 그렇다고 할 수는 없다. 만일 긴 사슬 구조의 공유 결합으로 구성된 무기 재료를 찾는다면 이러한 필요조건을 만족하는 몇 가지 일반 재료가 실제로 존재한다. 실리케이트 미네랄 또는 실리케이트 유리가 여기에 해당될 것이다.

무기 고분자로서의 실리케이트(silicate)에 대한 개념은 W. H. Zacheriasen에 의해 1930년대 초에 개발되었다. 그는 실리케이트가 공유 결합에 의해서 양이온들을 포함하는 그물구조로 구성된 거대분자 구조임을 확신하였다. 양이온들은 구조적인 역할을 수행하지는 않지만 음이온성 고분자 그물구조의 하전의 균형을 위해서 존재하는 것으로 생각되었다.

현재의 실리케이트 구조에 대한 이론에서는 양이온이 단순히 수동적인 역할만을 수행하는 것이 아니라 고분자 구조에 있어서 잘 정의된 영역에 결합하고 있는 것으로 여겨지고 있다. 이는 이온성 유기 고분자에 있어서의 배위 이온과 유사한 개념으로, 예를 들면 poly(acrylic acid)에 있어서의 칼슘 또는 아연 염과 같은 역할을 한다고 볼 수 있다. 하지만 Zacheriasen의 기본적인 개념은 여전히 남아 있다. 이들 실리케이트 미네랄과 유리는 공유 결합으로 연결된 실리콘-산소 구조로 구성되어 있으며 거대분자 구조를 갖추고 있다. 따라서 실리케이트 미네랄과 유리는 진정한 의미의 무기 고분자라 할 수 있다.

고분자 주사슬이 무기 원소로 구성된 고분자는 유기 고분자와는 완전히 다른 성질을 가진다. —Si—Si—결합은 고분자 구조를 이룰 수 있을 만큼 안정하지 못하다. 따라서 앞에서 본 것과 같이 실리콘과 산소가 교대로 배열된 구조를 이루게 된다. 여기에 사용된 산소 결합은 극성 결합이다. 이러한 관점에서 사슬의 말단은 일반적으로 전하를 띤 작용기로 구성된다. 따라서 전기적 중화를 위해 존재하는 2가 양이온에 의해 고분자 사슬 간이 가교되어 있는 구조를 형성하게 된다. 이러한 이유로 인해 무기 고분자는 항상 높은 가교 구조를 이루고 있으며 가교 구조는 공유 결합과 이온 결합의 성격을 동시에 가지게 된다.

무기 고분자에 있어서 산소의 역할은 매우 중요하다. Zacheriasen의 이론에 의하면 공유 결합의 일부로 **다리결합**(*bridging*)하는 것으로 되어 있다(10.4). 이온 결합이 존재하는 경우 산소는 **다리결합을 하지 않는다**(non-bridging).

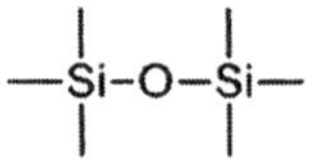

(10.4)

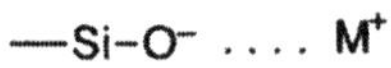

(10.5)

일반적인 무기 고분자는 휘석 미네랄의 규회석에서 발견된다. 칼슘 실리케이트로 구조식은 $CaSiO_3$이다. 이 물질의 실록세인(siloxane) 주사슬은 대부분 선형으로 구성되어 있다(10.6). 높은 하전을 띤 사슬은 적절한 숫자의 칼슘 이온에 의해서 중화되어 있으며 이온들이 각 사슬 사이의 가교제 역할을 하고 있다. 따라서 규회석은 잘 부서지며 매우 높은 녹는점을 가진다.

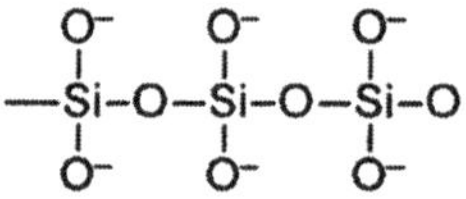

(10.6)

실리케이트 미네랄의 경우 판(sheet)이나 3차원 구조를 가진 다양한 종류의 또 다른 구조들이 가능하다. 모든 경우의 구조에 있어서 주로 방향성을 가진 공유 결합으로 구성되어 있다. 따라서 이들 물질들은 고도로 가교된 무기 고분자로 간주된다.

실리케이트 유리 또한 무기 고분자 물질로 간주된다. Zacheriasen의 연구는 기본적인 결정 화학에 대한 연구로 시작되었으며, 고분자화학적 개념으로부터 출발한 것이 아니기 때문에 그의 업적에 있어서 이러한 서술은 나타나 있지 않다. 그는 유리의 구조는 실리콘-산소의 사면체 구조가 각 사면체의 꼭지점에서 서로 연결된 확장된 불규칙적인 그물구조라고 생각하였다. 이들 실리케이트 미네랄의 실록세인 거대분자는 음전하를 띠고 있으며 전기적인 중화를 위해서 양이온들이 그물구조 내에 단순히 포함되어 있는 것으로 설명하였다. 실리케이트 유리와 실리케이트 미네랄에 있어서 가장 큰 차이는 유리의 경우 고체가 아니며 과냉각된 액체상으로 매우 제한적으로 정렬된 구조를 가진다는 점이다. 하지만 이들 물질들 또한 무기 고분자의 한 예로 인정되고 있으며, 고분자화학의 개념에 기초한 현재의 연구를 통해서 이들 물질들에 대한 성질과 특성에 대해서 점차로 밝혀지고 있다.

10.7 고분자 액정

1880년대에 특정 저분자 물질들이 액정을 형성한다는 것이 알려졌다. 당시에는 이 물질들이 상업적인 가치가 있을 것으로 여겨지지 않았지만, 1960년대에 접어들면서 표지용 물질로 개발되어 상업적으로 응용되기 시작했다. 액정의 상업적인 개발이 진행되면서 고분자 물질 또한 응용가능성에 대해서 연구되기 시작했다.

액정상은 mesophase라고 불리며 액체와 고체의 중간상에 해당된다. mesophase에서 분자들은 먼거리에서는 불규칙적으로 배열된 액체상의 거동을 보이며, 가까운 거리에서는 규칙적인 배열을 가진 고체상의 거동을 보인다. mesophase에서 먼 거리에서의 정렬은 가변적이다. 물질들이 층상으로 배향되어 있을 경우 스멕틱 상(smetic phase)이라 부른다. 전체 물질들이 평행한 배열을 보일 경우 네마틱 상(nematic phase)이라 부른다.

액정 거동을 보이는 대부분의 물질들은 길고 얇은 구조를 가진 분자들이다. 따라서 고분자들은 액정 거동을 보이기 위한 기본적인 구조를 갖추고 있다. 하지만 일반적인 고분자들은 매우 유연하며 용융 상태에서 임의 코일(random coil)의 구조를 갖추게 된다. 이들은 mesophase를 이룰 수 있을 정도로 비등방성을 가지지 못한다.

고분자가 액정 거동을 보이기 위해서는 구조적인 경직성이 도입되어야 한다. 구조적 경직성이 도입된 전형적인 고분자로 poly(phenylenetetraphthalamide)가 있다(10.7). 이 물질은 아라미드에 해당되는 고분자이다. 또 다른 액정 고분자로 p-hydroxybenzoic acid, p, p'-바이페놀과 terephthalic acid (10.8)으로부터 얻어진 polyester가 있다.

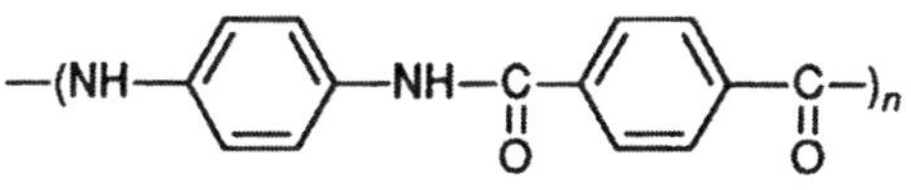

(10.7)

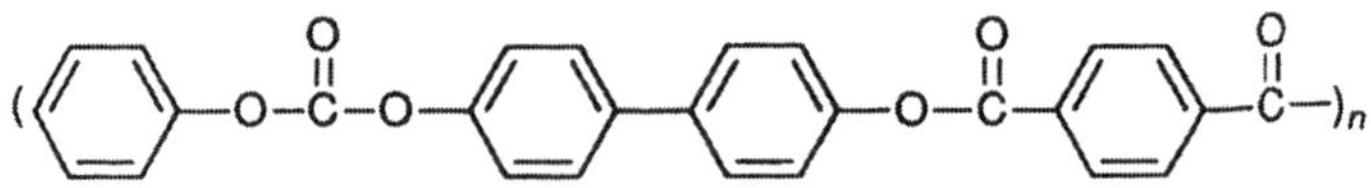

(10.8)

저분자 액정과 달리 이들 물질들은 네마틱-등방성 전이가 일어나지 않는다. 반면에 용융 상태 전체에 걸쳐 액정 거동을 보이는 상평형도를 얻게 된다. 특정 온도를 넘어서게 되면 등방성 액체를 형성하기 이전에 분해가 시작된다.

특정 고분자의 경우 용액 상태에서 액정 거동을 보이게 된다. 이러한 현상은 천연의 단백질로부터 발견되었지만 poly(γ-benzyl L-glutamate)를 클로로폼에 용해하였을 때도 액정상을 얻을 수 있음이 밝혀졌다.

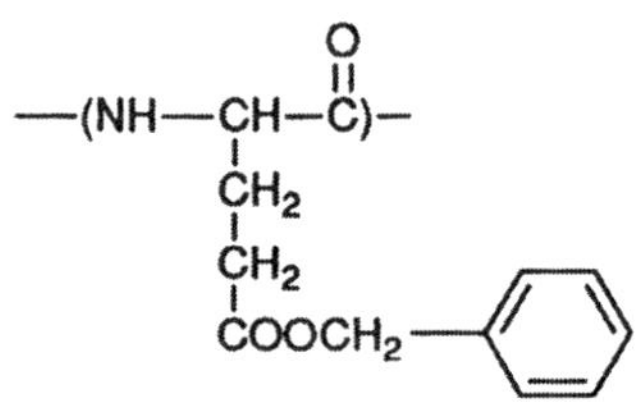

(10.9)

para-위치가 연속적으로 연결된 방향족 polyamide 또한 적절한 용매에서 액정 거동을 보인다. 봉상의 방향족 polyamide는 dimethylacetamide, *N*-methylpyrrolidone 또는 리튬이나 염화 칼슘을 포함하는 tetramethylurea와 같은 용매에 녹일 수 있다. 또한 진한 황산, 발연황산, 또는 hydrogen fluoride에도 녹일 수 있다. 분자량, 구조, 온도 등을 적절히 조절할 경우 이들 물질들이 액정상을 이룰 수 있다. 이러한 액정 거동은 매우 뛰어난 기계적 강도를 갖는 잘 정돈된 아라미드 섬유를 얻기 위해 기술적으로 응용된다.

용융 상태 또는 용액상의 고분자 액정이 발견된 이후로 다양한 종류의 고분자 액정이 개발되었으며, 이 분야의 연구가 매우 활발히 진행되고 있다.

액정 용액은 아직까지 상업적인 용도가 개발되지 않았지만, 매우 잘 정돈된 액정 고분자 필름은 정보저장용으로 사용된다. 용융 액정이 두 장의 전도성 유리 사이에 위치하고 곁사슬의 작용기가 전기장에 따라 응답하여 투명한 필름을 만들게 된다. 전기장이 제거되고 레이저를 이용해서 고분자 필름에 정보를 기록할 수 있다. 레이저는 필름 상의 선택적인 부위를 네마틱-등방성 전이 온도까지 가열할 수 있다. 따라서 이 부위가 등방성 상태가 되면서 필름을 볼 때 빛을 산란하게 된다. 이러한 이미지는 고분자의 유리 전이 온도 이하에서는 안정적으로 유지될 수 있다.

재료화학과 함께 액정을 응용하고자 하는 연구가 활발히 진행되고 있다. 지금까지 다양한 상품이 개발되어 왔으며 앞으로 이들 장치를 활용한 추가적인 개발이 예측된다.

10.8 식품 포장용 고분자

열경화성과 열가소성 고분자 모두 음식물과 직접 접촉하는 용도로 사용되지만 대부분이 열가소성 수지이다. 열경화성 수지의 예로는 phenol- 또는 urea-formaldehyde 수지가 있으며, 열가소성 수지의 예로는 가장 잘 알려진 것이 저밀도 poly(ethylene)이다. 다른 종류의 선형 고분자로는 고밀도 poly(ethylene), poly(propylene)과 PVC가 있으며 매우 다양한 용도로 사용된다. 식품 포장용으로 사용되는 고분자는 투명한 음료수 용기나 일상용품을 위한 상자처럼 대부분 필름이나 다른 형태의 유연한 제품으로 또는 딱딱한 용기로 사용된다.

포장을 위해서는 다양한 요구 조건이 있다. 음식물은 소비자가 구매하는 시점까지 그 신선도 및 안전성을 유지하고 있어야만 한다. 따라서 고분자는 음식의 습도를 잘 유지해야만 하며, 외부로부터의 유해한 이물질들의 유입을 차단할 수 있는 성질을 가져야만 한다. 최적의 상태를 유지하도록 하기 위해서 각층이 다른 고분자로 구성된 다층막을 사용하여 전체 고분자가 불침투성이 되도록 하기도 한다. 불행히도 다층막으로 구성된 필름이나 용기들은 재활용이 불가능하며 환경 문제를 야기시키기도 한다(11장 참조).

음식과 직접 접촉하는 플라스틱의 경우 플라스틱 자체가 음식물을 오염시키는 원인이 되지 않아야 한다는 절대적 조건이 있다. 분자량이 큰 고분자 자체는 유기 용매와 수용액에 대하여 매우 낮은 용해도를 보이기 때문에 음식에 침투하는 일은 거의 없으며 자체로 유해한 특성을 지니지는 않는다. 하지만 열과 빛에 대한 안정성과 보존 안정성 및 유연성을 부과하기 위해서 다양한 종류의 첨가제를 첨가하게 된다. 이러한 첨가제들이 음식에 침투할 가능성이 있으며 음식의 맛을 저하시키거나 독성을 부여하기도 한다.

음식물 포장에 사용되는 고분자들이 특정 음식과 접촉하여 음식물을 오염시키는 화합물로 다음 두 종류의 가능성이 있다.

(i) 중합 잔류물, 즉 유리 단량체, 촉매, 용매
(ii) 가공상의 보조제 또는 첨가제, 즉 항산화제, 안정제, 윤활제, 충전제, 살균제 등.

고분자 포장재로부터의 음식물 오염에 대한 허용 기준치를 정한 법률이 세계적으로 정해져 있다. 특히, 유럽연합의 법률에 따르면, 어떠한 물질도 음식물에 대하여 10 mg/dm^{-3} 이상이 침투되어서는 안 되며, 접촉면적의 계산이 어려운 경우에는 60 mg/kg^{-1} 이상의 오염은 허용되지 않는다.

법률의 범위는 양뿐만 아니라 침투 물질의 특성에 의해서도 규정된다. 포장재로 사용되는 주요한 고분자에 대한 가소제의 허용 범위를 표 10.4에 나타내었다.

음식물과 접촉하는 플라스틱으로부터의 특정 화합물의 침투는 매우 낮은 레벨까지 검출이 가능하다. 휘발성 물질의 경우 'head-space' 분석법이라는 방법을 이용하여 가장 빠르게 분석이 가능하다. 이 방법은 샘플을 밀봉된 병에 넣어 두고 평형에 도달하게 한다. 병 내부의 상층 증기의 정해진 양을 취하여 모세관을 이용한 기체 크로마트그래피나

표 10.4 음식물과 접촉하는 고분자에 사용 허가된 가소제

고분자	가소제
PVC 필름	Di-(2-ethylhexyl) adipate dicarboxylic acid과 diol의 polyester, 평균 몰질량 2000
Vinylidene dichloride 필름	에폭시화된 콩기름 Acetyl tributyl citrate
PVC 병 마감재	Di-(2-ethylhexyl) phthalate Di-iso-decyl phthalate Di-iso-octyl phthalate

고성능 액체 그로마토그래피를 이용하여 직접적으로 분석하게 된다. 이러한 분석은 특정 플라스틱 포장재로부터 방출되는 물질의 특성과 방출 정도를 확인하는 매우 중요한 방법으로 결과를 관리기관으로 연락하게 된다.

미래에는 고분자 포장재의 요구조건이 변화될 것으로 예측된다. 음식의 준비를 위해서 전자렌지의 사용이 빈번해지고 있다는 점이 변화를 가속화하고 있다. 또한 가족을 위한 식단보다는 간단한 스낵류를 즐기는 사람들이 늘어나고 있다. 바람직한 현상이지는 않지만 이러한 영향은 고분자를 이용한 음식물의 포장에 매우 큰 영향을 미치게 된다. 관리 감독 기관은 음식물 포장에 사용되는 개개의 구성요소와 고분자 구조의 독성에 대한 데이터를 제공할 것을 관련 산업에 요구하는 방향으로 변하게 될 것이다. 이러한 개념은 폐기된 포장재로부터의 오염의 증가된다는 일반적인 인식과 함께 음식물과 접촉하는 고분자의 사용에 큰 영향을 미치게 될 것이다. 하지만 고분자는 음식물 보존에 있어서 생산자로부터 소비자에게 전달되는 동안 최적의 신선도를 유지하기 위해서 매우 뛰어난 특성을 가지고 있으므로 앞으로도 이러한 목적으로 계속 사용될 것으로 생각된다.

고분자와 환경

Chapter 11

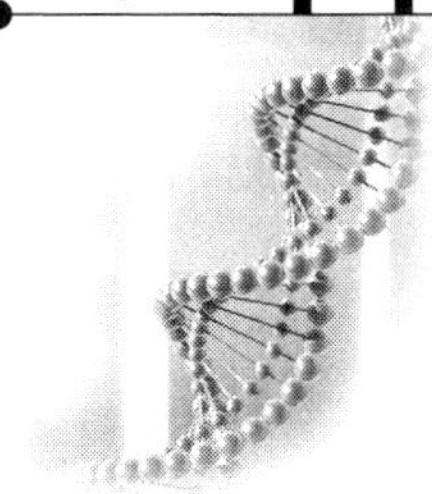

11.1 개요

산업화된 국가에 있어서 세계 환경에 대한 문제는 가장 큰 이슈이다. 일부에서는 이러한 환경 문제가 최근에 대두된 것으로 여겨지고 있지만 그렇지 않다. 환경 문제가 정치적인 문제로 대두되기 시작한 것은 1970년 유럽 보전의 해가 설정되면서부터이다. 하지만 많은 지역에서 오랫동안 이를 실천하고자 하지 않았다. 지구 자원의 유한성 및 소비를 계속적으로 확대할 수는 없다는 사실에 대해 심도 깊은 고려 없이 소비는 계속적으로 증가해 왔다. 열역학 법칙은 성장에 대한 한도가 있음을 말해준다고 모든 경제학자와 정치가가 역설하고 있다. 이러한 사실은 시기를 막론하고 받아들여야 하며 우리의 습관 또한 개선해야만 한다.

이 장에서는 고분자와 환경에 대한 구체적인 문제에 대해 살펴보고자 한다. 지구상의 생활의 질에 대해 폐기된 플라스틱의 영향이 증가되고 있기 때문에 고분자과학 관련 책자에서는 이러한 개념을 제공하여야 한다. 만약 증가되는 사회적 요구에 따라 환경적이고 보다 책임 있는 방법으로 고분자를 생산 및 사용하여야 한다면 새로운 기술적 도전에 직면하게 될 것이다. 이 장의 목적은 어떤 도전에 직면하게 될 것인가를 제시하고자 하는 것이다.

11.2 고분자에 의한 환경오염

환경오염이란 인간의 행위에 의해서 인간의 건강에 위험을 일으키거나, 생존 자원과 자연계에 장애를 일으키거나, 구조 및 안락함에 대한 손해, 환경에 대한 합법적인 사용을 저해하는 것을 말한다. 고분자에 의한 환경오염의 포괄적인 정의에는 고분자의 환경에 대한 직접적인 영향뿐만 아니라, 열가소성 수지 펠렛과 같은 원료 물질과, 특별한 용도를 위해 만들어진 물질들이 사용 후 폐기된 최종 형태가 모두 포함된다. 양쪽 모두에서 플라스틱 폐기물은 가시적이고 상대적으로 불활성을 띠고 있기 때문에 관심을 집중시키게 된다.

플라스틱의 파편들은 세계적으로 널리 퍼져 있다. 예를 들면 유럽이나 북미의 인구 밀도가 높은 지역의 해변이나 연안 또는 산업화된 국가의 주요 하천에서는 그림 11.1과 같은 광경을 쉽게 볼 수 있다. 보다 걱정스러운 것은 공해상의 주요 항로를 따라서 이러한 문제가 증가하고 있다는 점이다. 후자의 경우 플라스틱 제조업자들에 의해 제조된 것과 같은 펠렛이나 비드의 형태로 오염이 진행되고 있다. 이들 펠렛은 화물을 선적할 때나 수송할 때의 유출과 같이 다양한 방법으로 환경에 유입된다. 남위 51도 Falkland에서 북위 78도 Spitsbergen에 이르기까지

그림 11.1 London Thamsmead 지역에 버려진 플라스틱 쓰레기
(출처 : Robert Brook, Environmental Picture Library, London)

플라스틱 봉투는 전 세계 바다 어디에서나 발견되며 영국의 남극 관측에 의하면 몇 년 내에 남극 대륙에서도 발견될 것으로 예측되고 있다.

해양 생명체에 대한 고분자 오염의 영향은 매우 심각하다. 예를 들면 바다 거북은 플라스틱 펠렛을 먹이로 오인하게 된다. 이러한 펠렛을 섭취한 거북은 먹이를 섭취하기 위해 잠수하기가 어려워지며 결과적으로 죽음에 이르게 된다. 마찬가지로 조류들도 소화할 수 없는 고분자를 오인해 섭취하게 되어 치명적인 결과를 맞게 된다. 쾌적한 해변의 손실 또한 심각하다. 해변이 플라스틱 봉투나 음료수 병과 같은 플라스틱 파편으로 덮이게 되면 해변에서의 휴식 또한 어려워지게 된다. 이러한 파편들의 가시성 때문에 일반대중이 발전의 필연적인 대가로 플라스틱에 의한 오염을 받아들이는 것이 점차로 어려워지고 있다.

가장 큰 문제점은 고분자가 매우 다양한 분야에서 쉽게 버릴 수 있는 용도로 사용되고 있음에도 불구하고 불활성 화학 오염 물질이라는 점이다. 특히, 플라스틱 포장재는 1회용으로 가공된 고분자 물질로서 사용 후에 버려지게 된다. 사용 후에 버려지는 포장재의 경우 매우 심각한 공해 문제를 제공하게 된다. 지방정부는 이들 물질들을 매립 또는 소각으로 처리하고 있다. 하지만 소각의 경우 PVC와 같은 염소화된 고분자는 유기염소화 물질을 대기 중에 방출하여 2차적인 오염을 일으키게 되므로 적용할 수 없게 된다.

매립은 지방정부들이 쓰레기를 처리하기 위해 많이 사용하는 방법이다. 기본적으로 몇 가지 종류의 매립 과정이 있기는 하지만 매립 후에 소량의 잔류물만을 남기는 경우의 생활 쓰레기만이 매립 가능하다. 하지만, 매립 가능한 토지는 한정되어 있으며, 첨가제가 유출되는 문제와 정부가 고체 쓰레기의 매립을 줄이는 방향으로 유도하고 있기 때문에 규정이 점점 엄격해지고 있어 플라스틱 폐기물들을 이 방법으로 처리하는 것은 점점 더 곤란해지고 있다. 따라서 플라스틱이 환경으로 유출되기 이전에 자원의 문제로 다루어지는 것이 보다 시급하게 부상되고 있다.

이미 논의된 바와 같이 포장재는 고분자 쓰레기의 가장 많은 부피를 차지하고 있다. 9장에서 논의한 바와 같이 음식물의 보존을 위해서 매우 유용한 재료이기는 하지만 30% 이상의 합성 고분자가 일회성 포장재로 사용되고 있기 때문에 환경적 차원에서 이러한 물질들은 재조명을 받고 있다. 이미 논의되었듯이 포장재들이 사용 후에 버려지는 것은 상당히 심각한 문제를 야기한다. 상식적으로 볼 때 한 번 사용된 포장재들의 대부분은 사용 가능한 상태로 버려진다. 엄청난 양의 포장재가 적절하지 않은 장소에서 환경에 대한 영향을 고려하지 않은 상태로 대부분 버려지고 있다. 이렇게 버려지는 플라스틱 쓰레기의 양은 상상을 초월하고 있다. 예를 들면, 2003년에 이루어진 해양환경학회의 영국 해안선 135 km에 대한 조사에 따르면 폐기물의 50% 이상이 플라스틱이었고 5,831개 이상의 플라스틱 봉투를 포함하는 것으로 나타났다. 플라스틱 쓰레기의 양은 1994년에 이루어진 조사에 비교해서 두 배 이상이었고 이러한 경향은 우리가 이해할 수 없을 정도로 급격하게 증가하는 상황이다.

11.3 문제의 본질

고분자에 의한 환경 문제는 단순히 기술적인 문제를 벋어나 사회적, 정치적 양상으로 번지고 있다. 정상적인 사용을 할 경우에 고분자는 매우 유용한 물질이다. 다양한 응용 분야에 있어서 가장 유용한 성질을 가지고 있다. 그렇지만 환경에 대한 저항성 및 분해에 대한 안정성은 필연적으로 문제를 일으키게 된다. 결국 과거의 거대한 문명은 도기류 또는 유리와 같은 물질이었지만 이들 재료로 구성된 인공물들을 동일하게 남겨왔다. 고분자의 문제는 이들이 부적절한 장소에서 가끔씩 사용된다는 점이다. poly(ethylene) 봉투나 poly(styrene) 비커는 1회용으로 매우 얇게 가공되어 있다. 이러한 물질들은 1회용 아이템을 제작하기 위해 적절하지 않은 데도 이들 물질을 사용하고 있는 셈이다.

이러한 부적절한 재료 선택의 결과는 세계 선진 공업국의 특징을 나타내는 것으로 천연 자원의 낭비를 의미하며, 폐기물 처리에 대한 문제 증가와 결부되는 것이다. 환경에 대해서 이러한 비분해성 고분자를 무분별하게 폐기하는 것을 방지하는 규제가 절실히 요구된다. 보다 앞서서는 고분자 물질이 1회성 물질로 가공되는 것에 대한 확실한 규제가 요구된다.

몇 가지 예를 고려하면 문제의 본질에 대한 비기술적인 면이 드러나게 된다. 유리보다 가볍고 얇은 플라스틱병의 경우 현대 음료 산업에서 거의 모든 전통적인 물질들을 대신하고 있다. 영국에서 매년 5백만 개의 플라스틱병이 사용되고 있으며 심각한 환경 문제를 야기시키고 있다. 이들은 재사용 또는 재활용이 어려우며 폐기에 상당한 비용이 요구되고 있다. 이들은 멸균 과정이 필요하기 때문에 재사용이 불가능하다. 멸균 과정은 고온이 요구되며 사용된 플라스틱이 녹거나 연화되는 현상을 보이게 된다.

플라스틱병을 사용하게 된 것은 비교적 최근의 일이다. 이전까지 많은 음료수가 유리병을 통해 제공되었으며, 레모네이드와 같은 음료수의 경우 반환 가능한 병을 사용하여 왔다. 주요 매출이 음료수인 슈퍼마켓의 역할 증가와 함께 반환 가능한 병의 사용도 어려워지게 되었다. 반환 가능한 병의 사용 문제는 반드시 기술적인 문제만은 아니다. 독일, 프랑스, 스페인의 슈퍼마켓은 수집 장소를 설치하고 반환 가능한 병의 사용을 권장하고 있으며, 소비자들은 지속적으로 사용하고 빈 병을 반환하고 있다. 결과적으로 이들 국가에서는 유리가 병의 재료로 아직까지 선택되고 있다는 것이다.

플라스틱 봉투와 이들의 폐기물 또한 엄청난 환경 문제를 야기하고 있다. 이들 물질은 결국 조각처럼 바뀌게 되어 해변뿐만 아니라 전국의 곳곳에서 환경을 파괴하고 동식물에 피해를 주고 있다. 덴마크, 스웨덴, 독일, 이탈리아, 아일랜드와 같은 나라에서는 정책적으로 이러한 문제를 줄이기 위한 노력을 하고 있는 상태이다. 플라스틱 봉투를 사용하는 소비자들에게 정책적으로 비용 및 세금을 물게 하고 있다. 아일랜드에서는 이러한 정책이 매우 성공적으로 이루어져서 환경에 대한 사회적인 경각심이 증대되고 있으며 사용량이 90% 정도 감소되고 있다.

이는 플라스틱 쓰레기원에 대해서 생각해 볼 수 있는 매우 교훈적인 내용이다. 표 11.1은 플라스틱 포장재의 형태를 보여주고 있으며, 표 11.2는 사용 후 쓰레기로 배출되는 정도를 나타내고 있다. 이는 포장재가 얼마나 많은 양의 쓰레기를 생산하고 환경 문제를 일으키는지를 잘 보여준다. 가구 또는 전기 장치에서 사용되는 플라스틱은 버려지는 정도가 낮으며 상대적으로 긴 수명을 유지하기 때문에 보다 적절한 고분자의 사용처가 됨을 알 수 있다.

표 11.1 포장재 용도의 플라스틱

플라스틱	용도
Poly(ethylene terephthalate)	음료수 병, 오븐에 사용 가능한 음식 접시
고밀도 poly(ethylene)	우유 및 세척액 병
PVC	음식 접시, 식품 포장용 랩, 변형 가능한 용기, 샴푸 병
저밀도 poly(ethylene)	쇼핑백, 쓰레기봉투
Poly(propylene)	마가린 용기, 오븐용 음식 접시
Poly(styrene)	요구르트 병, 플라스틱 칼, 육류/생선 용기, 햄버거 포장재

표 11.2 최종 용도에 따른 플라스틱 폐기물 발생량

최종 용도	수명 근사치/찢어짐	% 폐기율
포장재	1	100
수송재	5	20
가구 및 가정용품	10	10
가전기기	10	10
건물 및 건축자재	50	2

11.4 고분자와 에너지

플라스틱은 대부분 탄화수소 원료로부터 제공되며, 에너지 보존 차원에서 재활용되어야 한다. 가장 효율적인 에너지 보존 방법은 플라스틱 제품들을 제공하는 것이지만 기술적인 문제가 따르게 된다. 특정 환경에서 플라스틱의 재활용이 불가능한 경우에는 쓰레기를 활용한 연료가 적절한 에너지 보존 방법이 될 것이다.

플라스틱을 태우는 것은 지구상의 이산화 탄소를 증가시기는 원인이 되므로 적절한 방법이 아니다. 하지만 이런 물질들은 연료로 사용될 가능성을 가지고 있으며, 이러한 관점에서 단순히 매립하는 것은 에너지로 사용될 가능성을 포기하는 것이다. 반면에 플라스틱을 태움으로 인해서 이산화 탄소 이외의 소량의 오염 물질을 방출하게 되는 문제점을 가지고 있다.

11.5 고분자의 재활용

합성 고분자를 복원하고 재사용하는 것은 쓰레기 문제를 처리하는 데 있어서 가장 바람직한 방법이다. 제품의 상태를 그대로 재활용하는 것은 매우 어렵지만 적절한 형태로 재가공하여 사용하는 것은 가능하다. 기본적으로 고분자는 본래의 성질을 크게 잃지 않은 상태에서 재활용이 가능하다. 예를 들면 polycarbonate 병은 자동차 범퍼로서 또는 고기능성 건축 자재로서 재활용이 가능하다.

재활용상의 가장 큰 문제는 경제성이다. poly(ethylene), poly(styrene) 등의 범용 고분자처럼 일반적으로 대량 생산되는 고분자는 회수된 재료의 가치가 높지 않기 때문에 재활용 시에 비용 효과는 크지 않다. 이는 원래의 고분자가 가공이 용이하며 가격이 낮기 때문에 대량 생산되는 것과 관련이 있다. 관련조직의 이익을 위한 방법으로 버려지는 물질을 어떻게 수집할 것이며, 분리하고 재가공하는 것을 어떻게 조직화할 것인가를 배우는 것이 당면과제이다.

미국에서는 특정 고분자에 대한 기호가 있다. 예를 들면, poly(ethylene terephthalate) 음료수병은 세척하여 경제성이 있는 가공 과정을 통해 적절한 정도의 PET 수지로 재활용을 하고 있다. 재활용된 고분자는 카펫의 섬유, 가구의 재료, 절연체 등으로 사용된다. 버려진 nylon 또한 수익성이 있도록 재활용되고 있다.

이들 재료의 양은 매년 생산되는 고밀도 poly(ethylene) 폐기물보다는 상대적으로 적은 양이다. 세제, 기름, 부동액의 용기로서 HDPE는 매년 엄청난 양이 1회용으로 사용된 후에 버려지고 있다. 원칙적으로 재활용된 poly(ethylene)은 배관용 파이프, 화분, 휴지통, 플라스틱 통으로 사용하는 것이 가능하다. 하지만 경제성이 떨어진다는 점과 재활용에 대한 상업태도를 변화시키기 위한 정부의 어떠한 노력도 없다는 문제점이 남아 있다.

재활용에 있어서 기술적인 문제 한 가지는 많은 제품들이 다양한 플라스틱을 복합적으로 사용하고 있다는 점이다. 따라서 이들을 분리하기 위해 다양한 종류의 고분자를 분류해야 한다. 아직 전 세계 어디에서도 실시된 바는 없지만, 한 가지 예를 들면, 자동차 부품과 같이 복잡한 장치의 각 고분자 부품마다 각각의 성분을 표시할 수 있는 바코드를 기입하는 것이 제안되고 있다.

재활용은 화학적 재활용을 포함한다. 플라스틱 쓰레기를 화학적으로 재가공하여 분해 또는 해중합을 통해서 원료를 만들고 이를 다시 가공하여 공업적으로 이용하는 것이다. 플라스틱 쓰레기는 항상 섞여 있으며 특별히 상당량의 PVC가 포함되어 있는 경우를 주의해야 한다. 이는 대기 중에 염소를 방출하지 않고 재활용하는 것이 매우 중요하며, 특히 PVC는 금속 성분의 안정제가 들어 있어 고체 폐기물을 형성하므로 폐기에 주의를 기울여야 하기 때문이다.

다수의 분해/해중합 과정이 상업적으로 응용되고 있다. Texaco사의 가스화 과정과 BP Chemical사의 고분자 분해 과정이 여기에 해당된다. 이들 회사는 1990년대 중반부터 운영해 왔다.

Texaco사의 가스화 과정은 액체화 과정과 연속적인 기화 과정의 2단계로 구성되어 있다. 액체화 과정은 플라스틱 조각들을 가열하여 부분적으로 해중합하고 무거운 오일과 가스를 발생시키는 과정이다. 여기서 발성되는 가스의 일부는 연료로 사용된다.

생성된 오일은 무기 입자들을 제거하기 위해 걸러진 후에 기화기로 분사된다. 가스화 반응은 산소와 1200~1500℃로 가열된 수증기의 존재하에서 이루어지며, PVC로부터 발생된 HCl 또는, PTFE부터 발생된 HF를 제거하여 합성 가스들이 생산된다. 생산된 가스는 주로 CO와 H_2로 구성되며 소량의 CH_4, CO_2, H_2O와 불활성 기체를 포함하게 된다. 공정 중에 발생되는 염소의 경우 암모니아를 포함하는 용액을 사용해 세척하여 제거하게 되는데, 이때 발생하는 NH_4Cl은 상업적으로 팔리게 된다.

BP Chemicals의 고분자 분해 공장은 Scotland의 Grangemouth에 있으며 원료로 고분자 혼합물을 사용한다. 반응기는 유동상 장치를 사용하며 공기가 없는 조건에서 500℃로 가열하게 된다. 이 조건에서 플라스틱들은 열분해를 일으켜 탄화수소로 변환된다. 이들은 증기화되어 유동화된 가스 상태로 반응 용기로부터 배출된다. 고체상 불순물과 PVC 안정제로 사용된 금속 물질들은 반응 용기 내에 축적되며, 이들은 뜨거운 가스를 사용해 제거하고 공장 내의 집진기에 의해 수집된다. PVC는 HCl로 분해되며 석회에 의해 중화시켜 $CaCl_2$의 형태로 매립하게 된다. 정제된 가스는 대부분 탄화수소의 형태로 냉각되며 증류 과정을 통해서 상업적인 원료로 사용된다. 농축하기 어려운 가벼운 탄화수소 가스들은 압축, 가열하여 액상화 가스로 재사용된다.

11.6 분해성 고분자

고분자 쓰레기 문제의 또 다른 해법으로 분해성 고분자를 만드는 방법이 있다. 분해가 가능하도록 고분자를 제조하는 데 있어서 가장 큰 문제점으로는 고분자가 가진 가장 큰 이점인 내구성을 상실하게 된다는 점이다. 또 다른 문제점으로는 고분자의 분해 산물이 환경 문제를 일으키는 가능성이 있다는 점이다. 예를 들면 분해된 고분자로부터 생성된 독성 쓰레기들로부터 매립지 주변의 수질을 오염시킬 수 있다.

모든 합성 물질이 원형을 유지해야 할 가치가 있지는 않다. 플라스틱 봉지, 음료수 캔을 연결하는 손잡이, 낚시 거물, 밧줄 등은 사용 후에 원형을 유지하기 어렵다. 만일 분해 산물이 환경 친화적이라면 이러한 물질들을 분해성 고분자로 만들어 쓰레기 문제를 피할 수 있다.

분해성 고분자를 만들기 위해 몇 가지 시도가 있었지만 아직까지는 느린 편이다. 즉, 분해성 고분자는 원래의 기능을 수행하는 동안 적절한 수명을 가져야 한다. 플라스틱 봉투의 경우 생산된 순간부터 조금이라도 분해가 이루어지게 될 경우 설계된 목적으로 사용하는 것이 불가능해지게 된다. 따라서 분해성 고분자는 자외선에 대한 노출과 같은 외부 조건에 의해 분해가 시작되도록 설계되는 경향이 있다.

플라스틱 쓰레기 문제를 줄이기 위한 방법으로 활발히 연구되고 있는 것이 생분해성 고분자의 개발이다. 분해 과정은 박테리아 또는 균류와 같은 미생물의 복합적인 작용에 의해 이루어지게 된다. cellulose와 단백질과 같은 천연 고분자의 경우 생체 시스템 내에서 일반적으로 가수분해와 산화 과정을 통해서 이루어지게 된다.

생물학적으로 분해가 가능한 합성 고분자의 설계에 있어서 효소에 의한 가수분해와 산화가 가능한 작용기를 사용하는 것이 필요하다. 지방족 polyester, polyurethane, poly(vinyl alcohol)과 poly(vinyl ethanoate)와 같은 고분자는 이러한 조건을 만족한다. 이러한 물질들은 생흡수성 조직 및 봉합사 또는 약물 전달의 제어 방출용 매트릭스와 같은 의료 분야에서 많이 사용되고 있다. 비슷한 종류의 물질들이 포장재로, 비분해성 고분자의 일부를 대체하기 위해 개발되고 있다.

분해성을 검사하기 위해서 토양에 매립하는 방법이 주로 사용되고 있다. 이는 플라스틱을 사용 후 처리하는 방법과 유사한 조건을 이용하지만 비교 대상이 없다는 점과 지역적인 기후 환경 및 미생물의 차이 때문에 경우에 따라 신용할 수 있는 결과를 얻기가 어려워진다. 따라서 토양 매립의 방법은 생분해에 대한 정성적인 검정 방법으로 사용되며, 정량적인 검정을 위해서는 실험실에서 배양된 미생물을 사용하여 분석하게 된다.

이러한 연구결과에 따르면 화학적 구조와 조성이 합성 고분자의 생분해성의 유무에 결정적인 영향을 미친다. 반면에 합성 고분자의 분해 속도는 고분자가 가공될 때의 얻어지는 형태에 크게 영향을 받게 된다.

11.7 미래

고분자에 의해 발생되는 환경 문제는 기술적인 부분이 가장 크지만 다른 복합적인 부분이 존재한다. 정치 및 사회 구성원 개개인의 행동과도 밀접한 관련이 있다. 사회적인 문제로서의 쓰레기에 대해 개개인이 거리에서, 소풍 장소에서, 해변에서 이기적으로 쓰레기를 방출하지만 않는다면 어지럽혀 지지는 않을 것이다. 하지만 사람들은 슬프게도 공공을 위해 행동하지 못하고 이기적인 선택을 하게 되며, 이러한 반사회적 행동까지도 플라스틱이 환경에 미치는 영향을 줄이기 위한 계획 내부에 포함이 되어 있어야 한다.

실제로 법률은 이러한 문제에 대해 논의하기 위해 취해지는 방법이다. 1980년대 후반에 플라스틱과 플라스틱의 환경 유입에 대한 다양한 법률이 제정되었다. 예를 들면 미국은 US Plastic Pollution Research and Control Act를 통해서 미국 선적 배들의 플라스틱의 해양 투기를 금지하였으며, 미국 해안의 200해리 내에서는 국적을 불문하고 플라스틱의 해양 투기를 금지하였다. 또한 MARPOL Annex V로 불리는 조약을 통해 국제적으로 해양 환경에 고분자를 투입하는 것을 금지하는 안을 제시하였다. 후자의 경우 합성 밧줄과 그물뿐만 아니라 앞에서 논의된 플라스틱 조각까지도 금지의 대상에 포함하고 있다.

육지에서도 플라스틱의 폐기와 관련해서 변화가 일어나고 있다. 영국의 몇몇 지방정부는 플라스틱병과 poly(styrene) 용기에 대해 지역 주민들에게 재활용 가능한 물질을 설계된 상자 내에 버리도록 하는 정책을 통해 재활용을 적극적으로 권장하고 있다. 이들 상자들은 재활용

센터(Materials Reclamation Facility)로 이송되어 최종적으로 플라스틱 쓰레기 별로 분류된다.

유럽 내에 플라스틱 포장재로부터 발생되는 문제를 다루는 법률이 있다. 1994년 EU Directive on Plastics and Packaging Wase 94/62/EC에 따른 것으로 포장 규제(Packaging Directive)라고 부르며 각국 정부로부터 재활용의 목표를 설정하고 감시하도록 요구하고 있다. 영국에서는 2004년 한 해 동안 21.5%의 플라스틱이 재활용되었으며, 장래에 목표로 하는 비율을 점차로 확대해 나갈 예정이다.

고분자는 물질의 구조 단위로서 현대 생활의 질을 향상시키기 위해 매우 뛰어난 성질을 가지고 있다. 고분자는 반드시 개발되어야 하며 사용되어야 하는 물질이다. 하지만 과거보다는 미래를 생각한 개발이 진행되어야만 할 것이다. 플라스틱의 사용과 폐기에 관한 사회적, 정치적 문제는 미래에도 여전히 남아 있을 것이다.

참고 문헌

Scott, "Polymers and the Encironment", Royal Society of Chemistry, Cambridge, 1999.

참고 문헌

J. Adler and G. L. Nelson, 'Polymeric Materials', American Chemical Society, Washington, 1989.

'Comprehensive Polymer Science', ed. G. Allen and J. C. Bevington. Volumes 1–7, Pergamon Press, Oxford, 1989.

P. E. Allen and C. R. Patrick, 'Kinetics and Mechanism of Polymerization Reactions', Ellis Horwood, Chichester, 1974.

H. Batzer and F. Lohse, 'Introduction to Macromolecular Chemistry', 2nd Edn., John Wiley & Sons, Chichester, 1979.

'Functional Polymers', ed. D. E. Bergbreiter and C. R. Martin. Plenum Press, New York, 1989.

F. W. Billmeyer, Jr., 'Textbook of Polymer Science', 3rd Edn., John Wiley & Sons, New York, 1984.

J. A. Brydson, 'Plastics Materials', 4th Edn., Butterworth Scientific, London, 1982.

W. J. Burlant and A. S. Hoffman, 'Block and Graft Polymers', Reinhold Publishing Corporation, New York, 1960.

I. M. Campbell, 'Introduction to Synthetic Polymers', Oxford University Press, 1994.

'Block and Graft Polymerization', ed. R. J. Ceresa, John Wiley, New York, 1973.

J. M. G. Cowie, 'Polymers–Chemistry and Physics of Modern Materials', Intertext, 1973.

C. F. Cullis and M. M. Hirschler, 'The Combustion of Organic Polymers', Oxford Science Publishers, Oxford, 1981.

T. R. Crompton, 'Analysis of Polymers–An Introduction', Pergamon Press, Oxford, 1989.

'Encyclopedia of Polymer Science and Engineering', Volumes 1–17, John Wiley & Sons, New York, 1985.

P. J. Flory, 'Principles of Polymer Chemistry', Cornell University Press, Ithaca, New York, 1953.

J. W. S. Hearle, 'Polymers and Their Properties', Vol 1: 'Fundamentals of Structure and Mechanics', Ellis Horwood, Chichester, 1982.

S. L. Madorsky, 'Thermal Degradation of Organic Polymers', Wiley–Interscience, New York, 1964.

G. Odian, 'Principles of Polymerization', McGraw-Hill, New York, 1970.

P. C. Painter and M. M. Coleman, 'Fundamentals of Polymer Science', Technomic Publishing Co, Pennsylvania, 1994.

W. G. Potter, 'Epoxide Resins', Iliffe Books, London, 1970.

K. J. Saunders, 'Organic Polymer Chemistry', Chapman and Hall, London, 1973.

'Plasticisers, Stabilisers and Fillers', ed. P. D. Ritchie, Iliffe Books, London, 1972.

'Developments in Ionic Polymers', ed. A. D. Wilson and H. J. Prosser, Volumes 1 and 2, Elsevier Applied Science Publishers, Barking, 1983 and 1986.

R. J. Young, 'Introduction to Polymers', Chapman and Hall, London, 1981.

R. H. Boyd and P. J. Phillips, 'The Science of Polymer Molecules', Cambridge University Press, 1993.

J. A. Brydson, 'Plastics Materials', 7th edition, Butterworth-Heineman, London, 1999.

G. Odian, 'Principles of Polymerization', 4th edition, John Wiley & Sons, New York, 2004.

R. J. Young, and P. A. Lovell 'Introduction to Polymers', 2nd edition, Chapman and Hall, London, 1991.

찾아보기

E

F

G

H

I

ㅈ

ㅊ

ㅋ

| 역자소개 |

김형수
서강대학교 화학공학과 졸업
미 텍사스대(오스틴) 화학공학 박사
제일모직 케미칼연구소 선임연구원
현 : 단국대학교 화학공학과 교수
e-mail : hkim@dankook.ac.kr

이원목
포항공과대학교 화학과 졸업
포항공과대학교 화학과 고분자화학 석·박사
미 일리노이대학교 재료공학과 박사 후 연구원
미 매사추세츠공대 재료공학과 박사 후 연구원
삼성종합기술원 전문연구원
현 : 세종대학교 화학과 교수
e-mail : wonmoklee@sejong.ac.kr

원종옥
연세대학교 화학과 졸업
미 미네소타대학교 화학과(재료화학 박사)
한국과학기술연구원 책임연구원
현 : 세종대학교 화학과 교수
e-mail : jwon@sejong.ac.kr

장우동
경북대학교 공과대학 고분자공학과 졸업
일 동경대학교 대학원 화학생명공학과 석사
일 동경대학교 대학원 화학생명공학과 박사
현 : 연세대학교 화학과 교수
e-mail : wdjang@yonsei.ac.kr

고분자화학 제3판

| 저 자 John W. Nicholson
| 역 자 김형수·원종옥·이원목·장우동
| 발 행 인 주정희
| 발 행 처 자유아카데미
| 주 소 경기도 파주시 교하읍 문발리 527-2
파주출판문화정보산업단지
| 전 화 031-955-1321
| F A X 031-955-1322
| 홈페이지 www.freeaca.com
| 전자우편 main@freeaca.com(대표)
editor@freeaca.com(편집)
| 등 록 제406-2003-017호, 1980. 7. 12
| 제3판1쇄 2009년 6월 20일 발행
| 정 가 15,000원

역자와의
협의하에
인지생략

ISBN 978-89-7338-778-6 93430